# Photoshop CS6
## 抠图+修图+调色+合成+特效
# 标准培训教程

数字艺术教育研究室 编著

人 民 邮 电 出 版 社
北 京

**图书在版编目（CIP）数据**

Photoshop CS6抠图+修图+调色+合成+特效标准培训教程 / 数字艺术教育研究室编著. -- 北京 : 人民邮电出版社, 2018.10
ISBN 978-7-115-49143-5

Ⅰ. ①P… Ⅱ. ①数… Ⅲ. ①图象处理软件—教材
Ⅳ. ①TP391.413

中国版本图书馆CIP数据核字(2018)第192125号

## 内 容 提 要

本书全面系统地介绍 Photoshop CS6 的基本操作方法及核心处理技巧，内容包括初识 Photoshop、Photoshop 的基本操作、图层的基本应用、图像的基础处理、抠图、修图、调色、合成、特效。同时，本书最后还安排了一章商业实战，通过对 25 个商业实例的学习，读者可以进一步提高 Photoshop 的综合运用能力。全书主要采用案例的形式对软件功能进行讲解，读者在学习本书的过程中，不但能掌握软件功能的使用方法，而且能掌握案例的制作方法，做到学以致用。

本书附带学习资源，内容包括书中所有案例的素材及效果文件，读者可通过在线方式获取这些资源，具体方法请参看本书前言。

本书适合作为院校和培训机构艺术专业课程的教材，也可作为 Photoshop CS6 自学人士的参考用书。

◆ 编　　著　数字艺术教育研究室
责任编辑　张丹丹
责任印制　陈　犇

◆ 人民邮电出版社出版发行　　北京市丰台区成寿寺路 11 号
邮编　100164　　电子邮件　315@ptpress.com.cn
网址　http://www.ptpress.com.cn
北京瑞禾彩色印刷有限公司印刷

◆ 开本：700×1000　1/16
印张：14.5
字数：340 千字　　2018 年 10 月第 1 版
印数：1-3 000 册　　2018 年 10 月北京第 1 次印刷

定价：59.80 元

**读者服务热线：(010)81055410　印装质量热线：(010)81055316**
**反盗版热线：(010)81055315**
**广告经营许可证：京东工商广登字 20170147 号**

# 前　言

Photoshop是由Adobe公司开发的一款图形图像处理和编辑软件。它功能强大，易学易用，深受图形图像处理爱好者和平面设计人员的喜爱，已经成为这一领域非常流行的软件。目前，我国很多院校和培训机构的数字媒体艺术类专业，都将Photoshop列为一门重要的专业课程。为了帮助相关院校和培训机构的教师能够全面、系统地讲授这门课程，使读者能够熟练地使用Photoshop进行创意设计，几位长期在院校和培训机构从事Photoshop教学的教师与专业平面设计公司经验丰富的设计师合作，共同编写了本书。

我们对本书的编写体例做了精心设计，按照"软件功能解析—课堂实战演练—综合实战演练—课堂练习—课后习题"这一思路进行编排，力求通过软件功能解析，使读者深入学习软件功能和制作特色；通过课堂实战演练，使读者快速熟悉软件功能；通过综合实战演练，使读者深入学习软件的功能和艺术设计思路；通过课堂练习和课后习题，提高读者的实际应用能力。在内容编写方面，我们力求细致全面、重点突出；在文字叙述方面，我们注意言简意赅、通俗易懂；在案例选取方面，我们强调案例的针对性和实用性。

资源下载

在线视频

本书附带学习资源，内容包括书中所有案例的素材及效果文件。读者在学完本书内容以后，可以调用这些资源进行深入练习。这些学习资源文件均可在线下载，扫描"资源下载"二维码，关注我们的微信公众号，即可获得资源文件下载方式。如需资源下载技术支持，请致函szys@ptpress.com.cn。同时，读者可以扫描"在线视频"二维码观看本书所有案例视频。另外，购买本书作为授课教材的教师可以通过扫描封底"新架构"二维码联系我们，我们将为您提供教学大纲、备课教案、教学PPT，以及课堂案例、课堂练习和课后习题的教学视频等相关教学资源包。本书的参考学时为40学时，其中实训环节为14学时，各章的参考学时请参见下面的学时分配表。

| 章　序 | 课程内容 | 学时分配 | |
|---|---|---|---|
| | | 讲　授 | 实　训 |
| 第1章 | 初识Photoshop | 2 | |
| 第2章 | Photoshop的基本操作 | 2 | |
| 第3章 | 图层的基本应用 | 2 | |
| 第4章 | 图像的基础处理 | 2 | |
| 第5章 | 抠图 | 2 | 2 |

续表

| 章　序 | 课程内容 | 学时分配 | |
|---|---|---|---|
| | | 讲　授 | 实　训 |
| 第6章 | 修图 | 3 | 2 |
| 第7章 | 调色 | 2 | 2 |
| 第8章 | 合成 | 2 | 2 |
| 第9章 | 特效 | 3 | 2 |
| 第10章 | 商业案例实训 | 6 | 4 |
| 课时总计 | | 26 | 14 |

由于时间仓促，编者水平有限，书中难免存在错误和不妥之处，敬请广大读者批评指正。

编　者

2018年8月

# 目 录

# 第 1 章

# 初识Photoshop

## 本章介绍

在学习Photoshop软件之前，首先要了解Photoshop，包括Photoshop 概述、Photoshop 的历史和应用领域。只有认识了Photoshop的软件特点和功能特色，才能更有效率地学习和运用它，从而为我们的工作和学习带来便利。

## 学习目标

- 初步认识Photoshop CS6。
- 了解Photoshop CS6的诞生和发展。
- 了解Photoshop CS6的应用领域。

## 技能目标

- 了解Photoshop CS6的核心功能。
- 了解Photoshop CS6的软件特色。

## 1.1 Photoshop概述

Adobe Photoshop，简称“PS”，是一款数字图像的专业处理软件，深受创意设计人员和图像处理爱好者的喜爱。PS拥有强大的绘图和编辑工具，可以对图像、图形、文字、视频等进行编辑，完成抠图、修图、调色、合成、特效、3D、视频编辑等工作。

Photoshop是一款强大的图像处理软件，人们常说的“P图”，就是从Photoshop演变而来。作为设计师，无论身处平面、网页、动画还是影视领域，都需要熟练掌握Photoshop。

## 1.2 Photoshop的历史

### 1.2.1 Photoshop的诞生

在启动Photoshop时，启动界面中有一个名单，排在第一位的是对Photoshop非常重要的人Thomas Knoll，如图1-1所示。

图1-1

Thomas Knoll是美国密歇根大学的博士生。1987年，在完成毕业论文的时候，他发现苹果计算机黑白位图显示器上无法显示带灰阶的黑白图像，如图1-2所示。于是，他动手编写了一个叫Display的程序，如图1-3所示，这个程序可以在黑白位图显示器上显示带灰阶的黑白图像，如图1-4所示。

后来，他和哥哥John Knoll（如图1-5所示）一起在Display中增加了色彩调整、羽化等功能，并将Display更名为Photoshop。后来，软件巨头Adobe公司花3450万美元买下了Photoshop。

图1-2

图1-3

图1-4

图1-5

### 1.2.2　Photoshop的发展

Adobe公司于1990年推出了Photoshop。1.0，之后不断优化Photoshop。随着版本的升级，Photoshop的功能也越来越强大。Photoshop的图标设计也在不断地变化，直到2002年共推出了7个版本，如图1-6所示。

图1-6

2003年，Adobe整合了公司旗下的设计软件，推出了Adobe Creative Suit（Adobe创意套装），简称Adobe CS，如图1-7所示。Photoshop

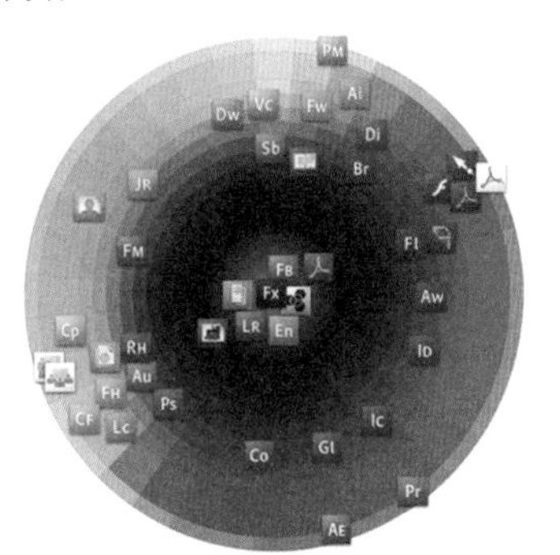


图1-7

也命名为Photoshop CS，之后陆续推出了Photoshop CS2、CS3、CS4、CS5，2012年推出了Photoshop CS6，如图1-8所示。

图1-8

2013年，Adobe公司推出了Adobe Creative Cloud（Adobe创意云），简称Adobe CC。Photoshop也命名为Photoshop CC，如图1-9所示。

图1-9

**扩展**

Adobe公司创建于1982年，是较为先进的数字媒体和在线营销方案的供应商。

## 1.3 应用领域

### 1.3.1　图像处理

Photoshop具有强大的图片修饰功能，能够最大限度地满足人们对美的追求。通过Photoshop的抠图、修图、照片美化等功能，可以让图像变得更加完美且富有想象力，如图1-10所示。

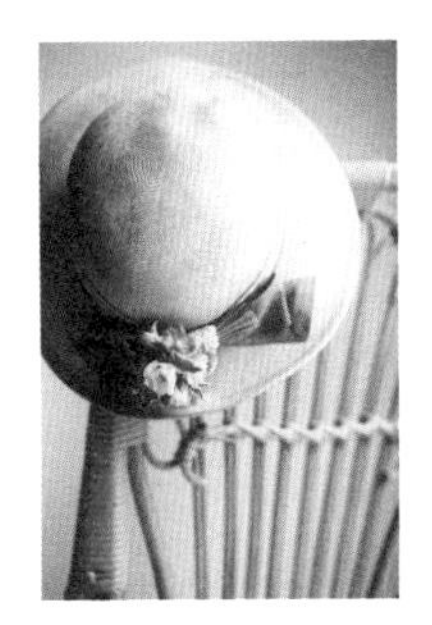

图1-10

## 1.3.2 视觉创意

Photoshop提供了无限广阔的创作空间，可以根据自我想象力对图像进行合成、添加特效以及3D创作等，达到视觉与创意的完美结合，如图1-11所示。

图1-11

## 1.3.3 数字绘画

Photoshop提供了丰富的色彩以及种类繁多的绘制工具，为数字艺术创作提供了便利条件。人们可以在计算机上绘制出风格多样的精美插画和游戏美术作品，使得数字绘画成为新文化群体表达意识形态的重要途径，在日常生活中随处可见，如图1-12所示。

图1-12

## 1.3.4 平面设计

平面设计是Photoshop应用非常广泛的领域之一，无论是广告、招贴，还是宣传单、海报等具有丰富图像的平面印刷品，都需要使用Photoshop来完成，如图1-13所示。

图1-13

## 1.3.5 包装设计

在书籍装帧设计和产品包装设计中，Photoshop对图像元素的处理也至关重要，是设计出有品位的包装的必备利器，如图1-14所示。

图1-14

## 1.3.6 界面设计

随着互联网的普及，人们对界面的审美要求也在不断提升，Photoshop的应用就显得尤为重要。它可以美化网页元素，制作各种真实的质感和特效，受到越来越多设计者的喜爱，如图1-15所示。

图1-15

## 1.3.7　产品设计

在产品设计的效果图表现阶段，经常要使用Photoshop来绘制产品效果图。利用Photoshop的强大功能来充分表现出产品功能上的优越性和细节，设计出造价低且能赢得顾客的产品，如图1-16所示。

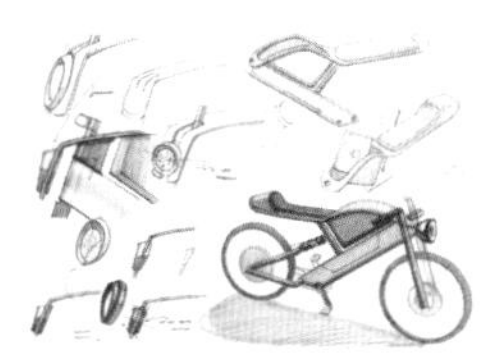

图1-16

## 1.3.8　效果图处理

Photoshop作为强大的图像处理软件，不仅可以对渲染出的室内外效果图进行配景、色调调整等后期处理，还可以绘制精美贴图，将其贴在模型上以达到很好的渲染效果，如图1-17所示。

图1-17

# 第2章

# Photoshop的基本操作

## 本章介绍

要想熟练地运用Photoshop，首先要了解Photoshop的基本功能。熟练掌握Photoshop的工作界面、文件编辑、工具箱、常用工具、辅助工具和还原操作的基本使用方法，有助于初学者在之后的工作和学习生活中得心应手地使用Photoshop。

## 学习目标

◆ 了解Photoshop的工作界面。
◆ 掌握Photoshop的文件编辑。
◆ 了解Photoshop的工具箱。
◆ 掌握Photoshop的常用工具。
◆ 了解Photoshop的辅助工具。
◆ 掌握Photoshop的还原操作。

## 技能目标

◆ 熟练掌握Photoshop文件的编辑技巧。
◆ 掌握Photoshop中常用工具和辅助工具的使用方法。
◆ 掌握Photoshop还原操作的技巧。

# 2.1 Photoshop的工作界面

## 2.1.1 工作界面布局

双击桌面图标打开Photoshop，其工作界面主要由菜单栏、属性栏、工具箱和控制面板组成，如图2-1所示。

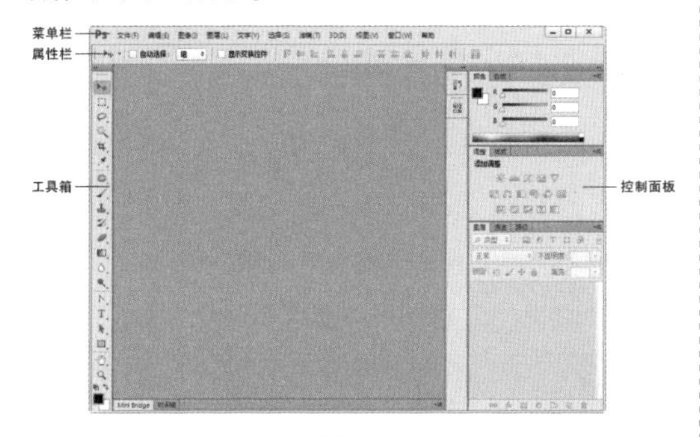


图2-1

**菜单栏：**可以通过选择相关命令完成编辑图像、调整色彩和添加滤镜等操作。

**属性栏：**可以设置工具的各种选项，它会随着所选工具的不同而改变选项内容。

**工具箱：**可以通过使用相关工具完成绘制图像、添加文字和显示图像等操作。

**控制面板：**可以对颜色、调整、图层和通道等面板进行设置。

当新建一个文档或打开一张图像时，会在工作界面中显示出文档的标题栏、图像窗口和状态栏，如图2-2所示。

图2-2

**标题栏：**可以显示文档名称、文件格式和窗口缩放比例等信息。

**图像窗口：**可以显示和编辑图像。

**状态栏：**可以提供当前文件的显示比例、文档大小、当前工具和暂存盘大小等提示信息。

## 2.1.2 工作区命令

选择“窗口 > 工作区”命令，弹出下拉菜单，如图2-3所示，可以显示、新建、编辑和删除工作区。

图2-3

## 2.1.3 显示或隐藏工作区

按Tab键，可以隐藏工具箱和控制面板，如图2-4所示；再次按Tab键，可以显示出隐藏的工具箱和控制面板。按Shift+Tab组合键，可以隐藏控制面板，如图2-5所示；再次按Shift+Tab组合键，可以显示出隐藏的控制面板。

图2-4

图2-5

按F键，切换到带有菜单栏的全屏模式；再次按F键，可切换到全屏模式；再次按F键，可返回标准屏幕模式。

# 2.2 Photoshop的文件编辑

掌握文件的基本操作方法，是开始设计和制作作品所必需的技能。下面将具体介绍Photoshop软件中文件的编辑方法。

## 2.2.1 新建图像

新建图像是使用Photoshop进行设计的第一步。如果要在一个空白的图像上绘图，就要在Photoshop中新建一个图像文件。

选择“文件 > 新建”命令，或按Ctrl+N组合键，弹出“新建”对话框，如图2-6所示。在对话框中可以设置新建图像的名称、图像的宽度和高度、分辨率和颜色模式等选项，设置完成后单击“确定”按钮，即可完成新建图像，如图2-7所示。

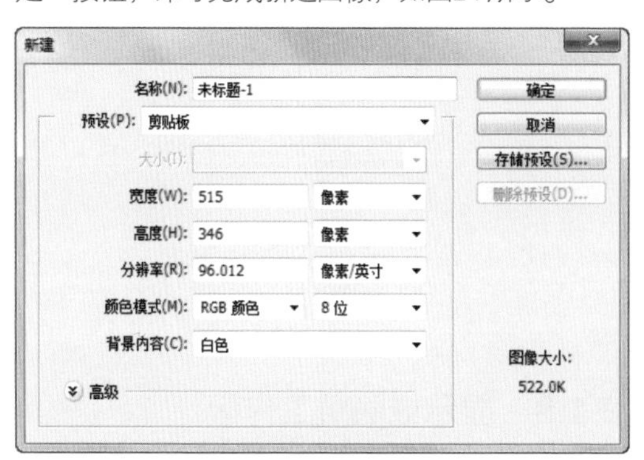


图2-6

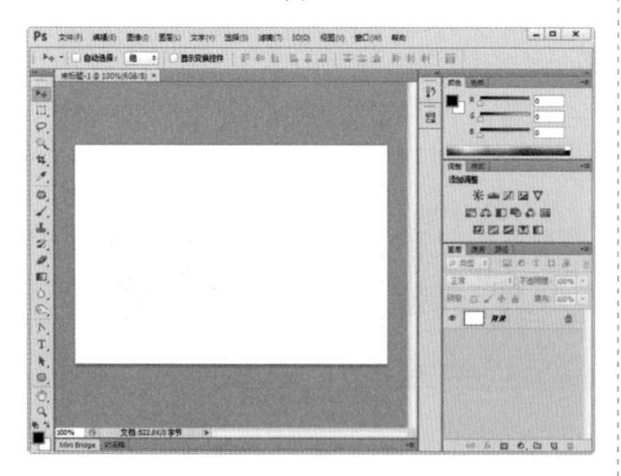

图2-7

## 2.2.2 打开图像

如果要对照片或图片进行修改和处理，就要在Photoshop中打开需要的图像。

### 1. 拖曳打开图像

打开存放图片的文件夹，选取图片并将其拖曳到Photoshop的图标上，如图2-8所示。运行Photoshop并打开该文件，如图2-9所示。

图2-8

图2-9

打开存放图片的文件夹，选择需要的图片，拖曳到工作区的标题栏中，如图2-10所示，松开鼠标，在Photoshop中打开文件，如图2-11所示。

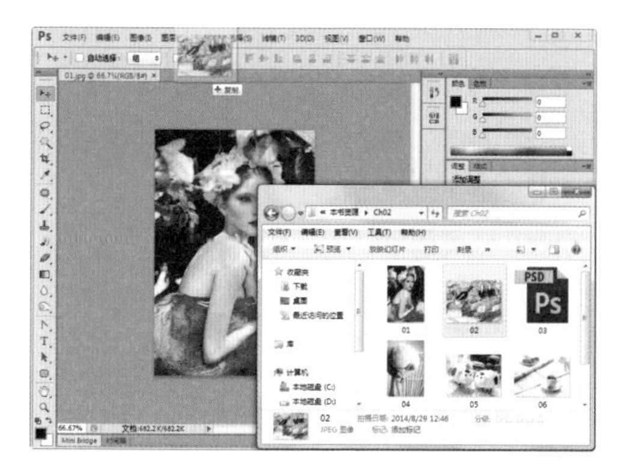

图2-10

图2-11

### 2. 命令打开图像

选择“文件 > 打开”命令或按Ctrl+O组合键，弹出“打开”对话框，如图2-12所示。可以搜索路径和文件，确认文件类型和名称，单击“打开”按钮，即可打开所指定的图像文件，如图2-13所示。按Alt+Ctrl+W组合键，可以关闭所有打开的文件。

图2-12

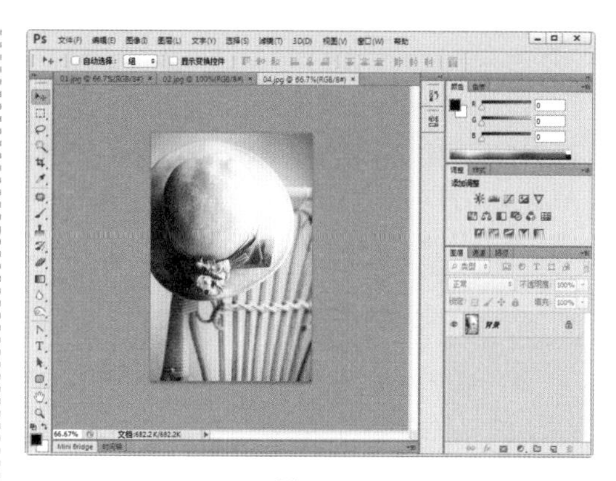

图2-13

### 3. 工作区双击打开图像

在空白工作区中双击鼠标，弹出“打开”对话框，如图2-14所示，直接双击需要打开的图片，打开图片，如图2-15所示。

图2-14

图2-15

**提示**

在“打开”对话框中选择文件时，按住Ctrl键的同时，用鼠标单击，可以选择不连续的多个文件；按住Shift键的同时，用鼠标单击，可以选择连续的多个文件。

### 4. 打开最近打开的图像

在“文件 > 最近打开文件”的下拉菜单中显示最近打开过的文件，选择需要打开的文件，如图2-16所示，单击可以打开文件。

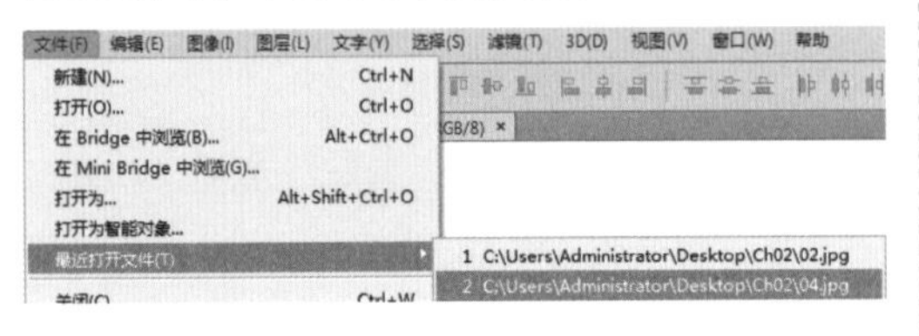


图2-16

### 5. 打开为智能对象

选择“文件 > 打开为智能对象”命令，弹出“打开为智能对象”对话框，选择需要的图片，如图2-17所示，单击“打开”按钮，图片自动转换为智能对象打开，如图2-18所示。

图2-17

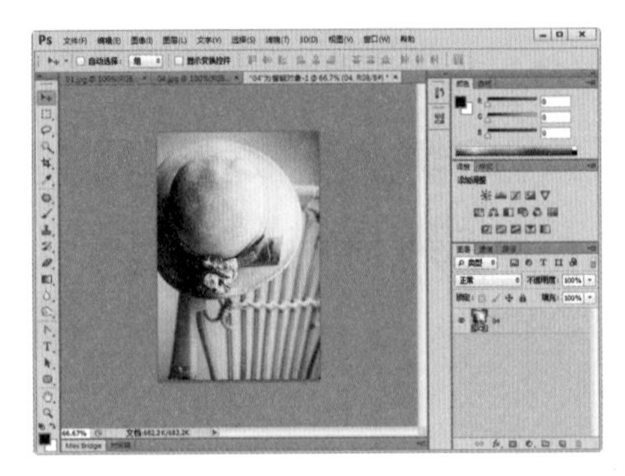

图2-18

## 2.2.3 保存图像

编辑和制作完图像后，需要将图像进行保存，以便于下次打开继续操作。

选择“文件 > 存储”命令，或按Ctrl+S组合键，可以存储文件。当设计好的作品进行第一次存储时，选择“文件 > 存储”命令，弹出“存储为”对话框，如图2-19所示，可以输入文件名，选择文件格式，单击“保存”按钮，保存图像。

图2-19

**提示**

当对已经存储过的图像文件进行各种编辑操作后，选择“存储”命令，将不弹出“存储为”对话框，计算机直接保存最终确认的结果，并覆盖原始文件。

选择“文件 > 存储为”命令，弹出“存储为”对话框，可以将文件保存为另外的名称和其他格式，或存储到其他位置，单击“保存”按钮，即可将图像另外保存。

## 2.2.4 关闭图像

将图像存储后，可以将其关闭。选择“文件 > 关闭”命令，或按Ctrl+W组合键，可以关闭文件。关闭图像时，若当前文件被修改过或是新建文件，则会弹出提示框，如图2-20所示，单击“是”按钮即可存储并关闭图像。

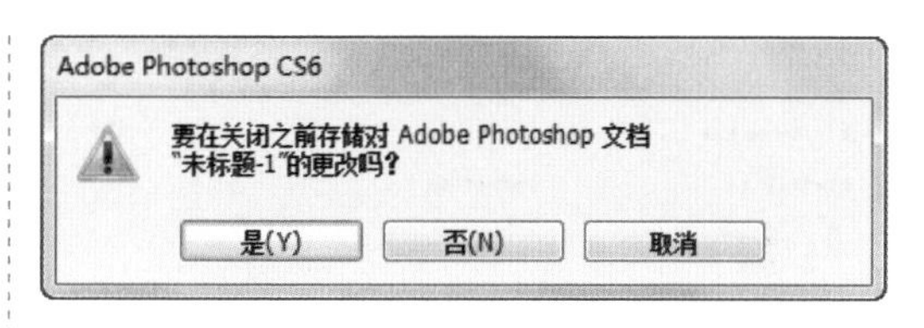


图2-20

选择“文件 > 关闭全部”命令，或按Alt+Ctrl+W组合键，可以关闭打开的多个文件。

选择“文件 > 退出”命令，或按Ctrl+Q组合键，或单击程序窗口右上角的 × 按钮，可以关闭文件并退出Photoshop。

# 2.3 Photoshop的工具箱

在Photoshop工作界面左侧的就是工具箱，工具箱包含用于创建和编辑图像、图稿、页面元素的工具和按钮，如图2-21所示。这些工具分为选择工具、绘图工具、填充工具、修饰工具、颜色选择工具、屏幕视图工具和快速蒙版工具等几大类，如图2-22所示。

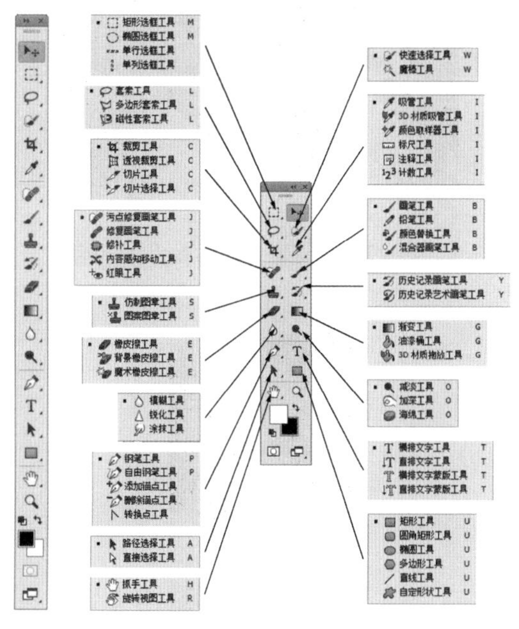


图2-21　　图2-22

### 1. 显示名称和快捷键

想要了解每个工具的具体名称，可以将光标放置在具体工具的上方，此时会出现一个黄色的图标，如图2-23所示，上面会显示该工具的具体名称。工具名称后面括号中的字母代表选择此工具的快捷键，只要在键盘上按下该字母键，就可以快速切换到相应的工具。

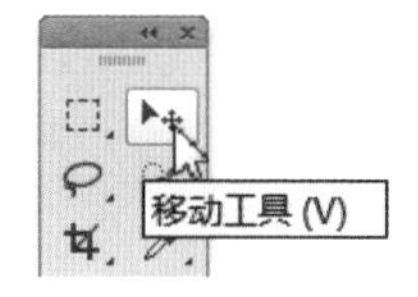


图2-23

### 2. 设置工具快捷键

选择“编辑 > 键盘快捷键”命令，弹出“键盘快捷键和菜单”对话框，如图2-24所示。在“快捷键用于”选项中选择“工具”，在下面的选项窗口中选择需要修改的工具，单击快捷键，可以显示编辑框，在键盘上按要修改的快捷键，可以显示修改的快捷键，单击“确定”按钮，即可修改工具快捷键。

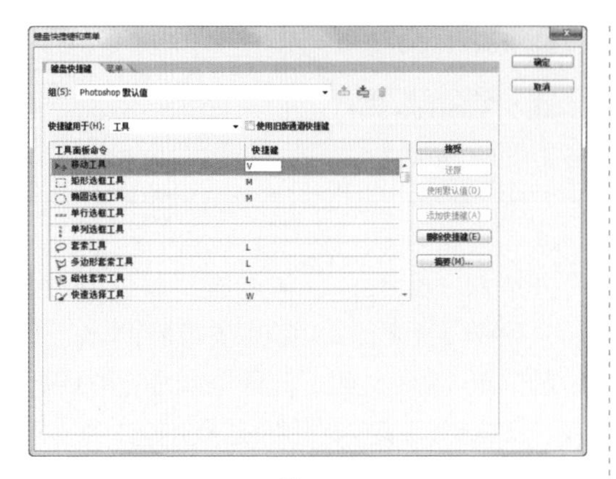


图2-24

### 3. 切换工具箱的显示状态

Photoshop的工具箱可以根据需要在单栏与双栏之间自由切换。默认工具箱显示为单栏，如图2-25所示。单击工具箱上方的双箭头图标，工具箱即可转换为双栏，如图2-26所示。

图2-25

图2-26

### 4. 显示隐藏的工具

在工具箱中，部分工具图标的右下方有一个黑色的小三角，该小三角表示在该工具下还有隐藏的工具。用鼠标在工具箱中有小三角的工具图标上单击，并按住鼠标不放，可弹出隐藏的工具选项，如图2-27所示。将鼠标指针移动到需要的工具图标上，即可选择该工具。

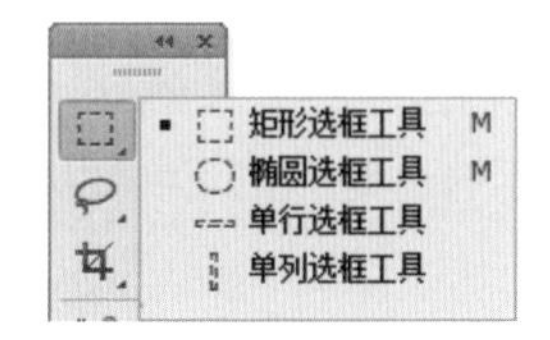


图2-27

### 5. 鼠标指针的显示状态

当选择工具箱中的工具后，鼠标指针就变为工具图标。例如，选择“裁剪”工具，图像窗口中的鼠标指针也随之显示为裁剪工具的图标，如图2-28所示。选择“画笔”工具，鼠标指针显示为画笔工具的对应图标，如图2-29所示。按下Caps Lock键，鼠标指针转换为精确的“十”字形图标，如图2-30所示。

图2-28

图2-29

图2-30

# 2.4 Photoshop的常用工具

## 2.4.1 移动工具

"移动"工具位于工具箱的第一组，是比较常用的工具之一。不论是移动同一文件中的图层、选区内的图像，还是将其他文件中的图像拖入当前图像，都需要使用该工具。

### 1. 在同一文件中移动图像

打开素材文件，如图2-31所示。选择"移动"工具，在图像窗口中拖曳鼠标，如图2-32所示，松开鼠标移动图像，效果如图2-33所示。

图2-31

图2-32

图2-33

在图像上绘制选区，如图2-34所示。选择"移动"工具，在图像窗口中的选区内单击并拖曳鼠标移动选区中的图像，如图2-35所示，松开鼠标移动图像，如图2-36所示。

图2-34

图2-35

图2-36

按数字键盘上的方向键，可微移一个像素的图像。按住数字键盘上的方向键不放，可移动图层中的图像。按住Shift键的同时再按方向键，可移动10个像素图像。若移动时按住Alt键，可以复制图像，同时生成一个新的图层。

**提示**

锁定的图层是不能移动的，只有将图层解锁之后，才能对其进行移动。

### 2. 在不同文件中移动图像

打开两个文档，如图2-37所示，将文字图片拖曳到图像窗口中，鼠标光标变为图标，如图2-38所示，松开鼠标，文字图片被移动到图像窗口中，如图2-39所示。

图2-37

图2-38

图2-39

**提示**

当使用其他工具对图像进行编辑时，按住Ctrl键，可以将工具切换到移动工具。

## 2.4.2 缩放工具

使用Photoshop编辑和处理图像时，可以通过改变图像的显示比例，使工作更便捷、高效。

### 1. 手动缩放图像

打开一张图像，图像以100%的比例显示，如图2-40所示。选择"缩放"工具，图像窗口中的光标变为放大工具图标，单击鼠标，图像会放大一倍，以200%的比例显示，如图2-41所示。继续单击或按快捷键（ctrl++），可逐次放大图像。

图2-40

图2-41

选择“缩放”工具，图像窗口中的鼠标光标变为放大工具图标，按住Alt键不放，光标变为缩小工具图标。在图像上单击鼠标，图像将缩小显示一级，如图2-42所示。按Ctrl+－组合键，图像会再缩小一级，如图2-43所示。继续单击或按快捷键，可逐次缩小图像。

图2-42

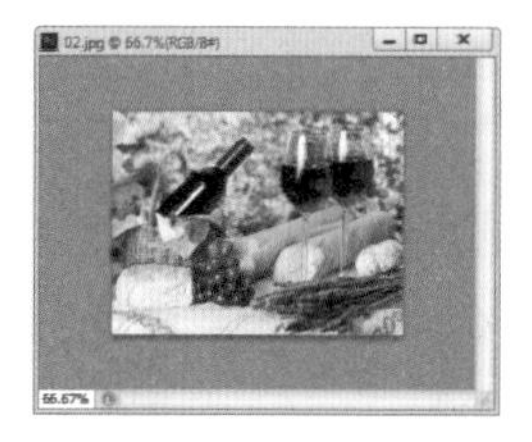

图2-43

当要放大或缩小一个指定区域时，在需要的区域按住鼠标不放，到需要的大小后松开鼠标，选中的区域会放大或缩小显示。取消勾选属性栏中的“细微缩放”复选框，可在图像上框选出矩形选区，以将选中的区域放大或缩小。

### 2. 属性栏按钮缩放图像

在属性栏中单击 适合屏幕 按钮，将图像窗口放大填满整个屏幕，如图2-44所示。单击 实际像素 按钮，图像将以实际像素比例显示，如图2-45所示。单击 填充屏幕 按钮，缩放图像以适合屏幕，如图2-46所示。单击 打印尺寸 按钮，缩放图像以适合打印尺寸，如图2-47所示。

勾选“调整窗口大小以满屏显示”选项，单击 实际像素 按钮，图像将以实际像素比例显示，如图2-48所示，并和屏幕的尺寸相适应。再进行放大，窗口还是和屏幕尺寸相适应，如图2-49所示。

图2-44

图2-45

图2-46

图2-47

图2-48

图2-49

向属性栏下方拖曳标题栏，当出现蓝灰色粗线时，可将图像窗口合并到选项卡，如图2-50所示。向下拖曳标题栏到图像窗口中，可使其在窗口中浮动，如图2-51所示。

图2-50

图2-51

### 2.4.3 抓手工具

选择“抓手”工具，图像窗口中的鼠标光标变为抓手，如图2-52所示。在放大的图像中拖曳鼠标，可以观察图像的每个部分。

图2-52

**提示**

如果正在使用其他工具进行操作，按住Spacebar键，可以快速切换到“抓手”工具。

**扩展**

抓手工具与移动工具不同，它移动的只是图片的视图，对图像图层的位置是不会有任何影响的，而移动工具是移动了图层图像的位置。

## 2.4.4 前景色和背景色

在Photoshop中，前景色与背景色的设置图标在工具箱的底部，位于前面的是前景色，位于后面的是背景色。

### 1. 前景色和背景色的应用

前景色主要用于绘画工具和绘图工具绘制的图形颜色，以及文字工具创建的文字颜色；背景色主要用于橡皮擦擦除的区域颜色，以及加大画布时的背景颜色。

### 2. 修改前景色和背景色

默认情况下，前景色为黑色，背景色为白色。单击“设置前景色”图标，弹出“拾色器（前景色）”对话框，如图2-53所示，直接拖曳或在选项中进行设置，如图2-54所示，单击“确定”按钮，修改前景色，如图2-55所示。用相同的方法可以设置背景色。

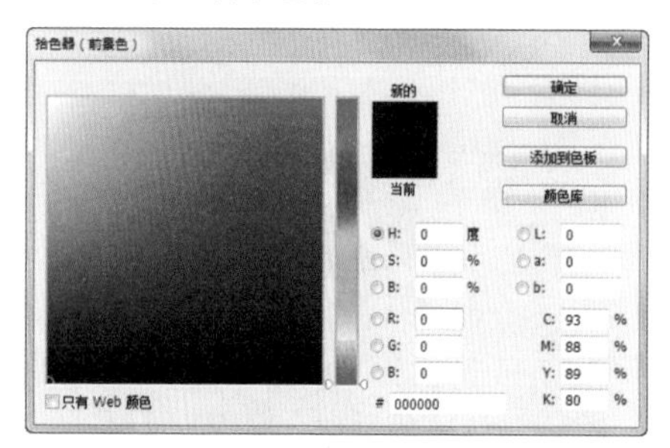


图2-53

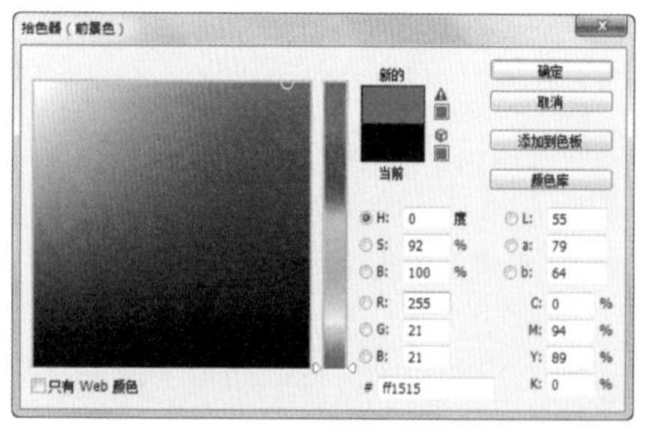


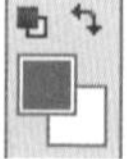

图2-54　　图2-55

选择“窗口 > 颜色”命令或按F6键，弹出“颜色”面板，如图2-56所示，左上角的两个色块为“设置前景色”和“设置背景色”图标。单击选取“设置前景色”图标，拖曳右侧的滑块或输入需要的数值，可以修改前景色。单击选取“设置背景色”图标，拖曳右侧的滑块或输入需要的数值，可以修改背景色，如图2-57所示。

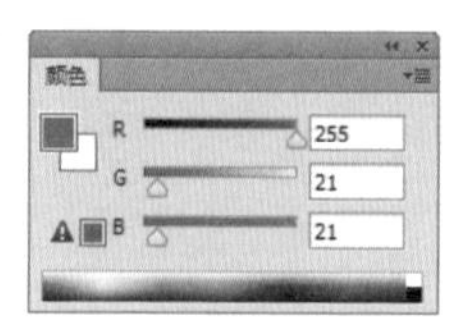


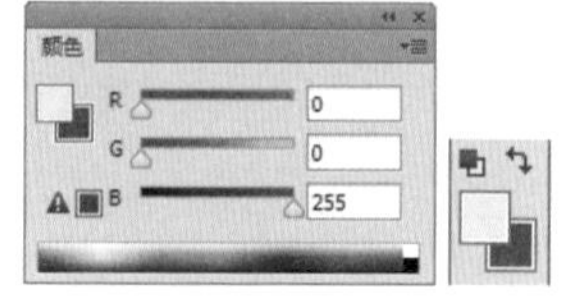


图2-56　　图2-57

选择“窗口 > 色板”命令，弹出“色板”面板，在面板中选取需要的色块，如图2-58所示，修改背景色。单击“颜色”面板中的“设置前景色”图标，在面板中选取需要的色块，修改前景色，如图2-59所示。

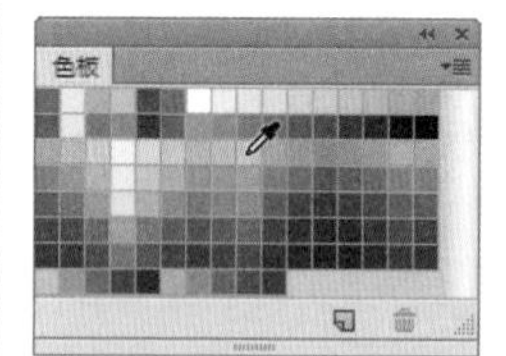


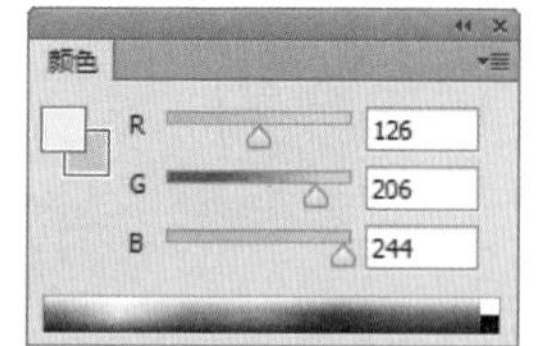


图2-58

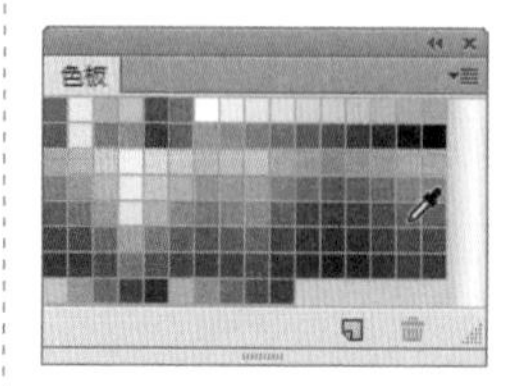


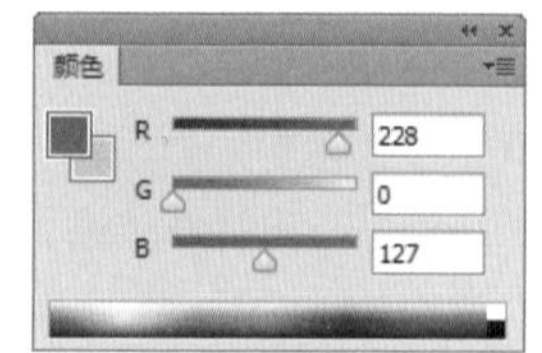


图2-59

### 3. 切换和恢复前景色和背景色

单击“切换前景色和背景色”图标或按X键，如图2-60所示，可以切换前景色和背景色，如图2-61所示。单击“默认前景色和背景色”图标或按C键，可以恢复为系统默认的颜色，如图2-62所示。

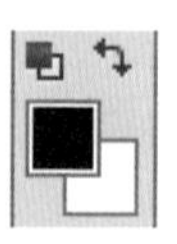

图2-60　　图2-61　　图2-62

## 2.4.5　测量工具

Photoshop中的测量工具可以测量图片中某一点或最多4点的颜色值，也可以测量坐标、尺寸和角度等。比较常用的有“吸管”工具和“标尺”工具。

### 1. “吸管”工具

“吸管”工具可以测量图片中某一点或最多4点的颜色值，可以在“信息”面板中进行查看，也可以设置前景色和背景色。

选择“窗口 > 信息”命令，弹出“信息”面板。选择“吸管”工具，将鼠标指针移到图片内需要测量的像素点上，该点的颜色值显示在信息面板中，如图2-63所示。选择“吸管”工具，按住Shift键的同时，在图像窗口中需要的颜色上单击添加测量点，“信息”面板将显示测量点的颜色值，如图2-64所示。

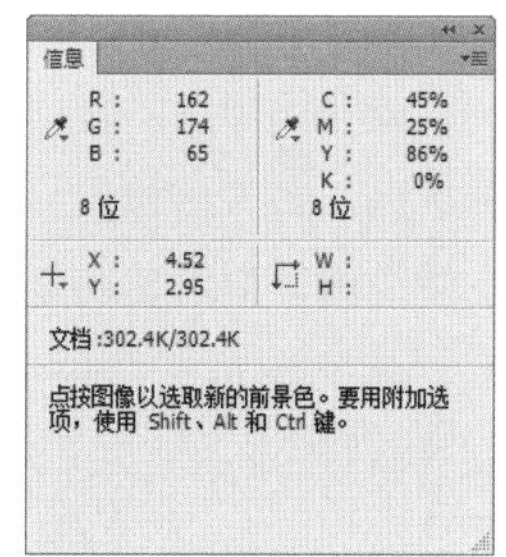


图2-63

图2-64

按住Shift键的同时，在第2个需要的颜色上单击再添加测量点，“信息”面板显示该测量点的颜色值，如图2-65所示。用相同的方法再添加两个测量点，“信息”面板显示测量这两点的颜色值，如图2-66所示。

图2-65

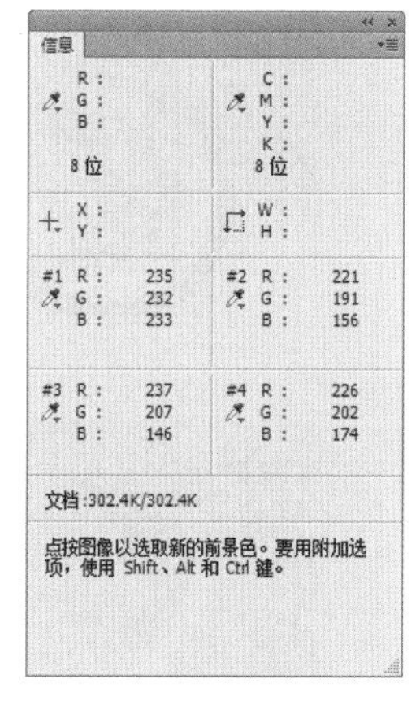


图2-66

选择“吸管”工具，按住Shift键（或Ctrl键）的同时，将光标置于测量点上，光标变为图标，如图2-67所示。将测量点拖曳到图像窗口外，可以删除测量点，如图2-68所示。用相同的方法删除其他测量点，如图2-69所示。

图2-67

图2-68

图2-69

选择“吸管”工具，在图像窗口中需要的颜色上单击，可以将该点的颜色设为前景色，如图2-70所示。按住Alt键的同时，在图像窗口中需要的颜色上单击，可以将该点的颜色设为背景色，如图2-71所示。

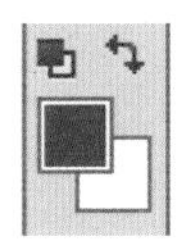

图2-70

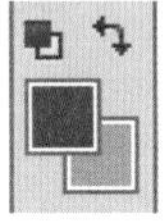

图2-71

## 2. “标尺”工具

“极尺”工具可以测量坐标、尺寸和角度的数据。选择“标尺”工具，在图像窗口中选取一个起点，如图2-72所示，按下左键并拖曳鼠标到需要的位置，如图2-73所示，松开鼠标，绘制出标尺。在属性栏和“信息”面板中显示坐标、尺寸和角度，如图2-74和图2-75所示。

图2-72

图2-73

X: 2.36 Y: 6.02 W: 2.26 H: 0.43 A: -10.8° L1: 2.30 L2: 拉直图层 清除

图2-74

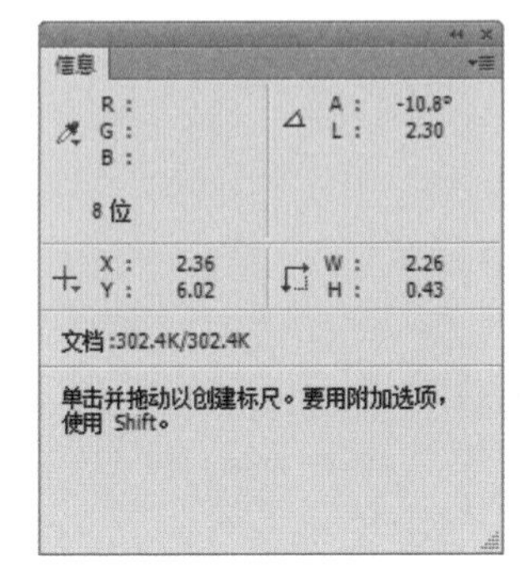


图2-75

单击选项栏中的“清除”按钮，可以删除当前标尺，如图2-76所示。选择“标尺”工具，在图像窗口中绘制起点和终点坐标，如图2-77所示，单击属性栏中的“拉直图层”按钮，即可将图片沿坐标拉直，如图2-78所示。

图2-76

图2-77

图2-78

# 2.5 Photoshop的辅助工具

标尺、参考线、网格线和注释工具都属于辅助工具，这些工具可以使图像处理更加精确，而实际设计任务中的许多问题也需要使用辅助工具来解决。

## 2.5.1 标尺的设置

### 1. 显示标尺

标尺可以确定图像或元素的位置。打开一张图像，如图2-79所示，选择“视图 > 标尺”命令或按Ctrl+R组合键，显示标尺，如图2-80所示。

图2-79

图2-80

### 2. 修改原点位置

在图像窗口中移动鼠标，可在标尺中显示光标的精确位置，如图2-81所示。默认情况下，标尺的原点位置在窗口的左上角，如图2-82所示。

图2-81

图2-82

将光标置于原点处，单击并向右下方拖曳，画面中显示出十字线，将其拖曳到需要的位置，如图2-83所示，松开鼠标修改原点的位置，如图2-84所示。

图2-83

图2-84

在原点处双击，可将标尺原点恢复到默认的位置。

**提示**

在修改原点位置的过程中，按住Shift键，可以使标尺原点与标尺的刻度记号对齐。

### 3. 修改标尺单位

在标尺上单击鼠标右键，显示出单位选项，选取需要的单位，如图2-85所示，可以修改标尺单位，如图2-86所示。

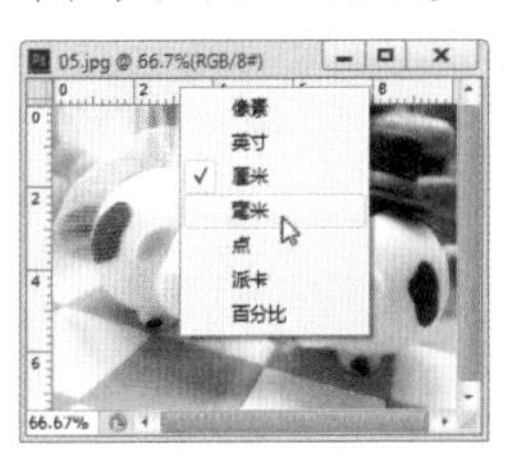


图2-85

图2-86

## 2.5.2 参考线的设置

打开一张图像，如图2-87所示。选择“视图 > 标尺”命令或按Ctrl+R组合键，显示标尺，如图2-88所示。

图2-87

图2-88

### 1. 拖曳添加参考线

在水平标尺上单击并向下拖曳鼠标，可以拖曳出水平参考线，如图2-89所示。用相同的方法在垂直标尺上拖曳出垂直参考线，如图2-90所示。

图2-89

图2-90

## 2. 移动参考线

选择“移动”工具，将光标置于参考线上，光标变为图标，如图2-91所示，单击并拖曳到适当的位置，可以移动参考线，如图2-92所示。

图2-91

图2-92

按住Shift键的同时拖曳参考线，如图2-93所示，可以使参考线与标尺上的刻度对齐，如图2-94所示。

图2-93

图2-94

## 3. 精确添加参考线

选择“视图 > 新建参考线”命令，弹出“新建参考线”对话框，设置需要的数值，如图2-95所示，单击“确定”按钮，可以精确新建垂直参考线，如图2-96所示。用相同的方法新建水平参考线，如图2-97所示。

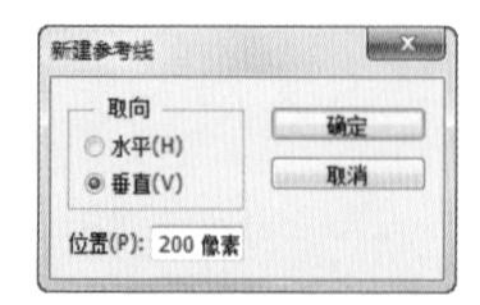


图2-95

图2-96

图2-97

## 4. 锁定/解锁参考线

选择“视图 > 锁定参考线”命令或按Alt+Ctrl+;组合键，可以锁定参考线，锁定后的参考线是不能移动的，如图2-98所示。再次选择“视图 > 锁定参考线”命令或按Alt+Ctrl+;组合键，可以解锁参考线，如图2-99所示。

图2-98

图2-99

## 5. 显示/隐藏参考线

选择“视图 > 显示 > 参考线”命令或按Ctrl+;组合键，隐藏参考线，如图2-100所示。再次选择“视图 > 显示 > 参考线”命令或按Ctrl+;组合键，可以显示参考线，如图2-101所示。

图2-100

图2-101

## 6. 删除参考线

将参考线拖曳到标尺上，如图2-102所示，松开鼠标删除参考线，如图2-103所示。选择“视图 > 清除参考线”

图2-102

命令，可清除图像窗口中所有的参考线，如图2-104所示。

图2-103

图2-104

## 2.5.3 智能参考线

打开一张图像，如图2-105所示。选择“视图 > 显示 > 智能参考线”命令，启用智能参考线。选择“移动”工具，移动图片，通过显示的智能参考线对齐文字，如图2-106所示。

图2-105

图2-106

**提示**

智能参考线是一种智能化的参考线，只有在进行移动、对齐等操作时才会出现。

## 2.5.4 网格线的设置

### 1. 显示网格线

打开一张图像，如图2-107所示。选择“视图 > 显示 > 网格”命令或按Ctrl+’组合键，显示网格，如图2-108所示。选择“移动”工具，拖曳图片到适当的位置，如图2-109所示。

图2-107　　图2-108　　图2-109

### 2. 设置网格线

默认状态下，“视图 > 对齐到 > 网格”命令是启用状态的。选择“编辑 > 首选项 > 参考线、网格和切片”命令，弹出相应的对话框，如图2-110所示，按需要进行设置，如图2-111所示，单击“确定”按钮，设置网格线，如图2-112所示。选择“视图 > 显示 > 网格”命令或按Ctrl+’组合键，隐藏网格，如图2-113所示。

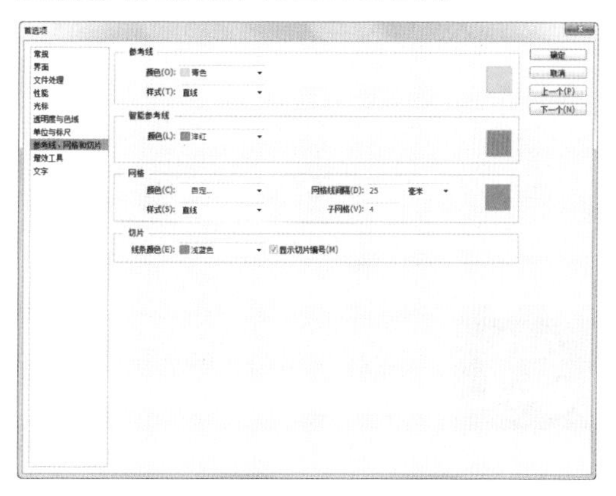

图2-110

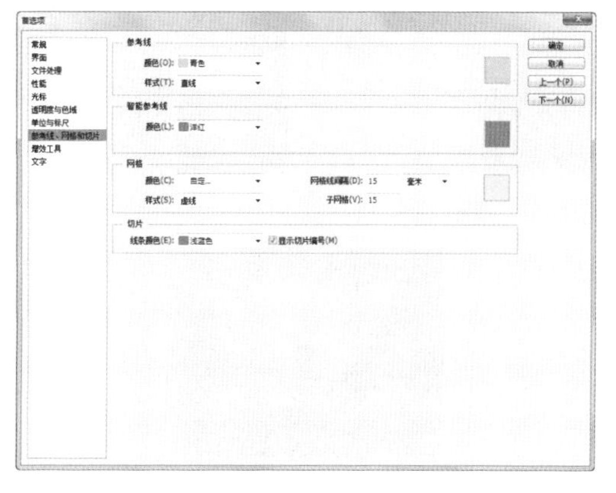

图2-111

图2-112

图2-113

## 2.5.5 注释工具

注释工具可以用于在图像的任意位置标记制作说明或其他有用信息。

### 1. 添加注释

打开一张图像，如图2-114所示。选择“注释”工具，在属性栏中的“作者”选项文本框中输入需要的文字，如图2-115所示。在图像窗口中单击鼠标左键，弹出图像的注释面板，如图2-116所示，在面板中输入注释文字，如图2-117所示。用相同的方法再添加两个注释，如图2-118所示。

图2-114

图2-115

图2-116

图2-117

图2-118

### 2. 查看注释

双击注释图标，如图2-119所示，可以弹出“注释”面板查看注释内容，如图2-120所示。

单击面板中的“选择上一个注释”按钮，可以查看上一个注释，如图2-121所示。单击面板中的“选择下一个注释”按钮，可以查看下一个注释，如图2-122所示。

图2-119

图2-120

图2-121

图2-122

### 3. 关闭注释

选取需要的注释图标，并单击鼠标右键，在弹出的菜单中选择“关闭注释”命令，如图2-123所示，可以关闭注释，如图2-124所示。

图2-123

图2-124

### 4. 删除注释

单击面板中的“删除注释”按钮，如图2-125所示，弹出提示对话框，如图2-126所示，单击“是”按钮，删除注释，如图2-127所示。

图2-125

图2-126

图2-127

在注释图标上单击鼠标右键，在弹出的菜单中选择“删除所有注释”命令，如图2-128所示，弹出提示对话框，如图2-129所示，单击“确定”按钮，删除所有注释，如图2-130所示。

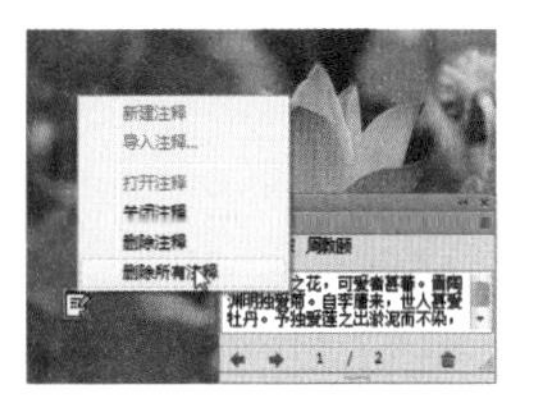

图2-128

图2-129

图2-130

# 2.6 Photoshop的还原操作

在绘制和编辑图像的过程中，经常会错误地执行一个步骤或对制作的一系列效果不满意。当希望恢复到前一步或原来的图像效果时，可以使用恢复操作命令。

## 2.6.1 还原命令

打开图像并对其进行编辑，如图2-131所示。选择“编辑 > 还原”命令或按Ctrl+Z组合键，可以恢复到图像的上一步操作，如图2-132所示。再按Ctrl+Z组合键，可以还原图像到恢复前的效果，如图2-133所示。

图2-131

图2-132

图2-133

连续选择“编辑 > 后退一步”命令或者连续按Alt+Ctrl+Z组合键，可以逐步撤销操作，如图2-134所示。连续选择“编辑 > 前进一步”命令或连续按Shift+Ctrl+Z组合键，可以逐步恢复被撤销的操作，如图2-135所示。选择“文件 > 恢复”命令，可以直接将文件恢复到最后一次保存时的状态，如图2-136所示。若没有保存过，会恢复到打开时的最初状态。

图2-134

图2-135

图2-136

## 2.6.2　中断操作

当Photoshop正在进行图像处理时，如果想中断当前操作，可以按Esc键。

## 2.6.3　“历史记录”面板

“历史记录”控制面板可以将进行过多次处理操作的图像恢复到任一步操作时的状态，即所谓的“多次恢复功能”。

选择“窗口 > 历史记录”命令，弹出“历史记录”控制面板，如图2-137所示。

图2-137

控制面板下方的按钮从左至右依次为“从当前状态创建新文档”按钮、“创建新快照”按钮和“删除当前状态”按钮。

单击控制面板右上方的图标，弹出控制面板的下拉命令菜单，如图2-138所示。

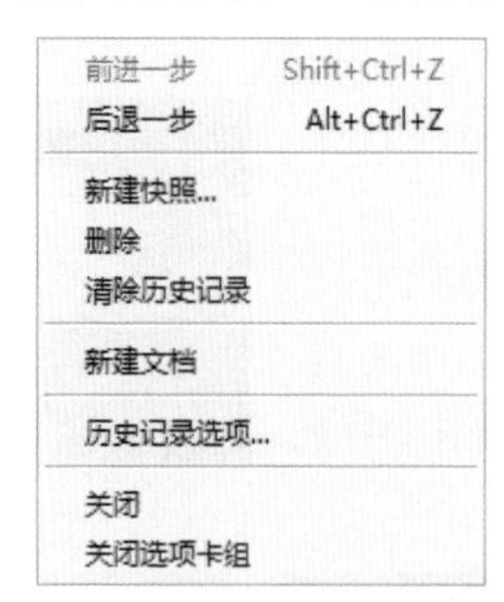


图2-138

**前进一步：** 用于将滑块向下移动一位。

**后退一步：** 用于将滑块向上移动一位。

**新建快照：** 用于根据当前滑块所指的操作记录建立新的快照。

**删除：** 用于删除控制面板中滑块所指的操作记录。

**清除历史记录：** 用于清除控制面板中除最后一条记录外的所有记录。

**新建文档：** 用于由当前状态或者快照建立新的文件。

**历史记录选项：** 用于设置“历史记录”控制面板。

**关闭和关闭选项卡组：** 用于关闭“历史记录”控制面板和控制面板所在的选项卡组。

选择“编辑 > 首选项 > 性能”命令，弹出相应的对话框，如图2-139所示，在“历史记录状态”选项中设置需要的数值，单击“确定”按钮，可以设置恢复的步骤数。

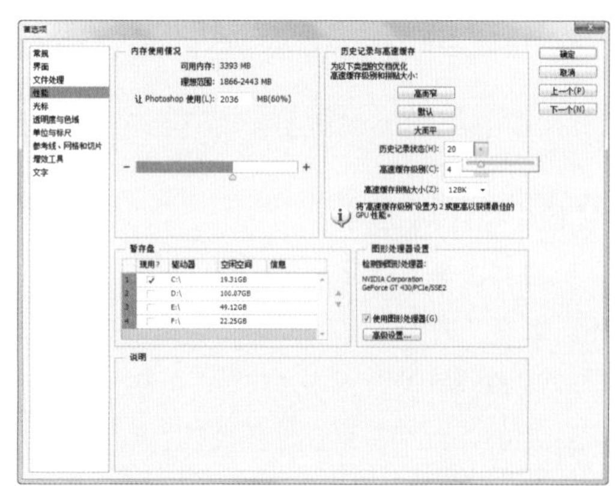

图2-139

**提示**

历史记录可以设置的最大步骤数为1000，最小步骤数为1。步骤数越多，占用的内存越多，处理图像的速度越慢，越影响工作效率。只有合理设置步骤数，才能使工作更加便捷、快速。

# 第 3 章

# 图层的基本应用

## 本章介绍

在Photoshop中，图层的出现是传统图像处理方式比较重要的一次变革。熟练掌握图层的操作，对全面掌握Photoshop的功能有着重要的意义。通过学习本章内容，读者可以掌握图层的基本操作方法，为之后Photoshop的学习打下坚实的基础。

## 学习目标

◆ 了解图层的概念和原理。
◆ 了解图层控制面板。
◆ 掌握图层的基本使用技巧。

## 技能目标

◆ 掌握图层的基本操作方法。

# 3.1 图层基础

## 3.1.1 图层概念

图层就是将不同图片分隔到不同图层上，以方便对单个图层的图像内容进行编辑，如图3-1所示。

图3-1

## 3.1.2 图层原理

将图层看作一张张叠起来的硫酸纸，可以透过图层的透明区域看到下面的图层图像，如图3-2所示。通过更改图层的顺序和属性，可以改变图像的合成效果。

图3-2

# 3.2 图层控制面板

按F7键，可隐藏和显示“图层”控制面板。默认状态下，“图层”控制面板显示于界面的右下角，主要用于叠放和编辑图层。

## 3.2.1 控制面板

“图层”控制面板中包括很多选项和按钮，如图3-3所示，下面依次进行介绍。

图3-3

类型：用于选择需要筛选的图层类型。也可以通过右侧的按钮单独或组合筛选需要的图层类型。

正常：可根据混合需要选择需要的混合模式。

**不透明度：**可设置图层的总体不透明度。

**锁定：**右侧的按钮可根据需要单独或组合锁定图层的透明、图像、位置和全部。

**填充：**用于设置图层的内部不透明度。

**“链接图层”按钮**：使所选图层和当前图层成为一组，当对一个链接图层进行操作时，将影响一组链接图层。

**“添加图层样式”按钮** fx：可以为当前图层

添加图层样式效果。

**“添加图层蒙版”按钮**：将在当前层上创建一个蒙版。

**“创建新的填充或调整图层”按钮**：可对图层进行颜色填充和效果调整。

**“创建新组”按钮**：用于新建一个文件夹，可在其中放入图层。

**“创建新图层”按钮**：用于在当前图层的上方创建一个新层。

**“删除图层”按钮**：可以将不需要的图层拖曳到此处进行删除。

### 3.2.2　图层命令菜单

单击“图层”控制面板右上方的图标，弹出其命令菜单，如图3-4所示，可对图层进行创建、编辑和管理等操作。

图3-4

### 3.2.3　图层缩览图显示

在“图层”控制面板的空白处单击鼠标右键，弹出的菜单如图3-5所示，选择需要的命令可以调整图层的缩览图显示方式。在命令菜单中选择“面板选项”命令，弹出对话框，如图3-6所示，可以选择需要的缩览图显示方式。

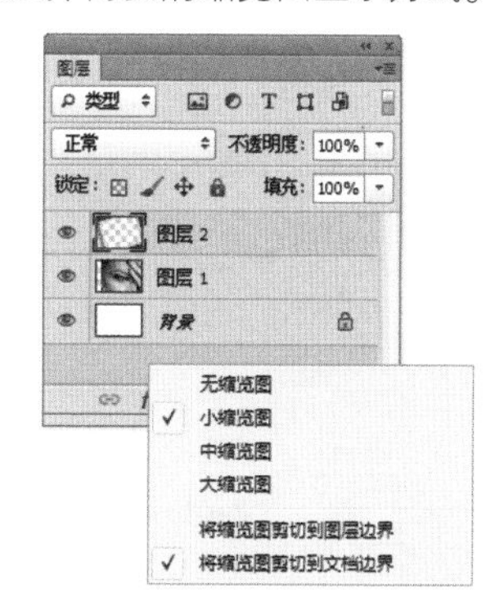


图3-5

图3-6

## 3.3　图层操作

### 3.3.1　图层的类型

Photoshop中可以创建不同的图层类型，如图3-7所示，从下到上依次介绍它们的不同功能、用途和显示状态。

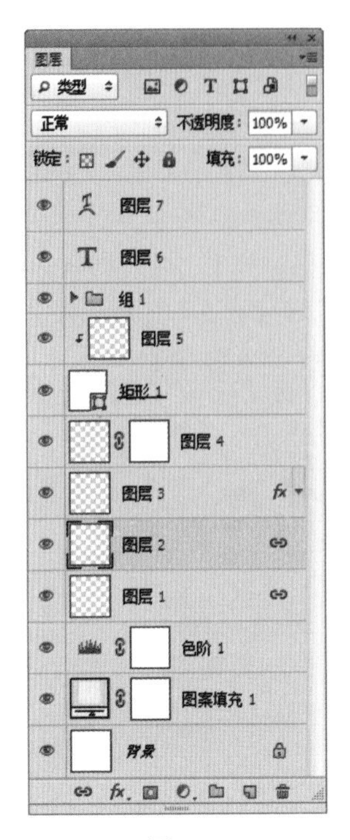


图3-7

**背景图层：**新建文档时创建的图层，始终位于图层的最下方，为锁定状态。

**填充图层：**填充了纯色、渐变或图案的特殊图层。

**调整图层：**可以重复编辑的调整图像的图层。

**链接图层：**链接在一起的多个图层。

**当前图层：**当前选取的图层。

**图层样式：**添加了图层样式的图层。

**蒙版图层：**添加了图层蒙版的图层。

**剪贴蒙版：**用一个图层对象形状来控制其他图层的显示区域。

**图层组：**用来组织和管理图层的图层组合。

**文字图层：**使用文字工具输入文字时创建的图层。

**变形文字图层：**使用变形处理后的文字图层。

## 3.3.2 创建图层

### 1. 使用控制面板弹出式菜单

打开一个图像，显示“图层”控制面板。单击控制面板右上方的图标，弹出其命令菜单，选择“新建图层”命令，如图3-8所示，弹出“新建图层”对话框，如图3-9所示。

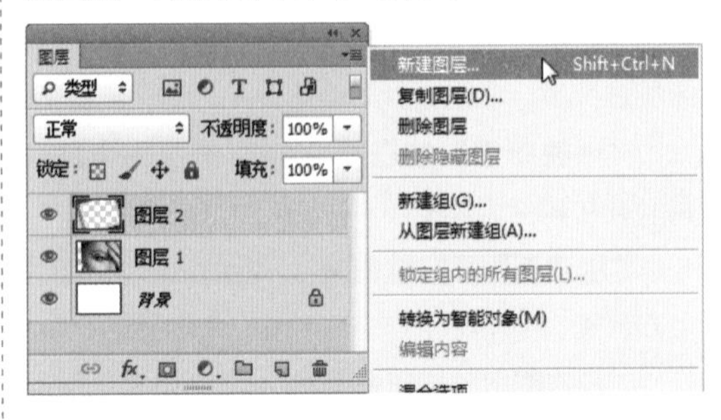


图3-8

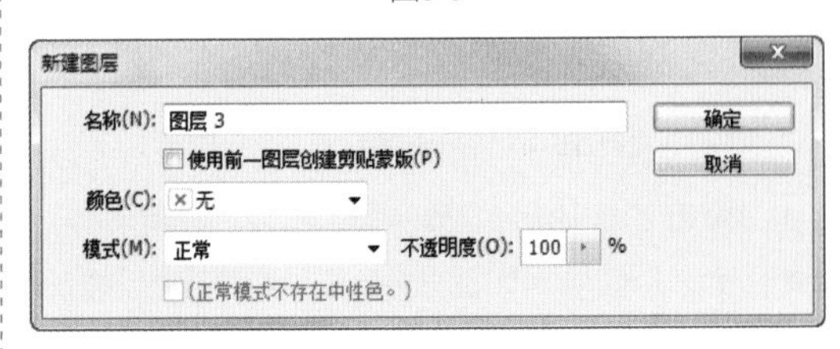


图3-9

在对话框中分别设置图层的名称、颜色、模式和不透明度，如图3-10所示，单击“确定”按钮，新建图层，如图3-11所示。

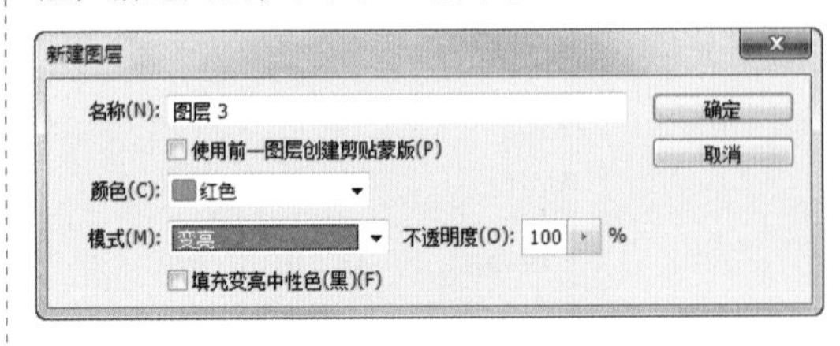


图3-10

图3-11

单击“图层”控制面板下方的“创建新图层”按钮，可以创建一个新的图层。按住Alt键的同时，单击“创建新图层”按钮，弹出

"新建图层"对话框，单击"确定"按钮，新建图层。

### 2. 使用"图层"菜单命令或快捷键

打开图像，在适当的位置绘制选区，如图3-12所示，"图层"控制面板如图3-13所示。

图3-12

图3-13

若选择"图层 > 新建 > 通过拷贝的图层"命令，或按Ctrl+J组合键，可以将选区中的图像复制到新的图层中，如图3-14所示，移动图像后，原图像内容保持不变，如图3-15所示。

图3-14

图3-15

若选择"图层 > 新建 > 通过剪切的图层"命令，或按Ctrl+Shift+J组合键，可以将选区中的图像剪切到新的图层中，如图3-16所示，移开图像后，原图像的位置由背景色填充，如图3-17所示。

图3-16

图3-17

### 3. 创建背景图层

在"图层"控制面板中双击"背景"图层，如图3-18所示，弹出"新建图层"对话框，如图3-19所示，单击"确定"按钮，将其转换为普通图层，如图3-20所示。

图3-18

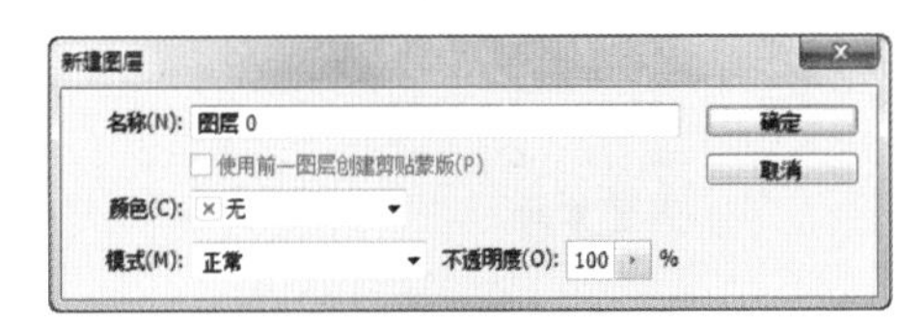


图3-19

图3-20

选取需要的图层，如图3-21所示，选择"图层 > 新建 > 图层背景"命令，将所选图层转换为"背景"图层，如图3-22所示。

图3-21

图3-22

## 3.3.3 修改图层名称和颜色

选取需要的图层，如图3-23所示。双击图层名称使其处于可编辑状态，如图3-24所示，将其命名为“底图”，如图3-25所示。

图3-23

图3-24

图3-25

在图层上单击鼠标右键，在弹出的菜单中选择需要的颜色选项，如图3-26所示，松开鼠标，图层颜色修改，如图3-27所示。

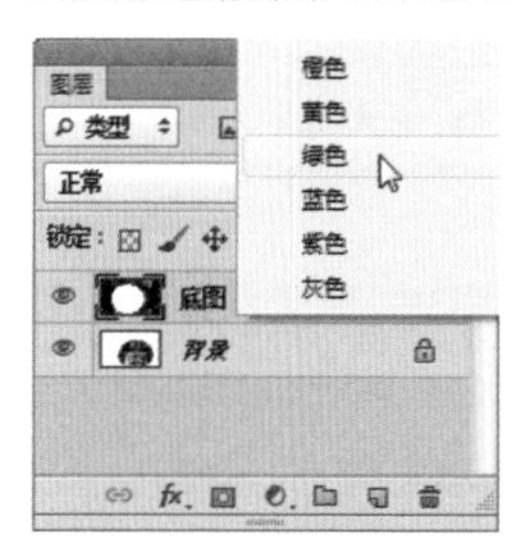


图3-26

图3-27

## 3.3.4 复制图层

### 1. 使用控制面板弹出式菜单

选取要复制的图层，如图3-28所示。单击“图层”控制面板右上方的图标，在弹出的命令菜单中选择“复制图层”命令，弹出“复制图层”对话框，如图3-29所示。

图3-28

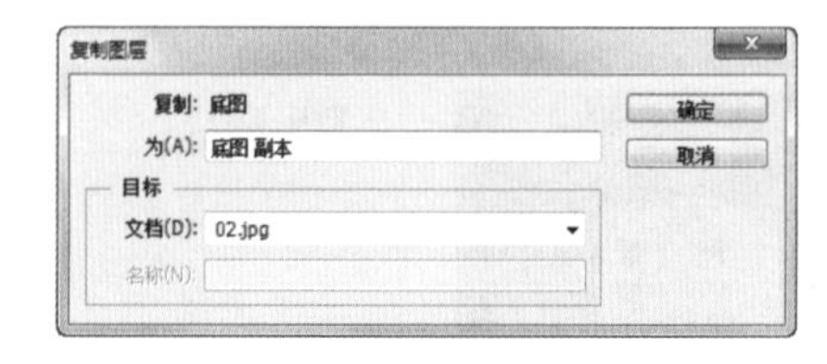


图3-29

在对话框中设置复制层的名称，如图3-30所示，单击“确定”按钮，在原文件中复制图层，如图3-31所示。

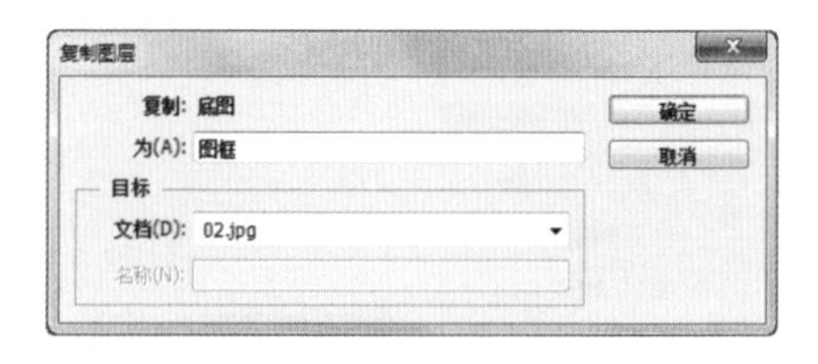


图3-30

图3-31

若设置“文档”选项为其他文档，如图3-32所示，单击“确定”按钮，可以在选取的文档中生成复制的图层，如图3-33所示。

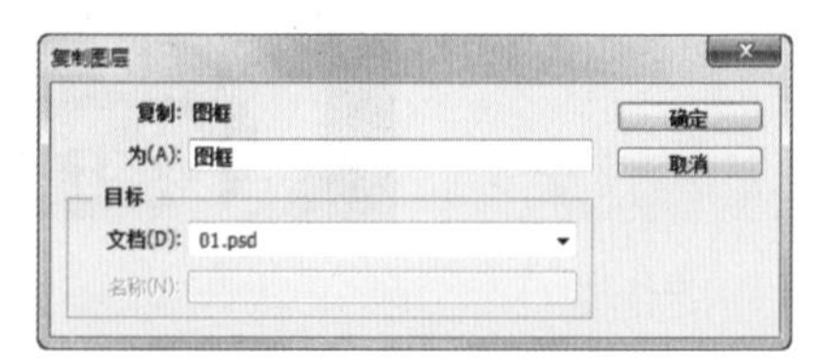


图3-32

图3-33

若设置“文档”选项为新建，并设置了名称，如图3-34所示，单击“确定”按钮，可新建一个文档并生成复制的图层，如图3-35所示。

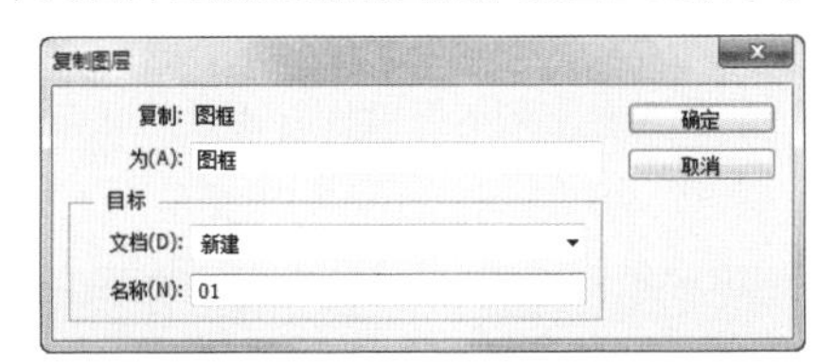


图3-34

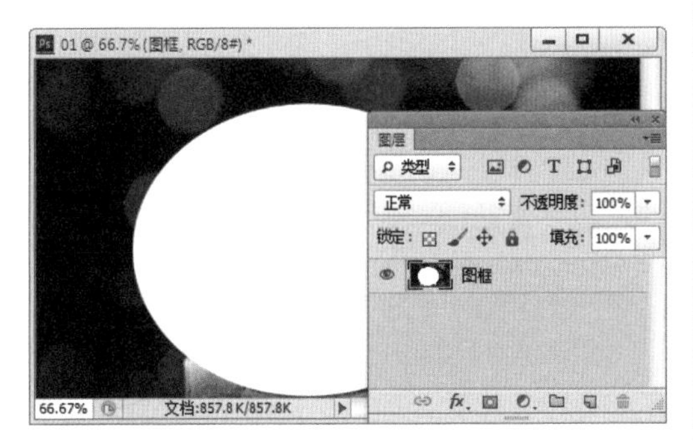


图3-35

### 2. 使用控制面板按钮

将要复制的图层拖曳到控制面板下方的“创建新图层”按钮上，如图3-36所示，可以将所选图层复制为一个新图层，如图3-37所示。

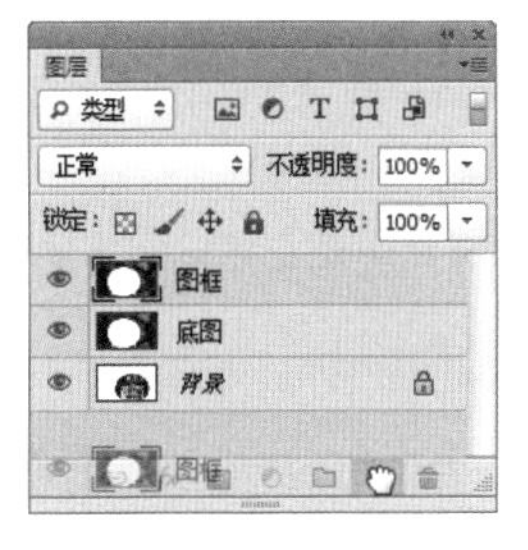


图3-36

图3-37

### 3. 使用菜单命令

选择“图层 > 复制图层”命令，弹出“复制图层”对话框，设置相应的选项，如图3-38所示，单击“确定”按钮，复制图层，如图3-39所示。

图3-38

图3-39

### 4. 使用鼠标拖曳的方法复制不同图像之间的图层

将需要复制的图像中的图层直接拖曳到目标图像中，如图3-40所示，松开鼠标也可以完成图层的复制，如图3-41所示。

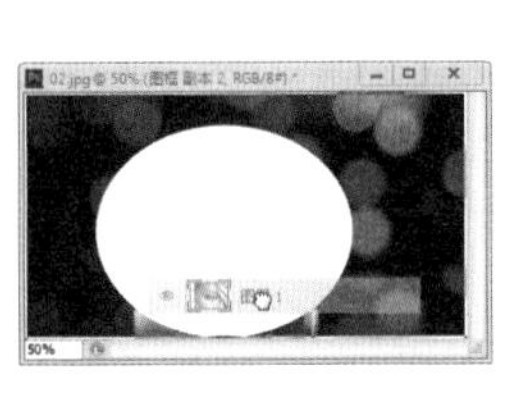

图3-40　　图3-41

## 3.3.5 删除图层

在“图层”面板中选取要删除的图层，如图3-42所示。单击“图层”控制面板右上方的图标，在弹出的菜单中选择“删除图层”命令，弹出提示对话框，如图3-43所示，单击“是”按钮，可删除选取的图层，如图3-44所示。

图3-42

图3-43

图3-44

单击“图层”控制面板下方的“删除图层”按钮或将需要删除的图层直接拖曳到“删除图层”按钮上，弹出提示对话框，单击“是”按钮，可以删除选取的图层。选择“图层 > 删除 > 图层”命令，也可以删除图层。

## 3.3.6　图层的显示和隐藏

打开一个图像，“图层”控制面板如图3-45所示。在“图层”控制面板中单击图层左侧的眼睛图标，可以隐藏该图层，如图3-46所示。单击隐藏图层左侧的空白图标，可以显示该图层，如图3-47所示。

图3-45

图3-46

图3-47

按住Alt键的同时，在“图层”控制面板中单击图层左侧的眼睛图标，将只显示这个图层，隐藏其他图层，如图3-48所示。再次按住Alt键的同时，单击图层左侧的眼睛图标，将显示所有图层，如图3-49所示。

图3-48

图3-49

将需要隐藏的图层同时选取。选择“图层 > 隐藏图层”命令，可以隐藏选取的图层。选择“图层 > 显示图层”命令，可以显示选取的图层。

## 3.3.7　图层的选择和链接

### 1. 选择图层

单击选择“01”图层，如图3-50所示。按住Ctrl键的同时，单击“03”图层，可以选取“01”和“03”两个不相连的图层，如图3-51所示。若多次单击可选取多个不相连的图层。

图3-50

图3-51

单击选择“01”图层，如图3-52所示。按住Shift键的同时，单击“03”图层，可以选取“01”和“03”图层之间的所有图层，如图3-53所示。

图3-52

图3-53

选择“移动”工具，在图像窗口中需要的图像上单击鼠标右键，在弹出的菜单中选择需要的选项，如图3-54所示，可以选择该图层，如图3-55所示。

图3-54

图3-55

在属性栏中勾选“自动选择”复制框，在图像窗口中单击需要的图像，如图3-56所示，可选取图像所在的图层，如图3-57所示。

图3-56

图3-57

### 2. 链接图层

当要同时对多个图层中的图像进行移动、变换或创建剪贴蒙版操作时，可以将多个图层进行链接，方便操作。

选中要链接的图层，如图3-58所示。单击“图层”控制面板下方的“链接图层”按钮，将选中的图层链接，如图3-59所示。再次单击“链接图层”按钮，可以取消链接。

图3-58

图3-59

## 3.3.8　对齐和分布图层

打开图像，如图3-60所示。按住Shift键的同时，单击“01”和“03”图层，将两个图层之间的所有图层同时选取，如图3-61所示。

图3-60

图3-61

选择“图层 > 对齐”命令，弹出子菜单，如图3-62所示。可以对选定的图层图像进行相应的对齐操作，如图3-63所示。

顶边(T)
垂直居中(V)
底边(B)
左边(L)
水平居中(H)
右边(R)

图3-62

顶边对齐

垂直居中对齐

底边对齐

左边对齐

水平居中对齐

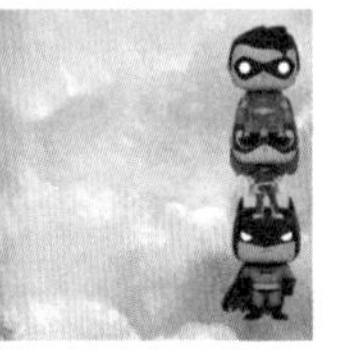
右边对齐

图3-63

选择“图层 > 分布”命令，弹出子菜单，如图3-64所示。可以对选定的图层图像进行相应的分布操作，如图3-65所示。

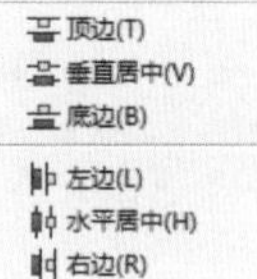

图3-64

顶边分布

垂直居中分布

底边分布

左边分布

水平居中分布

右边分布

图3-65

选择“矩形选框”工具，在适当的位置绘制矩形选区，如图3-66所示。选取需要的图层，如图3-67所示。选择“图层 > 将图层与选区对齐 > 顶边”命令，可以基于选区对齐所选图层的对象，如图3-68所示。用相同的方法可以进行其他对齐操作。

图3-66

图3-67

图3-68

> **提示**
>
> 若当前选择“移动”工具，可以单击属性栏中的按钮来进行对齐和分布图层操作。

## 3.3.9 图层的排列

打开图像，如图3-69所示，“图层”控制面板如图3-70所示，选中“文字2”图层，如图3-71所示。

图3-69

图3-70

图3-71

选择“图层 > 排列”命令，弹出子菜单，如图3-72所示。可以对选中的图层进行相应的排列，如图3-73所示。

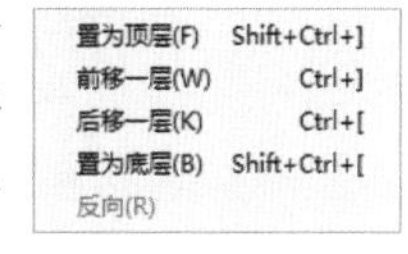


图3-72

置为顶层

前移一层

后移一层

置为底层

图3-73

将“文字2”图层拖曳到“文字3”图层的下方，如图3-74所示，松开鼠标调整图层，如图3-75所示，图像效果如图3-76所示。

图3-74

图3-75

图3-76

将需要的图层同时选取，如图3-77所示。选择“图层 > 排列 > 反向”命令，可以按将选取的图层反向排列，如图3-78所示，图像效果如图3-79所示。

图3-77

图3-78

图3-79

## 3.3.10　合并图层

打一张图像，“图层”控制面板如图3-80所示。按住Ctrl键的同时，将需要的图层同时选取，如图3-81所示。单击“图层”控制面板右上方的图标，在弹出的菜单中选择“向下合并”命令，或按Ctrl+E组合键，合并图层，如图3-82所示。

图3-80

图3-81

图3-82

单击“图层”控制面板右上方的图标，在弹出的菜单中选择“合并可见图层”命令，或按

Shift+Ctrl+E组合键，合并所有可见层，如图3-83所示。

单击“图层”控制面板右上方的图标，在弹出的菜单中选择“拼合图像”命令，合并所有的图层，如图3-84所示。

图3-83

图3-84

## 3.3.11 图层组

当编辑多层图像时，为了方便操作，可以将多个图层建立在一个图层组中。

### 1. 使用弹出式菜单创建图层组

打开图像，“图层”控制面板如图3-85所示。单击“图层”控制面板右上方的图标，在弹出的菜单中选择“新建组”命令，弹出“新建组”对话框，如图3-86所示，单击“确定”按钮，新建一个图层组，如图3-87所示。

图3-85

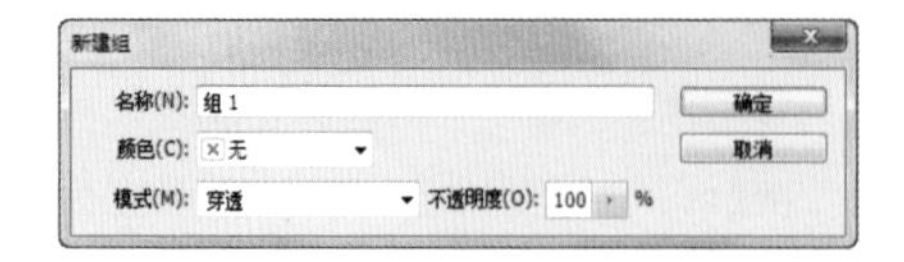


图3-86

图3-87

### 2. 拖曳对象放置到图层组

选中要放置到组中的多个图层，如图3-88所示，将其向图层组中拖曳，如图3-89所示，松开鼠标，选中的图层被放置在图层组中，如图3-90所示。

图3-88

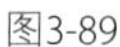

图3-89

图3-90

### 3. 隐藏图层组内容

单击“组1”左侧的倒三角图标，如图3-91所示，将组1图层组中的所有图层隐藏，如图3-92所示。

图3-91

图3-92

### 4. 面板按钮和命令创建图层组

单击“图层”控制面板下方的“创建新组”按钮，可以新建图层组，如图3-93所示。选择“图层 > 新建 > 组”命令，弹出“新建组”对话框，设置相应的选项，如图3-94所示，单击“确定”按钮，也可以新建图层组，如图3-95所示。

图3-93

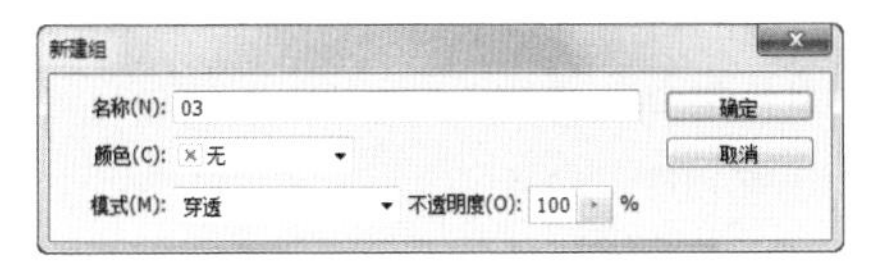

图3-94

图3-95

选中要放置在图层组中的所有图层，如图3-96所示，按Ctrl+G组合键，自动生成新的图层组，如图3-97所示。

### 5. 取消图层编组

选择“图层 > 取消图层编组”命令，或按Shift+Ctrl+G组合键，取消图层编组，如图3-98所示。

图3-96

图3-97

图3-98

## 3.3.12 智能对象

智能对象是一个嵌入当前文档的图像或矢量图形，它能够保留对象的源文件和所有的原始特征。因此，在Photoshop中进行处理时，不会影响到原始对象。

### 1. 转换为智能对象

打开图像，如图3-99所示，“图层”控制面板如图3-100所示。选取“小黄鸭”图层，选择“图层 > 智能对象 > 转换为智能对象”命令，将普通图层转换为智能对象，如图3-101所示。

图3-99

图3-100

图3-101

选择“移动”工具，按住Alt键的同时，将小黄鸭分别拖曳到适当的位置，并调整其大小，效果如图3-102所示，“图层”控制面板如图3-103所示。

图3-102

图3-103

## 2. 替换智能对象

选择“图层 > 智能对象 > 替换内容”命令，弹出“置入”对话框，选取需要的文件，如图3-104所示，单击“置入”按钮，置入替换内容，如图3-105所示。

图3-104

图3-105

> **提示**
>
> 替换智能对象时，将保留对前一个智能对象应用的变形、缩放、旋转或效果。

## 3. 编辑智能对象

双击智能对象的缩览图，如图3-106所示，弹出提示对话框，如图3-107所示，单击“确定”按钮，在新窗口中打开智能对象的源文件，如图3-108所示。

图3-106

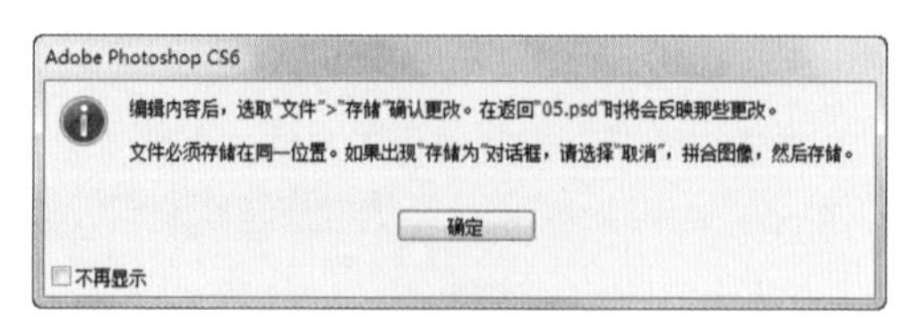


图3-107

图3-108

单击“图层”控制面板下方的“创建新的填充或调整图层”按钮，在弹出的菜单中选择“色相/饱和度”命令，在“图层”控制面板中生成调整层，如图3-109所示，同时弹出“色相/饱和度”面板，设置如图3-110所示，按Enter键确认操作，调整图像，效果如图3-111所示。

图3-109

图3-110

图3-111

关闭文件并弹出提示对话框，如图3-112所示，单击“是”按钮，文件中的智能对象自动更新，如图3-113所示。

图3-112

图3-113

### 4. 创建智能对象

打开素材文件夹，将“07”文件直接拖曳到Photoshop中，如图3-114所示。弹出“置入PDF”对话框，如图3-115所示，单击“确定”按钮，导入图形，如图3-116所示，按Enter键确认操作，如图3-117所示，导入的图形直接创建为智能对象，如图3-118所示。

图3-114

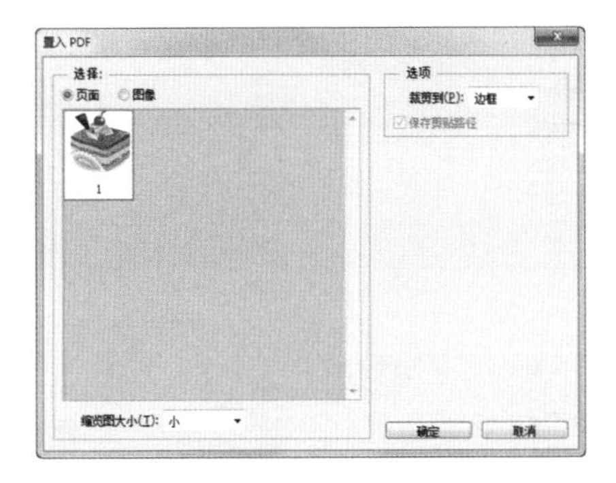

图3-115

图3-116

图3-117

图3-118

### 5. 栅格化智能对象

在智能对象图层上单击鼠标右键，在弹出的菜单中选择“栅格化图层”命令，如图3-119所示，可以将智能对象图层转化为普通图层，如图3-120所示。

图3-119

图3-120

## 3.3.13 图层复合

图层复合可以将同一文件中的不同图层效果组合并另存为多个“图层效果组合”，更加方便快捷地展示和比较不同图层组合设计的视觉效果。

### 1. 图层复合控制面板

打开图像，如图3-121所示，“图层”控制面板如图3-122所示。选择“窗口 > 图层复合”命令，弹出“图层复合”控制面板，如图3-123所示。

图3-121

图3-122

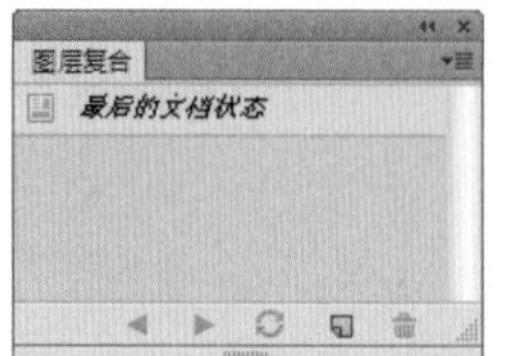


图3-123

## 2. 创建图层复合

单击“图层复合”控制面板右上方的图标，在弹出的菜单中选择“新建图层复合”命令，弹出“新建图层复合”对话框，如图3-124所示，单击“确定”按钮，建立“图层复合1”，如图3-125所示，所建立的“图层复合1”中存储的是当前制作的效果。

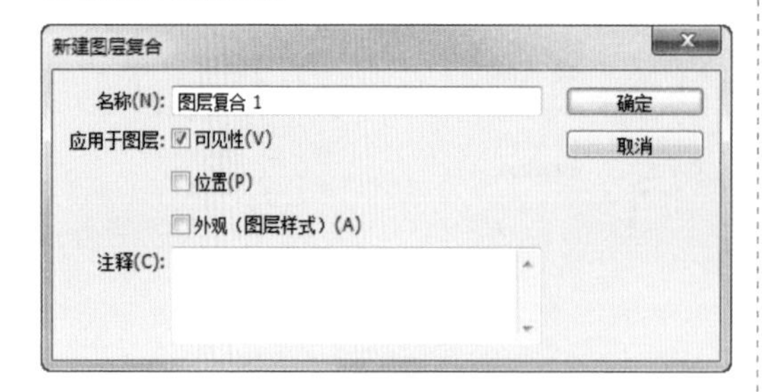


图3-124

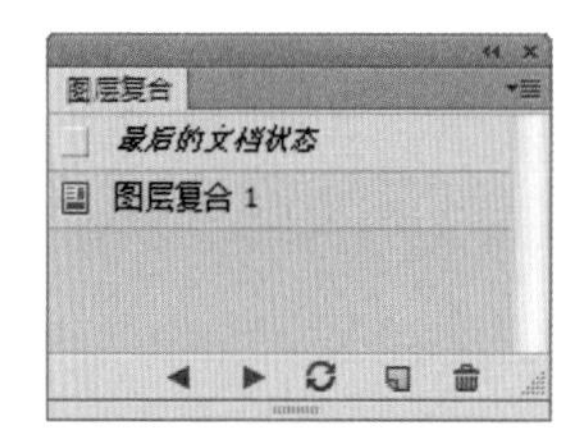


图3-125

## 3. 应用和查看图层复合

再对图像进行修饰和编辑，如图3-126所示，“图层”控制面板如图3-127所示。选择“新建图层复合”命令，建立“图层复合2”，如图3-128所示，所建立的“图层复合2”中存储的是修饰编辑后制作的效果。

图3-126

图3-127

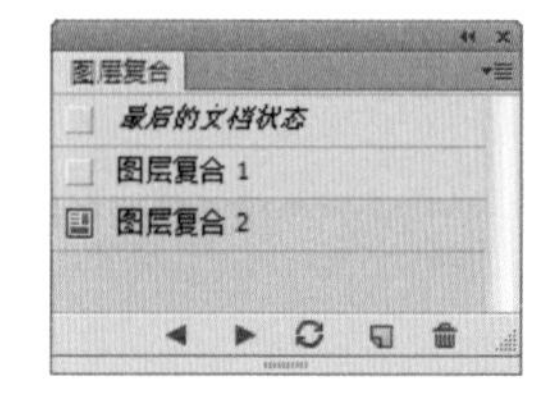


图3-128

## 4. 导出图层复合

在“图层复合”控制面板中，单击“图层复合1”左侧的方框，显示图标，如图3-129所示，可以观察“图层复合1”中的图像，如图3-130所示。单击“图层复合2”左侧的方框，显示图标，如图3-131所示，可以观察“图层复合2”中的图像，如图3-132所示。

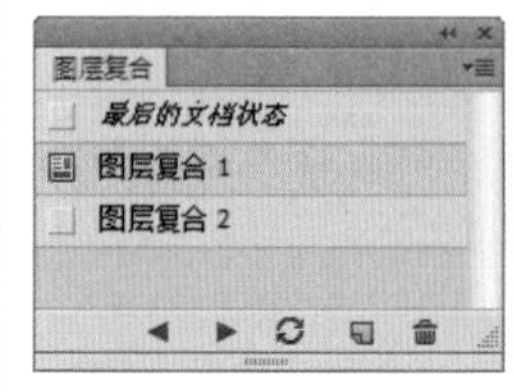


图3-129

图3-130

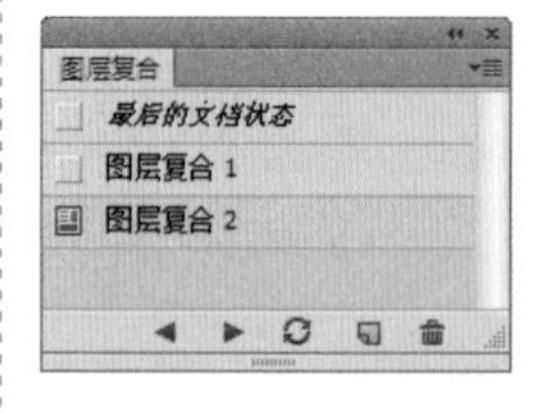


图3-131

图3-132

单击“应用选中的上一图层复合”按钮和“应用选中的下一图层复合”按钮，可以快速地对两次图像编辑效果进行比较。

# 第 4 章

# 图像的基础处理

## 本章介绍

了解图像的基础知识是处理图像之前较为重要的一环。只有掌握了图像的基础知识，才能更快、更准确地处理图像。本章将介绍数码图像的基础知识和基本编辑方法。通过对本章的学习，读者能够提高图像处理工作的效率。

## 学习目标

- 认识数码图像。
- 掌握数字图像的编辑技巧。

## 技能目标

- 了解传统图像与数码图像的转换方法。
- 了解数码图像的获取方法。
- 了解图像的管理技巧。
- 熟练掌握调整图像大小和画布大小的方法。
- 掌握筛选图像的技巧。

# 4.1 认识数码图像

## 4.1.1 传统图像与数码图像

图像分为两种，即传统图像与数码图像。书本上印刷的图、墙壁上挂的画、相册里的照片都属于传统图像，如图4-1所示，而计算机里的图片、手机里的图片、数码相机里拍的照片都属于数码图像，如图4-2所示。

图4-1

图4-2

传统图像是印刷或绘制在纸张、墙壁等物品上的图像，而数码图像是由数字编码组成的图像。它们之间是可以相互转化的，用打印机把数码图像打印出来，能得到传统图像，用扫描仪把传统图像扫描出来，能得到数码图像。

## 4.1.2 获取数码图像

### 1. 网站获取

数码图像可以在设计网站、摄影网站和搜索引擎中输入相关信息获取。

以站酷网站为例讲解在设计网站中输入相关信息获取素材和设计作品等数码图像的方法，如图4-3所示。

图4-3

以中国风光摄影网站为例讲解在专业摄影网站中输入或查找相关信息获取数码图像的方法，如图4-4所示。

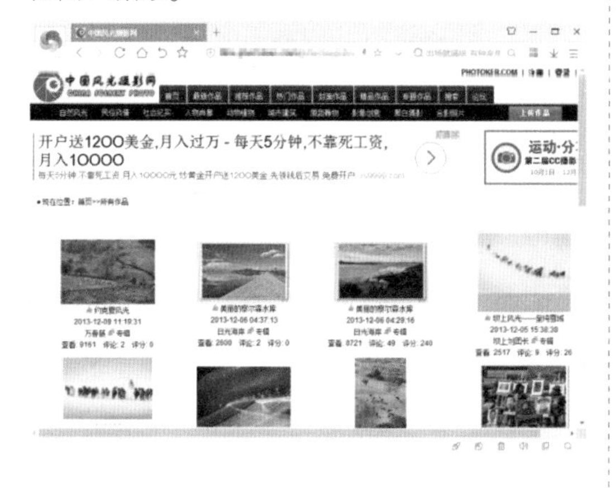


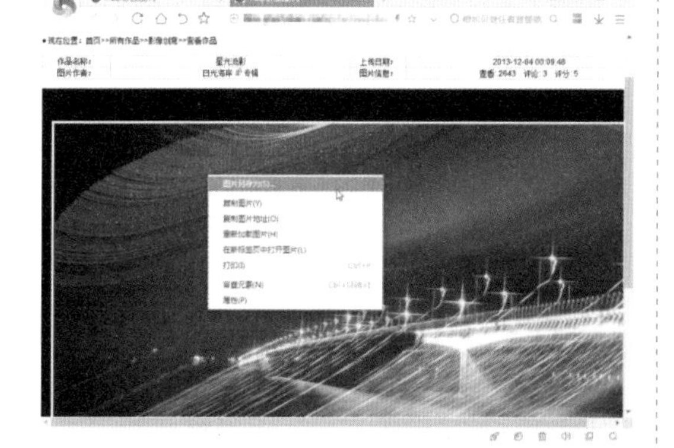

图4-4

以获取大海风景照片为例讲解在搜索引擎类网站输入相关信息获取数码图像的方法，如图4-5所示。

图4-5

图4-5（续）

## 2. 拍摄获取

拍摄获取可以分为用数码相机拍摄获取和用手机拍摄获取。

用数码相机可以拍摄人物、风景、杂志等获得数码图像，如图4-6所示。

图4-6

用手机可以拍摄人物、风景、杂志等获得数码图像，如图4-7所示。

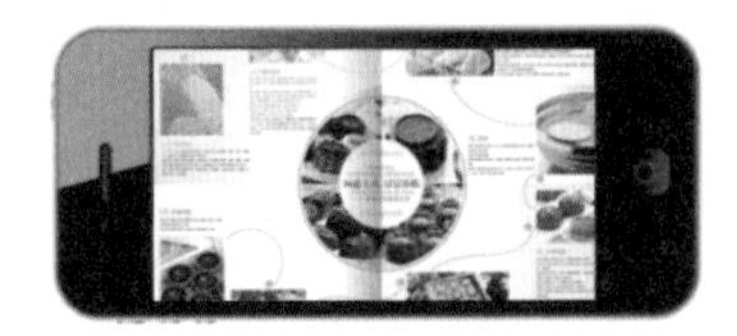

图4-7

### 3. 扫描获取

扫描获取可以分为家用扫描仪获取和专业、高精度的滚筒扫描仪获取。用不同精度的扫描仪可以把纸张、书籍和杂志等相关文件中的传统图像扫描成数字图像。

家用扫描仪的获取方式可以满足日常办公的需要，如图4-8所示。

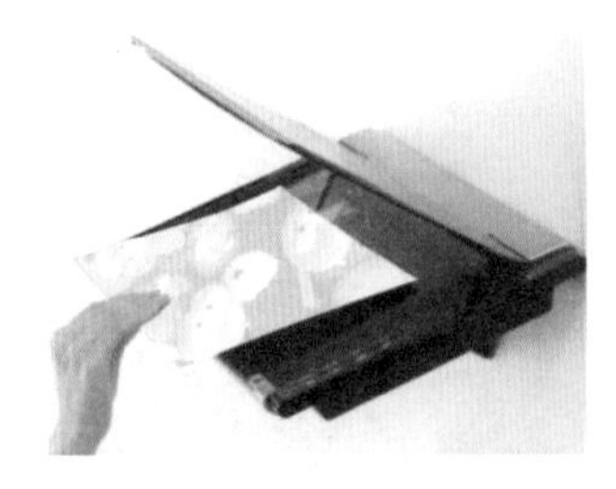

图4-8

专业、高精度的滚筒扫描仪可以满足设计人员的设计需求，如图4-9所示。

图4-9

### 4. 生成获取

生成获取可以分为图形设计软件的绘制生成和三维绘图软件的绘制生成。

使用图形设计软件中的绘图软件如Photoshop、Painter和数字绘图板直接绘制喜欢的数字图像插画，如图4-10所示。

图4-10

使用3D和Maya通过建模、材质和渲染制作出逼真的三维图像效果，可以应用到动画片、影视特效和效果图中，如图4-11所示。

图4-11

## 4.1.3　数码图像类型

### 1. 数码图像的类型

总的来说，数码图像有两种类型：位图和矢量图。

位图是由一个个像素点构成的数字图像。在Photoshop中打开图像，使用缩放工具把图像放大，可清晰看到像素的小方块，如图4-12所示。

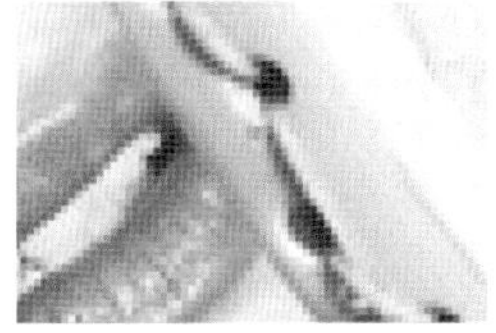

图4-12

矢量图是由计算机软件生成的点、线、面、体等矢量图形构成的数字图像。在Illustrator中打开图像，放大后和原来一样清晰，如图4-13所示。

图4-13

### 2. 图形与图像

位图是图像，矢量图是图形，图形图像经常被人们一起使用。其实，如果严格区分的话，二者还是有区别的。在计算机学科里，与位图相对应的是“数字图像处理”这一学科，而与矢量图相对应的则是“计算机图形学”这一学科。

### 3. 各自的优势

矢量图的本质是数字编码，所以其优点是不失真。对其任意缩放，得到的结果仍然清晰。而位图被缩放后，会变得模糊不清。

位图是由像素点组成的，非常适合用在数码相机上记录场景。虽然矢量图也可以，但非常耗时。

### 4. 相互转换

利用Illustrator软件不仅可以将矢量图导出成位图，也可以将位图转换为矢量图。

在Illustrator软件中打开一张矢量图，利用导出命令，将图片导出为JPG格式，弹出提示框，设置后单击“确定”按钮，将矢量图导出成位图，如图4-14所示。

图4-14

在Illustrator软件中新建一个文件，导入一张位图。嵌入图片放大后，可以看到像素点，单击图像描摹按钮，描摹完成后，放大图像，位图转化为矢量图，如图4-15所示。

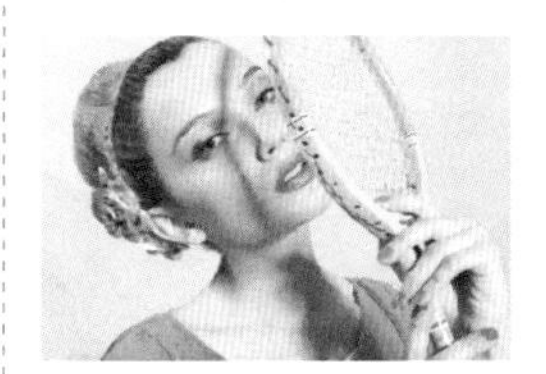
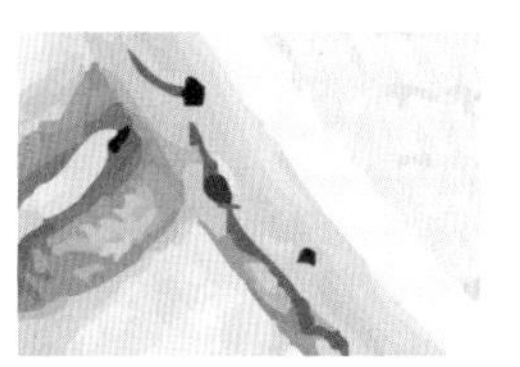

图4-15

## 4.1.4　图像文件格式

当用Photoshop制作或处理好一幅图像后，就要进行存储。这时，选择一种合适的文件格式就显得十分重要。Photoshop有20多种文件格式可供选择。在这些文件格式中，既有Photoshop的专用格式，又有用于应用程序交换的文件格式，还有一些比较特殊的格式。下面将介绍几种常用的文件格式。

### 1. PSD格式和PDD格式

PSD格式和PDD格式是Photoshop自身的专用文件格式，能够支持从线图到CMYK的所有图像类型，但由于在一些图形处理软件中不能很好地支持，所以其通用性不强。PSD格式和PDD格式能够保存图像数据的细小部分，如图层、附加的遮膜通道等Photoshop对图像进行特殊处理的信息。在没有最终决定图像存储的格式前，建议先以这两种格式存储。另外，Photoshop打开和存储这两种格式的文件比其他格式更快。但是这两种格式也有缺点，就是它们所存储的图像文件容量大，占用的磁盘空间较多。

#### 2. TIFF格式

TIFF格式是标签图像格式。它对于色彩通道图像来说是非常有用的格式，具有很强的可移植性。它可以用于PC、Macintosh以及UNIX工作站三大平台，是这三大平台上使用比较广泛的绘图格式。

使用TIFF格式存储时，应考虑到文件的大小，因为TIFF格式的结构要比其他格式更复杂。但TIFF格式支持24个通道，能存储多于4个通道的文件格式。TIFF格式还允许使用Photoshop中的复杂工具和滤镜特效，非常适合印刷和输出。

#### 3. JPEG格式

JPEG是Joint Photographic Experts Group的缩写，中文意思为联合摄影专家组。JPEG格式既是Photoshop支持的一种文件格式，也是一种压缩方案。它是Macintosh上常用的一种存储类型。JPEG格式是压缩格式中的“佼佼者”，与TIFF文件格式采用的LIW无损失压缩相比，它的压缩比例更大。但它使用的有损失压缩会丢失部分数据。用户可以在存储前选择图像的最后质量，这就能控制数据的损失程度。

#### 4. 选择合适的图像文件存储格式

可以根据工作任务的需要选择合适的图像文件存储格式，下面就根据图像的不同用途介绍应该选择的图像文件存储格式。

**用于印刷：**TIFF、EPS。

**出版物：**PDF。

**Internet图像：**GIF、JPEG、PNG。

**用于Photoshop CC工作：**PSD、PDD、TIFF。

## 4.2 编辑数字图像

### 4.2.1 图像管理

#### 1. 打开窗口

打开Photoshop软件，选择“文件 > 在Bridge中浏览”命令，打开Adobe Bridge窗口，如图4-16所示。

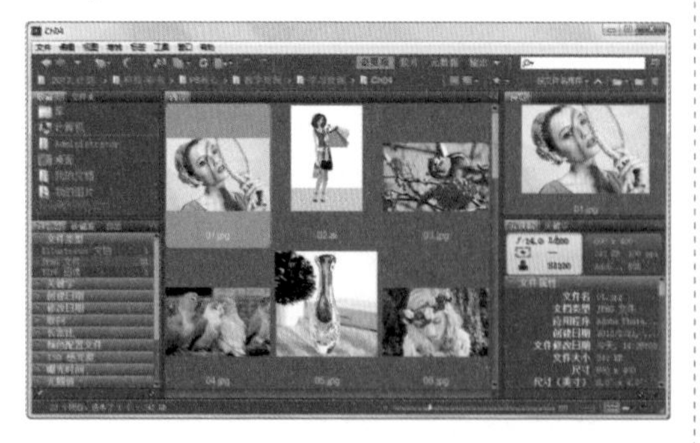

图4-16

#### 2. 不同模式下查看图像

在Bridge窗口中可以通过多种模式对照片进行查看，包括“幻灯片放映”“审阅模式”和“缩览图”等。

选择“视图 > 全屏预览”命令，可全屏预览图像，如图4-17所示。按空格键，可返回Bridge窗口，如图4-18所示。

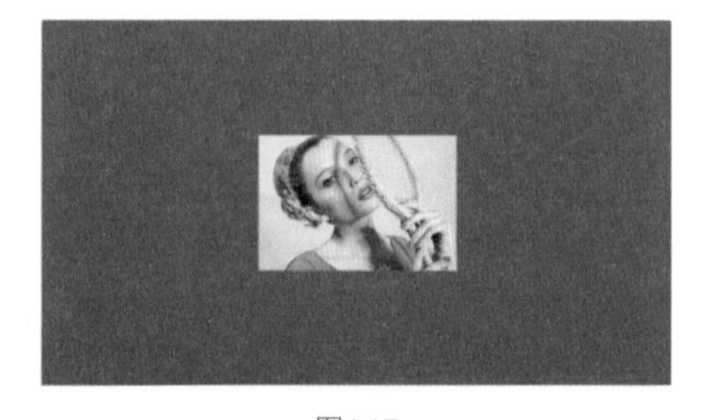

图4-17

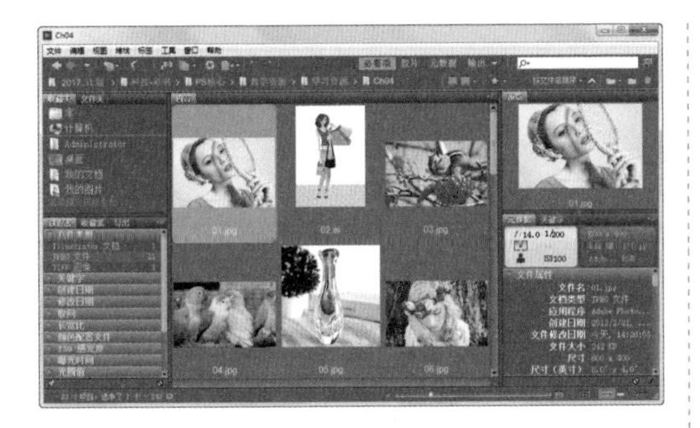

图4-18

选择“视图 > 幻灯片放映选项”命令，弹出对话框，可以对播放的持续时间、过渡效果和过渡速度等进行调整，如图4-19所示，单击“完成”按钮，完成设置。选择“视图 > 幻灯片放映”命令，以幻灯片模式播放图像，如图4-20所示。按Ctrl+L组合键，可以返回Bridge窗口。

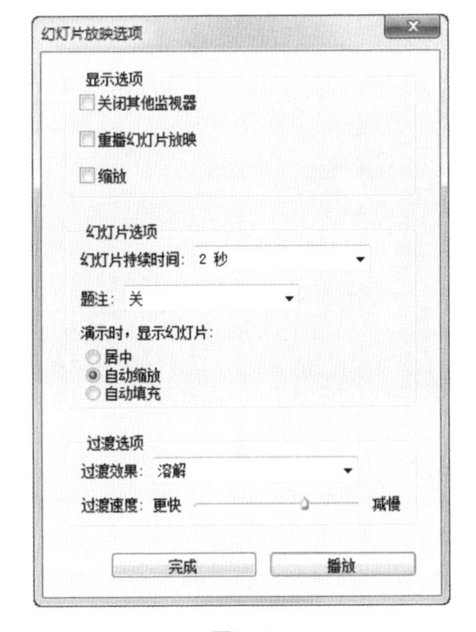


图4-19

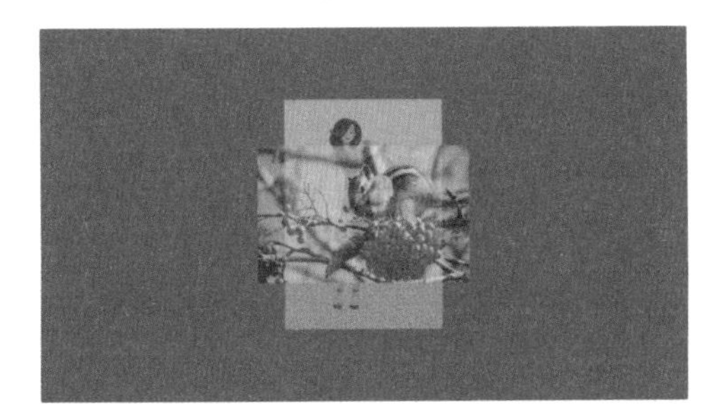

图4-20

选择“视图 > 审阅模式”命令，以审阅模式播放图像，如图4-21所示。左下方的向左和向右按钮可切换至上一张和下一张图像，如图4-22所示。

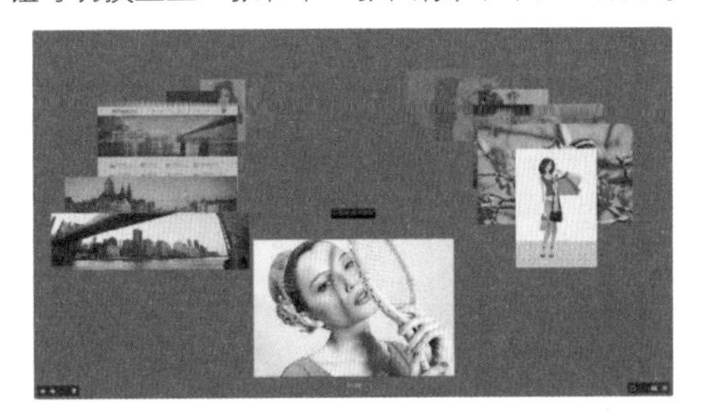

图4-21

图4-22

向下按钮可以从审阅模式中删除当前图像，如图4-23所示。使用右下方的放大镜按钮可以放大图像局部，查看图像细节，如图4-24所示。

图4-23

图4-24

单击按钮，可将审阅完毕的图像存储在“收藏集”面板中，并返回Bridge窗口，如图4-25所示。若没有定义收藏集，单击按钮或按Esc键，可返回Bridge窗口。

图4-25

### 3. 编辑图像

打开文件夹，在需要的图像上单击鼠标右键，在弹出的菜单中选择“拷贝”命令。选择“编辑 > 粘贴”命令，粘贴图像，如图4-26所示，也可将图像粘贴到另一个文件夹中。

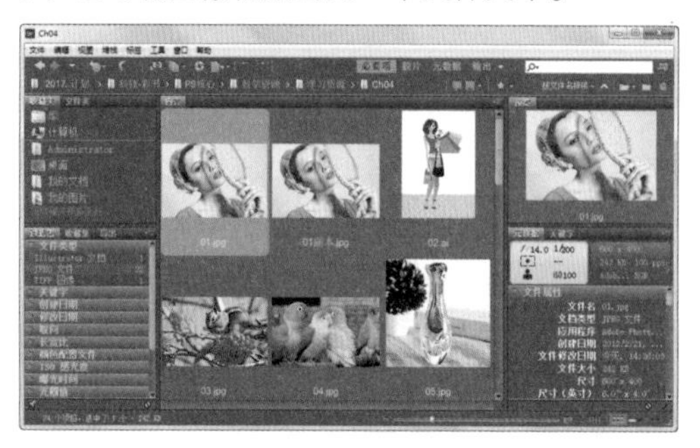

图4-26

选择“编辑 > 顺时针旋转90度”命令，图像顺时针旋转90度，如图4-27所示。选择“编辑 > 逆时针旋转90度”命令，图像逆时针旋转90度。

图4-27

选择“01副本”文件，单击鼠标右键，在弹出的菜单中选择“删除”命令，弹出提示对话框，单击“确定”按钮，删除图像，如图4-28所示。

图4-28

### 4. 查找图像

在Bridge窗口的右上角输入关键字，按Enter键，可快速搜索图片，如图4-29所示。单击图像上方的按钮，可关闭搜索。

图4-29

在Bridge窗口左侧的“过滤器”面板中，选择“取向 > 横向”选项，将符合条件的图像显示出来，如图4-30所示。单击面板右下角的“清除过滤器”按钮，可将过滤条件去除。

图4-30

选择“编辑 > 查找”命令，弹出对话框，如图4-31所示，在“源”选项组中查找要搜索的文件夹位置，“条件”选项组中输入需要的搜索条件，“结果”选项组中匹配条件和搜索范围。选项设置如图4-32所示，单击“查找”按钮，查找图像，如图4-33所示。

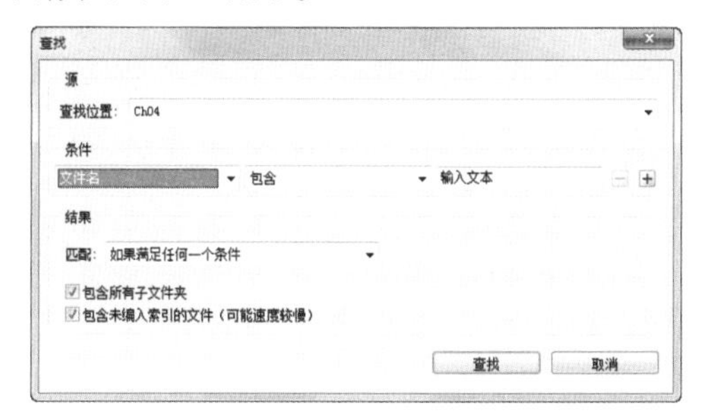


图4-31

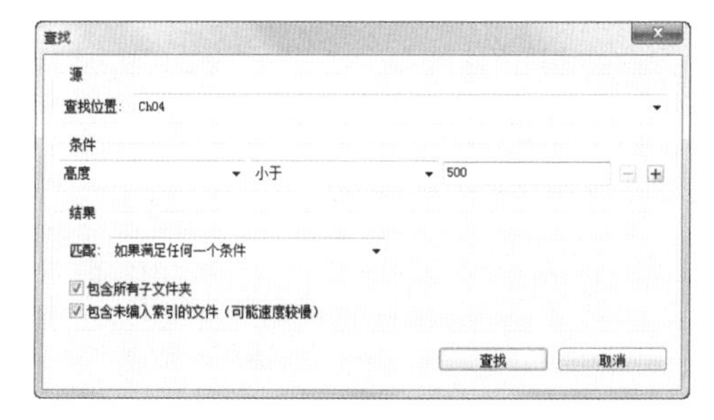


图4-32

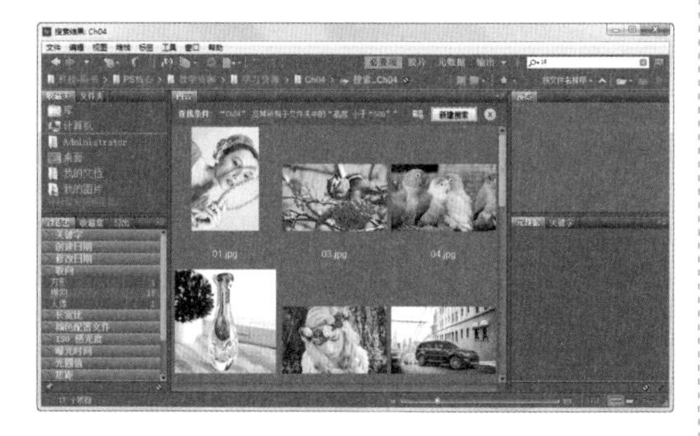

图4-33

### 5. 堆栈图像

按住Ctrl键的同时，在Bridge窗口中选取需要的图像，如图4-34所示。选择“堆栈 > 归组为堆栈”命令，将选取的图像堆栈在一起，如图4-35所示。

按Ctrl+ →组合键，打开堆栈，如图4-36所示。按Ctrl+←组合键，关闭堆栈，如图4-37所示。按Shift+Ctrl+G组合键，取消堆栈组，如图4-38所示。

图4-34

图4-35

图4-36

图4-37

图4-38

## 6. 标签图像

选取需要的图片，选择“标签 > ****”命令，为图片添加标签，如图4-39所示。用相同的方法为其他图像添加标签。

图4-39

单击应用程序栏中的“按评级筛选项目”按钮，在弹出的菜单中选择需要的选项，如图4-40所示，Bridge窗口显示出筛选图像，如图4-41所示。按Alt+Ctrl+ A组合键，取消筛选器。

图4-40

图4-41

## 7. 浏览图像

选取需要的图像，单击应用程序栏中的“胶片”按钮，切换到胶片模式，如图4-42所示，可以在精选照片时使用。

图4-42

单击应用程序栏中的“元数据”按钮，切换到元数据模式，可以在查找图像信息时使用。单击应用程序栏中的“输出”按钮，切换到输出模式，如图4-43所示，可以显示图像所在位置和输出信息。

图4-43

单击应用程序栏中“输出”按钮右侧的倒三角按钮，在弹出的菜单中选择“预览”选项，切换到预览模式，也可选其他模式进行切换。

单击应用程序栏中的“切换到紧凑模式”按钮，切换到紧凑模式，如图4-44所示，再次单击该按钮可切换回正常模式。

图4-44

## 8. 在软件中打开图像

在需要的图像上单击鼠标右键，在弹出的菜单中选择“打开”命令，如图4-45所示，可在Photoshop软件中打开图像，如图4-46所示。选择“文件 > 打开方式”命令，在子菜单中可选择需要的软件打开文件。

图4-45

图4-46

## 4.2.2　图像大小

图像大小命令可以调整图像的像素尺寸、打印尺寸和分辨率，会影响图像在屏幕上的显示大小、质量、打印特性及存储空间。

### 1. 打开对话框

打开一张图像，如图4-47所示，选择“图像 > 图像大小”命令，弹出“图像大小”对话框，如图4-48所示。

图4-47

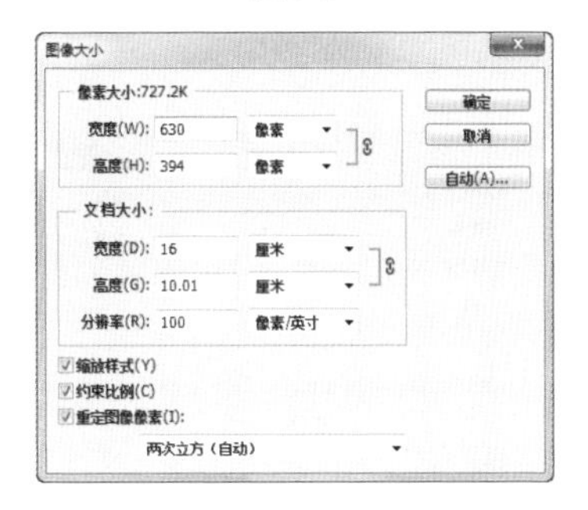


图4-48

### 2. 按比例调整像素总数

将“宽度”选项设为10，“高度”选项按

比例变小，分辨率不变，图像大小变小，如图4-49所示，整个图像画质不变。将“宽度”选项设为30，“高度”选项按比例变大，分辨率不变，图像大小变大，如图4-50所示，整个图像画质下降。

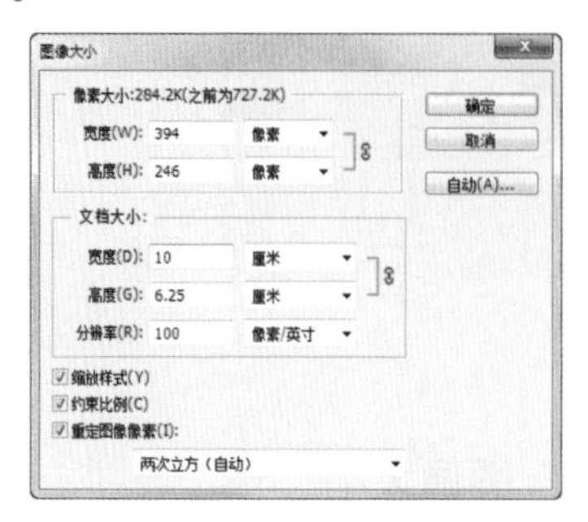


图4-49

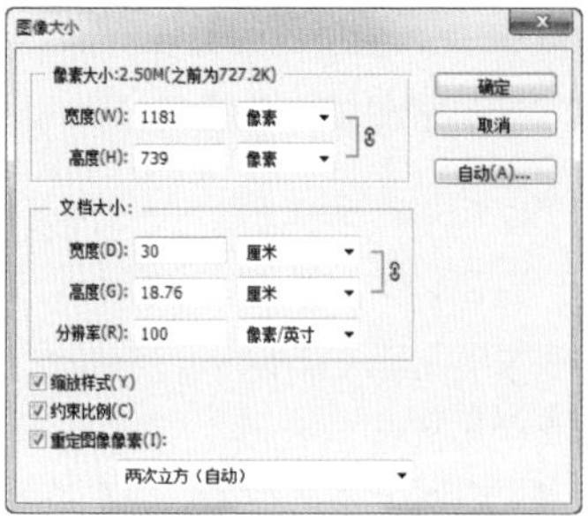

图4-50

将“分辨率”选项设为50，“宽度”和“高度”选项保持不变，图像大小变小，如图4-51所示，整个图像画质下降。将“分辨率”选项设为200，“宽度”和“高度”选项保持不变，图像大小变大，如图4-52所示，整个图像画质不变。



图4-51

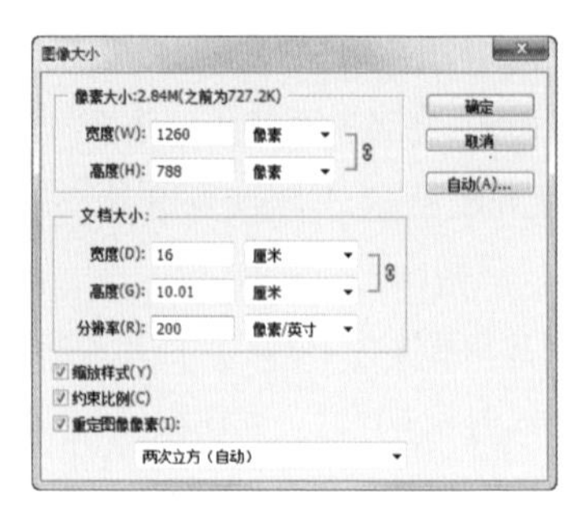


图4-52

### 3. 不改变图像中的像素总数

取消勾选“重定图像像素”复选框时，将“宽度”选项设为10，“高度”选项按比例变小，分辨率变大，图像大小保持不变，如图4-53所示，整个图像画质不变。将“宽度”选项设为30，“高度”选项按比例变大，分辨率变小，图像大小保持不变，如图4-54所示，整个图像画质不变。

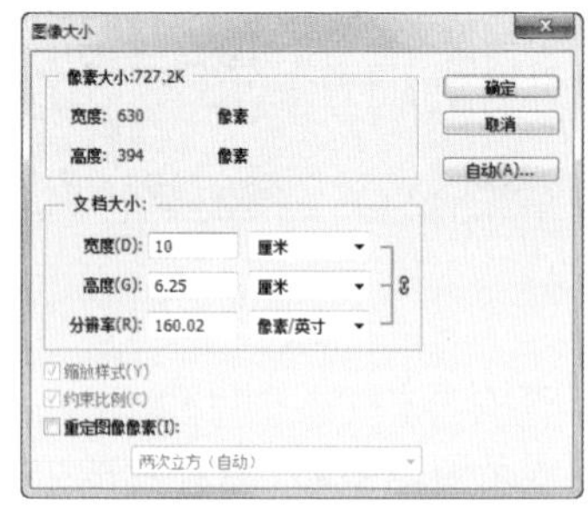


图4-53

图4-54

将“分辨率”选项变小或变大时，“宽度”和“高度”选项随之变大或变小，图像大小保持不变，同时整个图像画质不变。

## 4.2.3 画布大小

图像画布尺寸的大小是指当前图像周围的工

作空间大小。

### 1. 打开对话框

打开一张图像，如图4-55所示。选择“图像 > 画布大小”命令，弹出“画布大小”对话框，如图4-56所示。

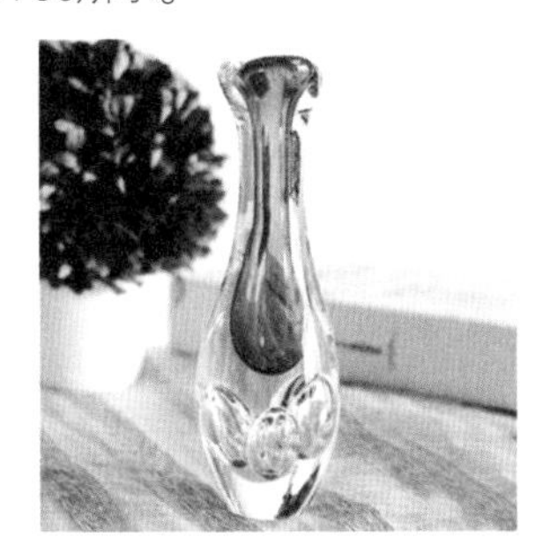

图4-55

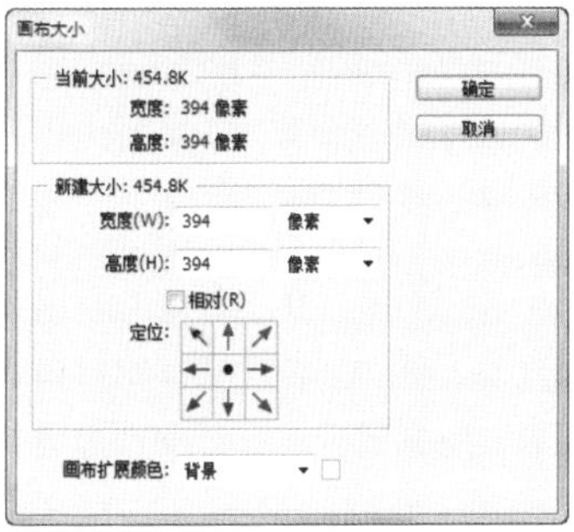
画布大小
当前大小: 454.8K
宽度: 394 像素
高度: 394 像素
确定
取消
新建大小: 454.8K
宽度(W): 394
像素
高度(H): 394
像素
相对(R)
定位:
画布扩展颜色: 背景

图4-56

### 2. 定位调整画布

若将“定位”选项调整到靠左中间的位置，将“宽度”选项设为494，“高度”选项设为594，如图4-57所示，单击“确定”按钮，效果如图4-58所示。

画布大小
当前大小: 454.8K
宽度: 394 像素
高度: 394 像素
确定
取消
新建大小: 859.7K
宽度(W): 494
像素
高度(H): 594
像素
相对(R)
定位:
画布扩展颜色: 背景

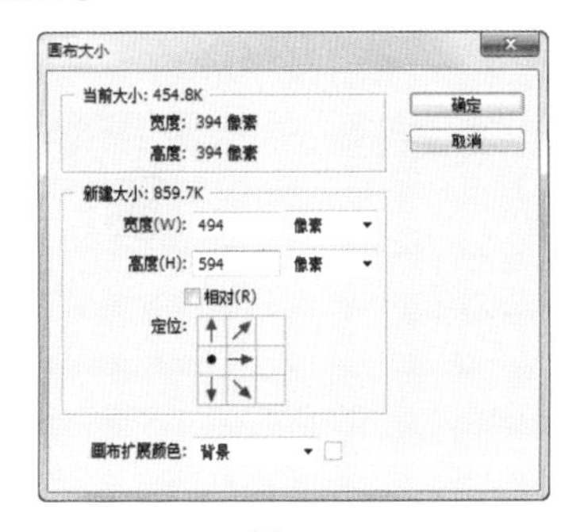

图4-57

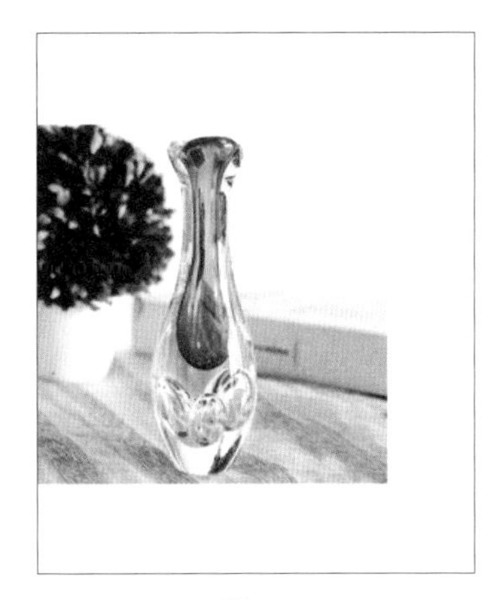

图4-58

若将“定位”选项调整到中间的位置，将“宽度”选项设为494，“高度”选项设为594，如图4-59所示，单击“确定”按钮，效果如图4-60所示。

画布大小
当前大小: 454.8K
宽度: 394 像素
高度: 394 像素
确定
取消
新建大小: 859.7K
宽度(W): 494
像素
高度(H): 594
像素
相对(R)
定位:
画布扩展颜色: 背景

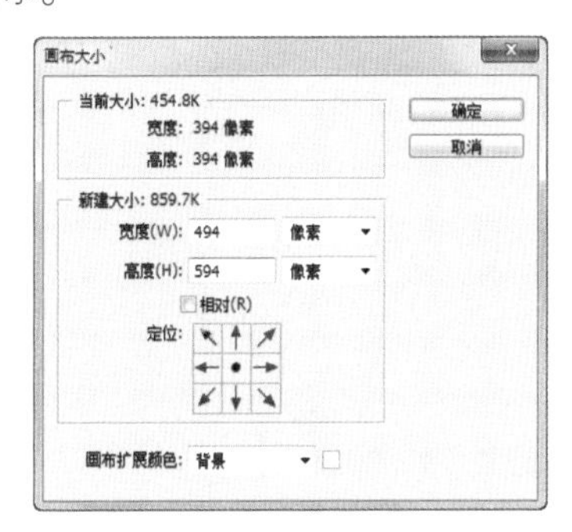

图4-59

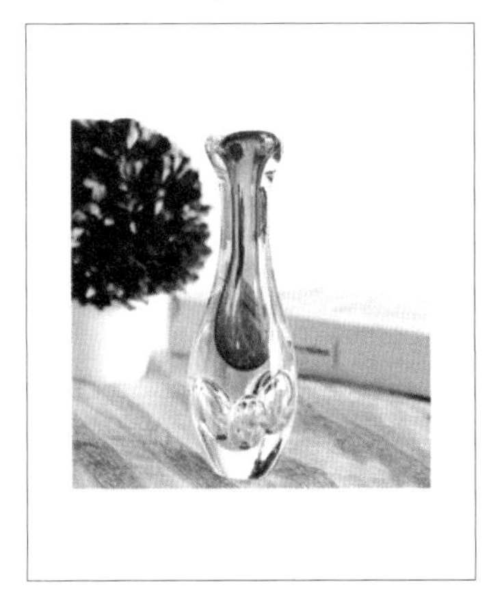

图4-60

若将“定位”选项调整到右上角的位置，将“宽度”选项设为494，“高度”选项设为594，如

图4-61所示，单击“确定”按钮，效果如图4-62所示。

图4-61

图4-62

### 3. 改变画面颜色

若将“定位”选项调整到上方中间的位置，将“宽度”选项设为494，“高度”选项设为594，如图4-63所示。“画布扩展颜色”选项设为青绿色，单击“确定”按钮，效果如图4-64所示。

图4-63

图4-64

## 4.2.4 查看图像

### 1. 用导航器面板查看图像

打开一张图像，将其放大到300%，如图4-65所示。选择“窗口 > 导航器”命令，弹出“导航器”面板，中心的红色矩形框为代理预览区域，如图4-66所示。将光标置于代理预览区域内，如图4-67所示，拖曳鼠标，可移动图像窗口中的图像区域，如图4-68所示。

图4-65

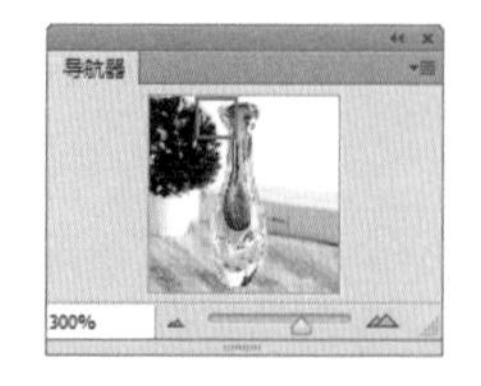


图4-66

图4-67

图4-68

在左下角的缩放文本框中设置数值为150%，如图4-69所示，放大图像，如图4-70所示。向左拖曳下方的缩放滑块，如图4-71所示，可放大图像，如图4-72所示。

图4-69

图4-70

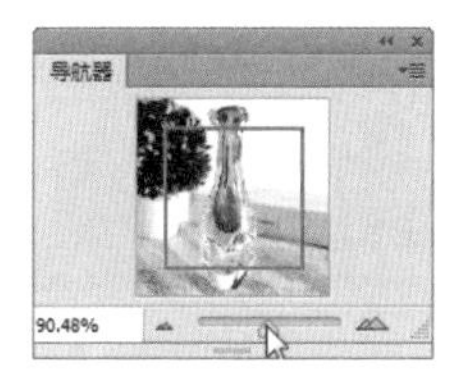


图4-71

图4-72

## 2. 多窗口查看图像

当打开多个图像文件时，会出现多个图像文件窗口，这就需要对窗口进行布置和摆放。

同时打开多个图像，按Tab键，关闭操作界面中的工具箱和控制面板，如图4-73所示。选择“窗口 > 排列 > 三联水平”命令，三联水平排列文件，如图4-74所示。

图4-73

图4-74

选择“窗口 > 排列 > 三联堆积”命令，三联堆积排列文件，如图4-75所示。选择“窗口 > 排列 > 使所有内容在窗口中浮动”命令，将所有内容在窗口中浮动，如图4-76所示。

图4-75

图4-76

选择“窗口 > 排列 > 平铺”命令，平铺排列文件，如图4-77所示。

图4-77

## 3. 多窗口匹配图像

匹配缩放命令可以将所有窗口都匹配到与当前窗口相同的缩放比例。将09素材图片放大到150%显示，如图4-78所示，选择“窗口 > 排列 > 匹配缩放”命令，所有图像窗口都以150%显示，如图4-79所示。

图4-78

图4-79

匹配位置命令可以将所有窗口都匹配到与当前窗口相同的显示位置。调整09素材图片位置，如图4-80所示，选择“窗口 > 排列 > 匹配位置”命令，所有图像窗口都以150%显示，如图4-81所示。

图4-80

图4-81

匹配旋转命令可以将所有窗口的视图旋转角度都匹配到与当前窗口相同。在工具箱中选择“旋转视图”工具，将09素材图片的视图旋转，如图4-82所示。选择“窗口 > 排列 > 匹配旋转”命令，所有图像窗口都以相同的角度旋转，如图4-83所示。

全部匹配命令是将所有窗口的缩放比例、图像显示位置、画布旋转角度与当前窗口进行匹配。

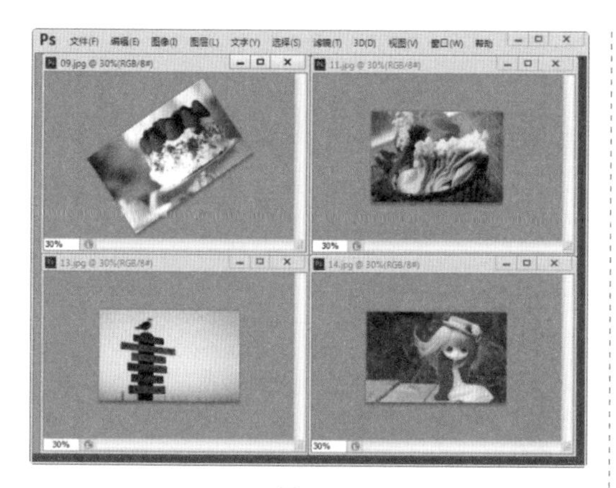

图4-82

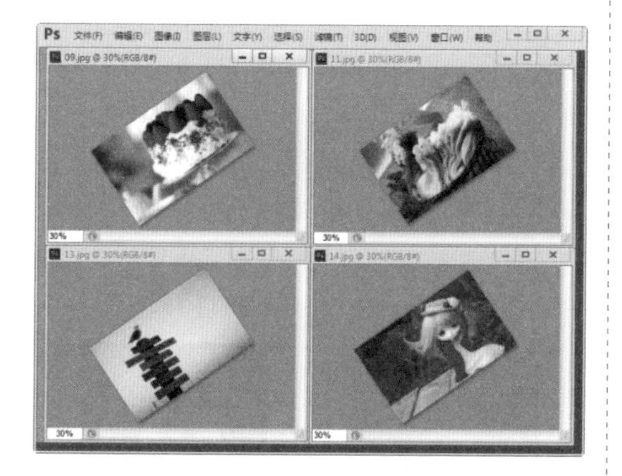

图4-83

## 4.2.5 筛选数码图像

### 1. 清晰度选择

打开两张清晰的图片，如图4-84所示。选择

图4-84

"缩放"工具，单击属性栏中的实际像素按钮，按实际像素显示图片。选择"抓手"工具，将图片移至各个细节，检查图片是否清晰适用，如图4-85所示。

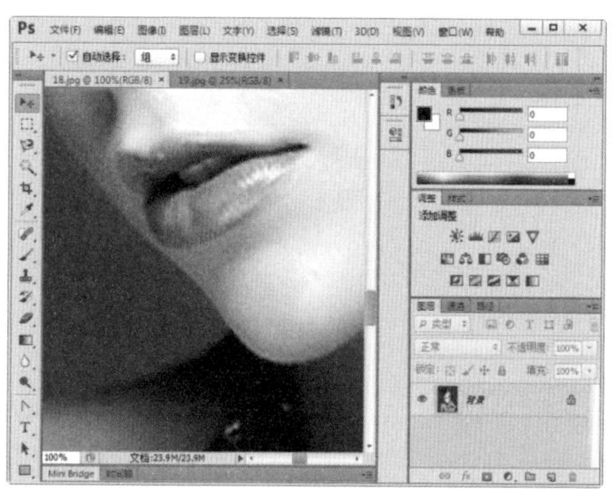

图4-85

### 2. 分辨率选择

分辨率决定图片可以用于网页还是画册印刷。适用网页的图片通常为72像素/英寸。适用于画册印刷的图片，其分辨率通常为300像素/英寸。

### 3. 图像大小选择

打开一张杂志图像，如图4-86所示。选择"图像 > 图像大小"命令，显示杂志封面的宽度为21厘米，高度为28.5厘米，分辨率为300像素/英寸，如图4-87所示。

图4-86

图4-87

打开要挑选的杂志封面图，如图4-88所示。选择“图像 > 图像大小”命令，在打开的“图像大小”对话框中设置分辨率为72，如图4-89所示。

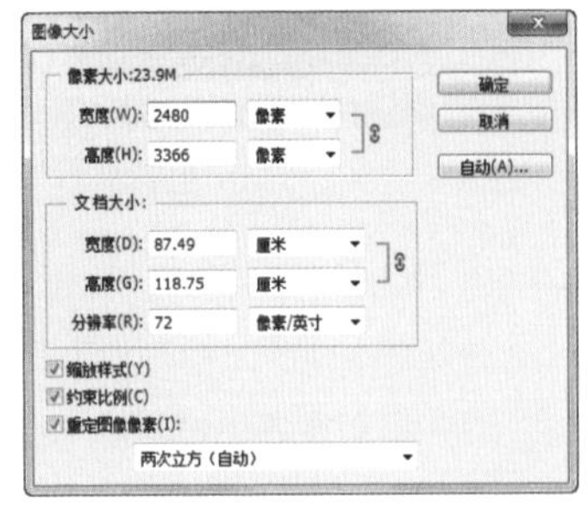


图4-88　　图4-89

取消勾选“重定图像像素”复选框，将图片“分辨率”选项更改为300像素/英寸，此时图片的高度和宽度变小，如图4-90所示，与杂志封面大小近似，初步判定图片大小合格，如图4-91所示。

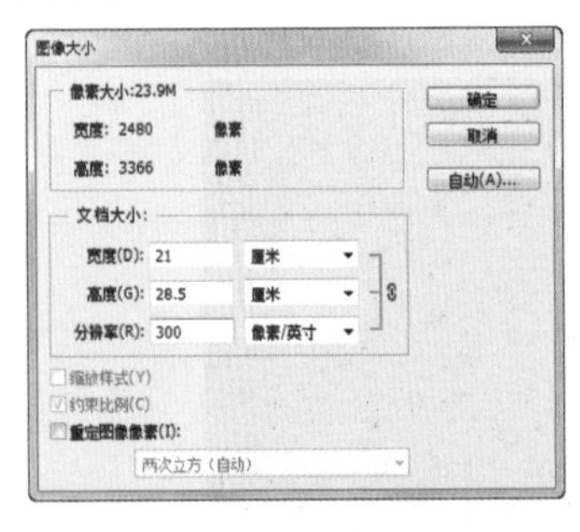

图4-90　　图4-91

打开另一张要挑选的杂志封面图，如图4-92所示。选择“图像 > 图像大小”命令，在打开的“图像大小”对话框中设置分辨率为300像素/英寸，如图4-93所示，符合印刷的要求，但宽度和高度值较小，初步判定不符合杂志的印刷要求。

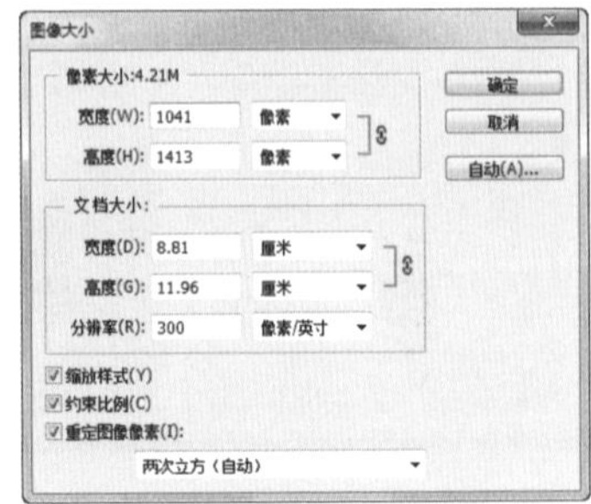


图4-92　　图4-93

将第一张图片拖曳到杂志封面中，调整好位置后，图片显示清晰且大小合适，如图4-94所示。将第二张图片拖曳到杂志封面中，图片显示较小，不太合适杂志封面，如图4-95所示。按Ctrl+T组合键，放大图片，显示的图片质量较差，不符合印刷要求，如图4-96所示。

图4-94　　图4-95

图4-96

打开一个网页图像，如图4-97所示。选择“图像 > 图像大小”命令，显示网页图片的宽度为1202像素，高度为701像素，如图4-98所示，符合网页设计要求。

图4-97

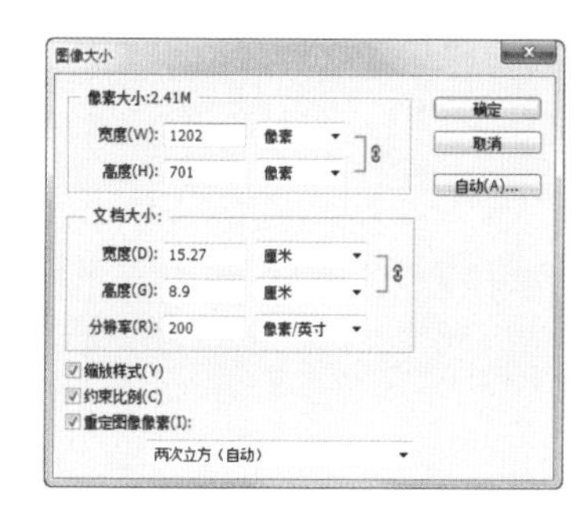


图4-98

打开一张要挑选的图片，如图4-99所示。选择“图像 > 图像大小”命令，显示图片的宽度为1202像素，如图4-100所示，初步判定符合网页设计要求。

图4-99

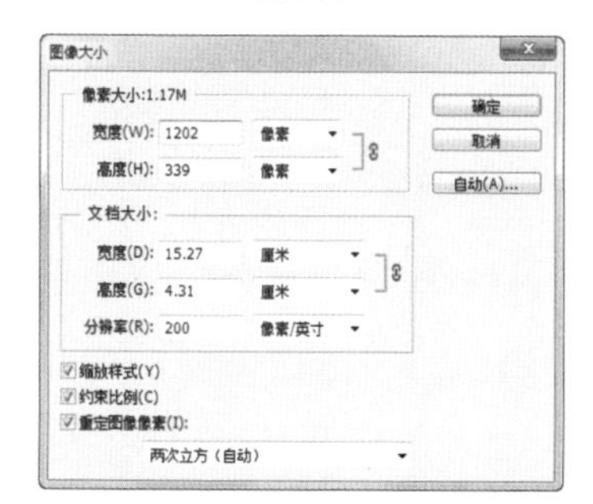


图4-100

打开另一张要挑选的图片，如图4-101所示。选择“图像 > 图像大小”命令，显示图片的宽度为594像素，如图4-102所示，初步判定不符合网页设计要求。

图4-101

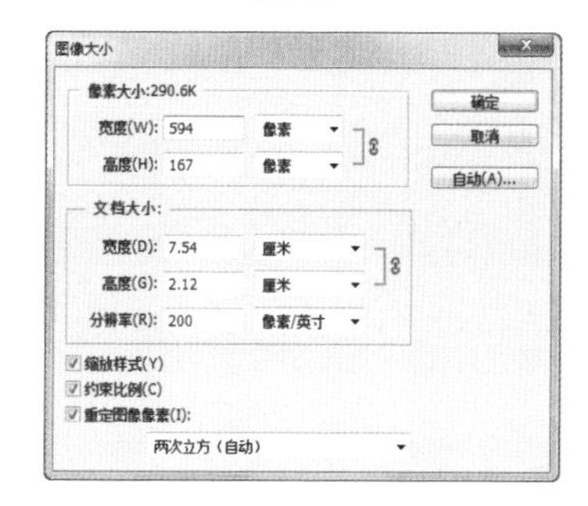


图4-102

将第一张图片拖曳到网页图像中，图片大小基本合适，如图4-103所示，符合网页要求。将第二张图片拖曳到网页图像中，图片太小，如图4-104所示，放大图片会导致图片不清晰，不符合网页要求。

图4-103

图4-104

# 第 5 章

# 抠图

## 本章介绍

抠图是图像处理中必不可少的步骤，是对图像进行后续处理的准备工作。本章介绍抠图的基础概念和应用，以及根据抠取图像的特征分析图像的方法和常见的抠图实战。通过对本章的学习，读者可以学会更有效地抠取图像，达到事半功倍的效果。

## 学习目标

◆ 了解抠图和选取的概念。
◆ 掌握不同的抠图方法。
◆ 掌握综合案例的抠图技巧。

## 技能目标

◆ 掌握商品的抠图方法。
◆ 掌握人物的抠图方法。
◆ 掌握头发的抠图方法。
◆ 掌握玻璃器具的抠图方法。
◆ 掌握烟雾的抠图方法。
◆ 掌握婚纱的抠图方法。
◆ 掌握家电banner的制作方法。

# 5.1 抠图基础

## 5.1.1 抠图的概念

抠图有抠出、分离之意。在Photoshop中，要借助抠图工具、抠图命令和选择方法将选取的图像中的一部分或多个部分分离出来，如图5-1所示。

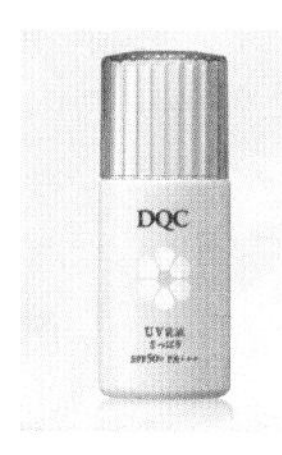
原图

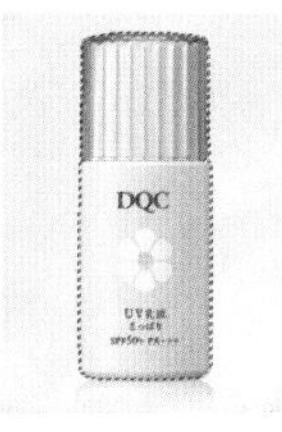
用选区选中对象

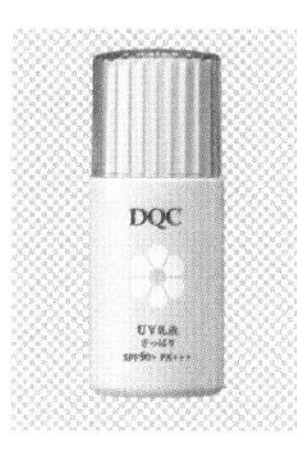
将对象从背景中分离出来

图5-1

## 5.1.2 选区的概念

选区是一圈闪烁的边界线，又称为“蚁行线”，是用来定义操作范围的。限定范围之后，可以处理范围内的图像，而不影响其他区域，如图5-2所示。选区内部的图像是被选择的区域，选区外部的图像是被保护的不可编辑的对象。

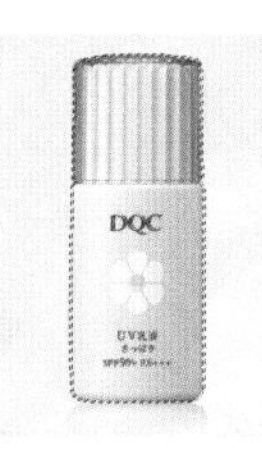
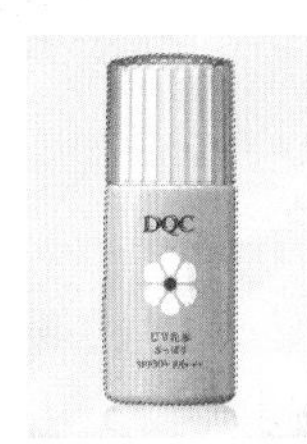

图5-2

# 5.2 抠图实战

## 5.2.1 使用魔棒工具抠出网店商品

**【案例学习目标】**学习使用魔棒工具抠出网店商品。

**【案例知识要点】**使用魔棒工具、反向命令和移动工具抠出网店商品，最终效果如图5-3所示。

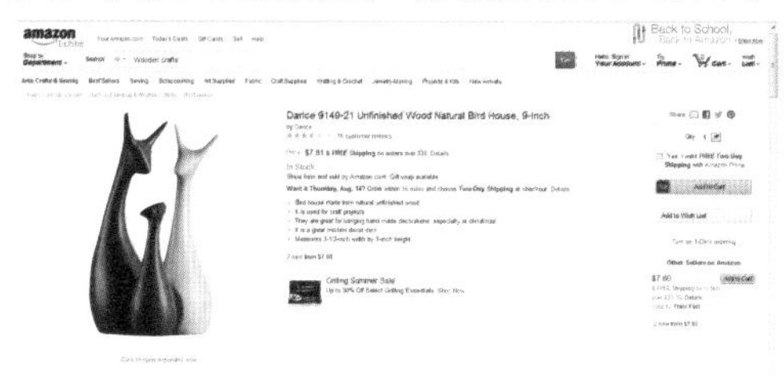

图5-3

**【效果所在位置】**Ch05/效果/使用魔棒工具抠出网店商品. psd。

（1）按Ctrl+O组合键，打开本书学习资源中的“Ch05 > 素材 > 使用魔棒工具抠出网店商品 > 01”文件，如图5-4所示。选择“魔棒”工具，单击黄色背景，图像中的黄色部分被选中，如图5-5所示。

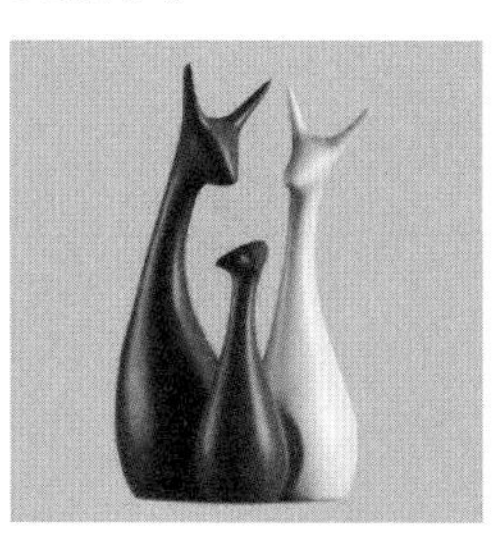

图5-4

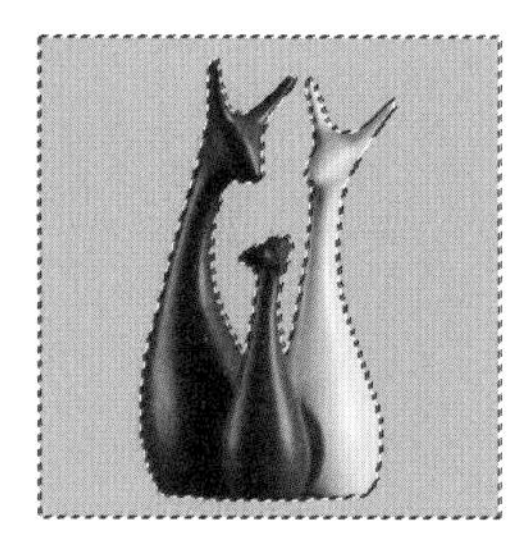

图5-5

（2）选择“选择 > 反向”命令，将选区反选，如图5-6所示。按Ctrl+O组合键，打开本书学习资源中的“Ch05 > 素材 > 使用魔棒工具抠出网店商品 > 02”文件，选择“移动”工具，将选区中的图像拖曳到02文件中，并调整其大小，如图5-7所示。使用魔棒工具抠出网店商品制作完成。

图5-6

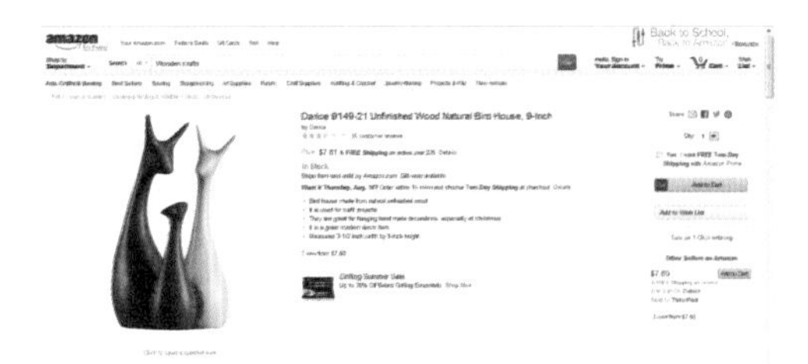
图5-7

### 5.2.2 使用钢笔工具抠出化妆品

**【案例学习目标】**学习使用钢笔工具抠出化妆品。

**【案例知识要点】**使用钢笔工具、转换为选区命令、收缩命令和移动工具抠出化妆品，最终效果如图5-8所示。

**【效果所在位置】**Ch05/效果/使用钢笔工具抠出化妆品. psd。

图5-8

（1）按Ctrl+O组合键，打开本书学习资源中的“Ch05 > 素材 > 使用钢笔工具抠出化妆品 > 01”文件，如图5-9所示。选择“缩放”工具，单击图像窗口放大图像。选择“钢笔”工具，在属性栏中的“选择工具模式”选项中选择“路径”，在物品的边缘位置单击添加1个锚点，如图5-10所示。再次单击并拖曳，添加第2个锚点，如图5-11所示。

图5-9　图5-10

图5-11

（2）再次单击并拖曳添加第3个锚点，如图5-12所示。再添加第4个和第5个锚点，如图5-13所示。按住Alt键，鼠标指针变为转换图标，单击转换锚点，如图5-14所示。

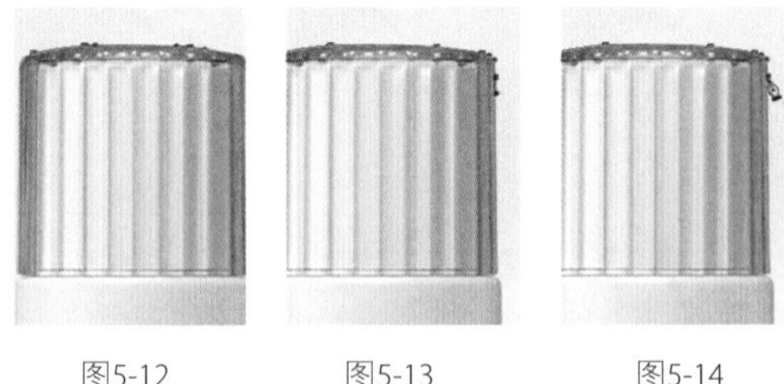
图5-12　图5-13　图5-14

（3）单击并拖曳添加第6个锚点，如图5-15所示。用相同的方法添加其他锚点。将光标置于起始锚点处，鼠标指针变为闭合路径状态，如图5-16所示，单击并拖曳鼠标，闭合路径，如图5-17所示。

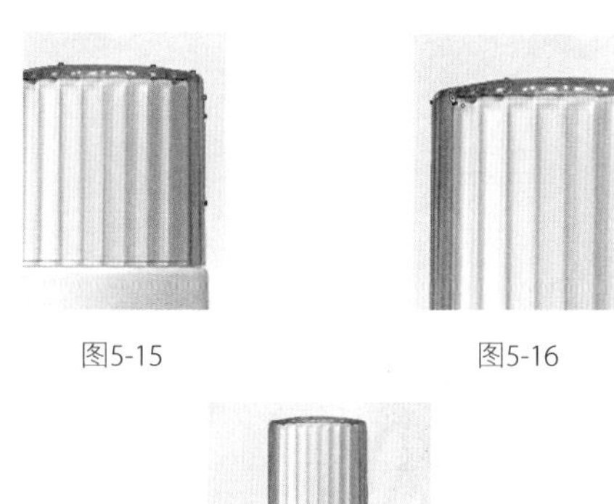

图5-15　　　　图5-16

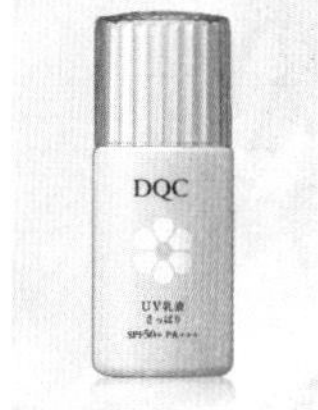


图5-17

（4）按Ctrl+Enter组合键，将路径转换为选区，如图5-18所示。选择“选择 > 修改 > 收缩”命令，在弹出的对话框中进行设置，如图5-19所示，单击“确定”按钮，收缩选区。

图5-18　　　　图5-19

（5）按Ctrl+O组合键，打开本书学习资源中的“Ch05 > 素材 > 使用钢笔工具抠出化妆品 > 02”文件。选择“移动”工具，将选区中的图像拖曳到02文件中，并调整其大小，如图5-20所示。按住Alt键的同时，拖曳鼠标复制图像并调整其角度和大小，效果如图5-21所示。

图5-20

图5-21

（6）按住Ctrl键的同时，将两个副本图层同时选取，拖曳到“图层1”的下方，如图5-22所示，图像效果如图5-23所示。使用钢笔工具抠出化妆品制作完成。

图5-22

图5-23

### 5.2.3　使用色彩范围抠出人物

**【案例学习目标】**学习使用色彩范围抠出人物。

**【案例知识要点】**使用色彩范围命令抠出人物，最终效果如图5-24所示。

**【效果所在位置】**Ch05/效果/使用色彩范围抠出人物. psd。

图5-24

（1）按Ctrl+O组合键，打开本书学习资源中的“Ch05 > 素材 > 使用色彩范围抠出人物 > 01”文件，如图5-25所示。选择“选择 > 色彩范围”命令，弹出“色彩范围”对话框，在白色背景上单击鼠标，背景缩览图显示为白色，如图5-26所示。将“颜色容差”选项设为70，如图5-27所示，单击“确定”按钮。图像窗口中生成选区，如图5-28所示。

图5-25

图5-26

图5-27

图5-28

（2）按Ctrl+ +组合键，放大图像，如图5-29所示。选择“套索”工具，选中属性栏中的“从选区减去”按钮，勾选牙齿部分的选区，效果如图5-30所示。用相同的方法调整头发和胳膊上的选区，如图5-31所示。

图5-29

图5-30

图5-31

（3）按Ctrl+ -组合键，缩小图像，如图5-32所示。按Shift+Ctrl+I组合键，反选选区，如图5-33所示。

图5-32

图5-33

（4）选择“选择 > 修改 > 收缩”命令，在弹出的对话框中进行设置，如图5-34所示，单击“确定”按钮，收缩选区。按Ctrl+O组合键，打开本书学习资源中的“Ch05 > 素材 > 使用色彩范围抠出人物 > 02”文件。选择“移动”工具，将选区中的图像拖曳到02文件中，并调整其大小，如图5-35所示。使用色彩范围抠出人物制作完成。

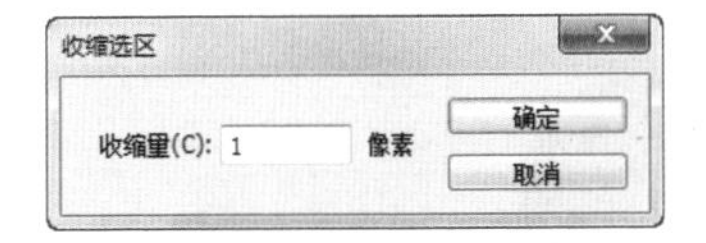

图5-34

图5-35

## 5.2.4 使用调整边缘命令抠出头发

【案例学习目标】学习使用调整边缘命令抠出头发。

【案例知识要点】使用调整边缘命令抠出人物头发，使用颗粒滤镜命令和渐变映射调整命令调整图片的颜色，最终效果如图5-36所示。

【效果所在位置】Ch05/效果/使用调整边缘命令抠出头发. psd。

图5-36

（1）按Ctrl+O组合键，打开本书学习资源中的“Ch05 > 素材 > 使用调整边缘命令抠出头发 > 01”文件，如图5-37所示。选择“魔棒”工具，在属性栏中将“容差”选项设为20，按住Shift键的同时，在图像背景中单击鼠标，生成选区，如图5-38所示。

图5-37

图5-38

（2）按Shift+Ctrl+I组合键，反选选区，如图5-39所示。选择“选择 > 调整边缘”命令，弹出对话框，如图5-40所示，在图像窗口中显示叠加状态，如图5-41所示。

图5-39

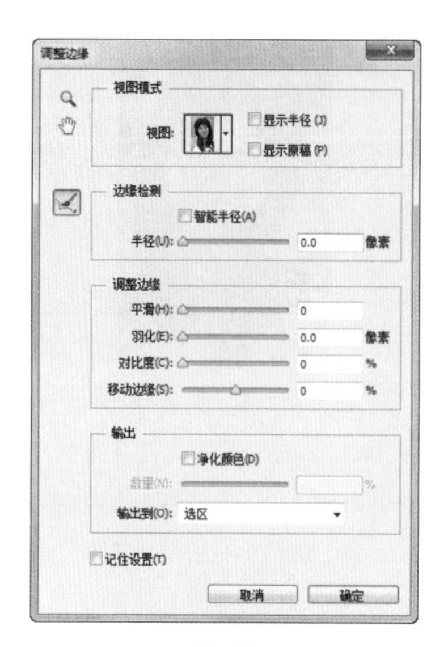


图5-40

图5-41

（3）在图像窗口中沿着头发边缘绘制，将边缘加入叠加区域，如图5-42所示。单击“确定”按钮，在图像窗口中生成选区，如图5-43所示。

图5-42

图5-43

（4）按Ctrl+O组合键，打开本书学习资源中的“Ch05 > 素材 > 使用调整边缘命令抠出头发 > 02”文件。选择“移动”工具，将选区中的图像拖曳到02文件中，并调整其大小，如图5-44所示，在“图层”控制面板中生成新的图层。按Ctrl+J组合键，生成副本图层，如图5-45所示。

图5-44

图5-45

（5）选择“滤镜 > 滤镜库”命令，在弹出的对话框中进行设置，如图5-46所示。单击“确定”按钮，效果如图5-47所示。

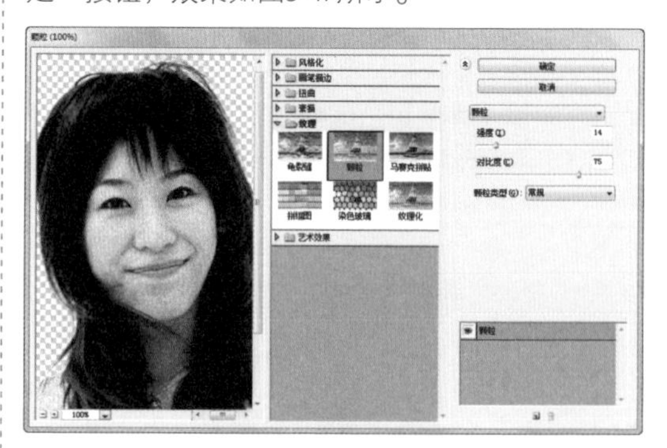

图5-46

图5-47

（6）单击“图层”控制面板下方的“创建新的填充或调整图层”按钮，在弹出的菜单中选择“渐变映射”命令，在“图层”控制面板中生成“渐变映射1”图层。弹出“渐变映射”面板，单击“点按可编辑渐变”按钮，弹出“渐变编辑器”对话框。在“位置”选项中分别输入0、41、100几个位置点，分别设置几个位置点颜色的RGB值为：0（12、6、102），41（233、150、5），100（248、234、195），如图5-48所示。单击“确定”按钮，效果如图5-49所示。

（7）选择“横排文字”工具，分别在属性栏中选择合适的字体并设置文字大小，分别输入需要的文字并选取需要的文字，适当调整文字的间距和行距，效果如图5-50所示，在“图层”控制面板中分别生成新的文字图层。使用调整边缘命令抠出头发制作完成。

图5-48

图5-49　图5-50

## 5.2.5　使用通道面板抠出玻璃器具

**【案例学习目标】**学习使用通道面板抠出玻璃器具。

**【案例知识要点】**使用钢笔工具、画笔工具、图层面板和通道面板抠出玻璃器具，使用移动工具添加背景和文字，最终效果如图5-51所示。

**【效果所在位置】**Ch05/效果/使用通道面板抠出玻璃器具.psd。

图5-51

（1）按Ctrl+O组合键，打开本书学习资源中的“Ch05 > 素材 > 使用通道面板抠出玻璃器具 > 01”文件，如图5-52所示。选择“钢笔”工具，在属性栏中的“选择工具模式”选项中选择“路径”，沿着酒杯绘制路径，如图5-53所示。

图5-52

图5-53

（2）按Ctrl+Enter组合键，将路径转换为选区，如图5-54所示。按Ctrl+J组合键，复制选区中的图像，并生成新的图层，如图5-55所示。

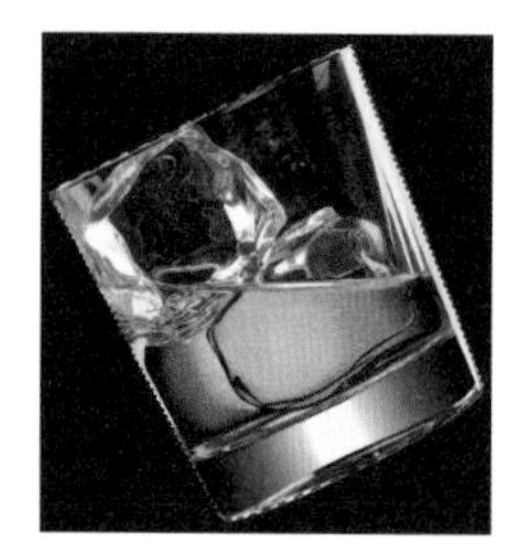

图5-54

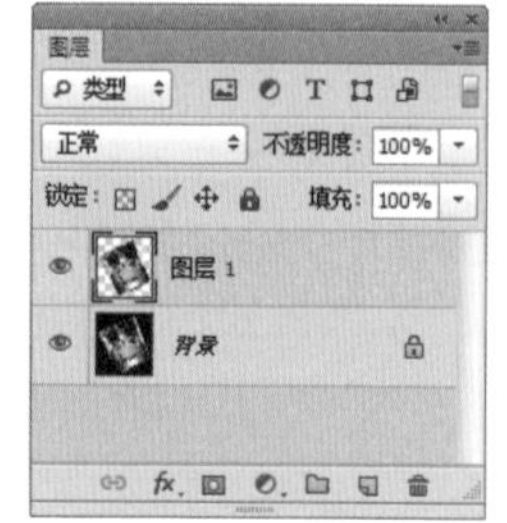


图5-55

（3）选择“背景”图层，新建图层。将前景色设为暗绿色（其R、G、B的值分别为0、70、12）。按Alt+Delete组合键，填充图层，如图5-56所示。在“通道”控制面板中，选取“蓝”通道，并将其拖曳到控制面板下方的“创建新通道”按钮上，复制通道，如图5-57所示。

图5-56

图5-57

（4）选择“图像 > 调整 > 亮度/对比度”命令，在弹出的对话框中进行设置，如图5-58所示，单击“确定”按钮，效果如图5-59所示。

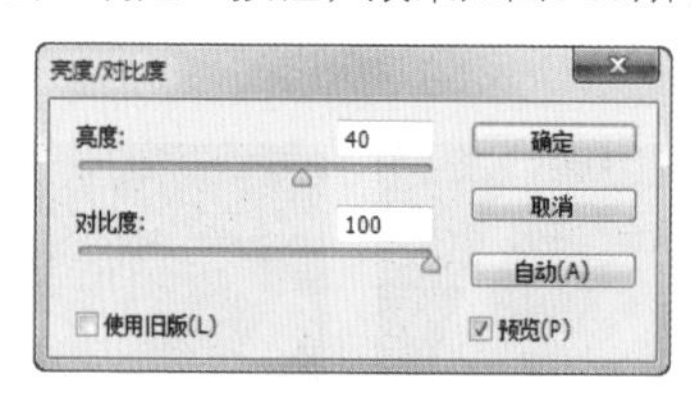


图5-58

图5-59

（5）单击“通道”控制面板下方的“将通道作为选区载入”按钮，载入通道选区，如图5-60所示。选择“图层1”，单击控制面板下方的“添加图层蒙版”按钮，为图层添加蒙版，如图5-61所示，图像效果如图5-62所示。

图5-60

图5-61

图5-62

（6）选择“图层1”。按Ctrl+J组合键，复制图层，如图5-63所示。在图层蒙版上单击鼠标右键，在弹出的菜单中选择“应用图层蒙版”命令，应用图层蒙版，如图5-64所示。在“图层”控制面板上方，将该图层的混合模式选项设为“滤色”，如图5-65所示，图像效果如图5-66所示。

图5-63

图层
类型
正常
不透明度: 100%
锁定:
填充: 100%
图层 1 副本
图层 1
图层 2

图5-64

图5-65

图5-66

（7）选择绘制的路径，选择“背景”图层，按Ctrl+Enter组合键，将路径转换为选区，如图5-67所示。按Ctrl+J组合键，复制选区中的图像，如图5-68所示。将“图层3”拖曳到“图层2”的上方，如图5-69所示。单击控制面板下方的“添加图层蒙版”按钮，为图层添加蒙版，如图5-70所示。

图5-67

图5-68

图5-69

图5-70

（8）按住Alt键的同时，单击“图层3”左侧的眼睛图标，隐藏其他图层，如图5-71所示。选择“画笔”工具，在属性栏中单击“画笔”选项右侧的按钮，弹出画笔选择面板，设置如图5-72所示，在图像窗口中进行涂抹擦除不需要的图像，如图5-73所示。

图5-71

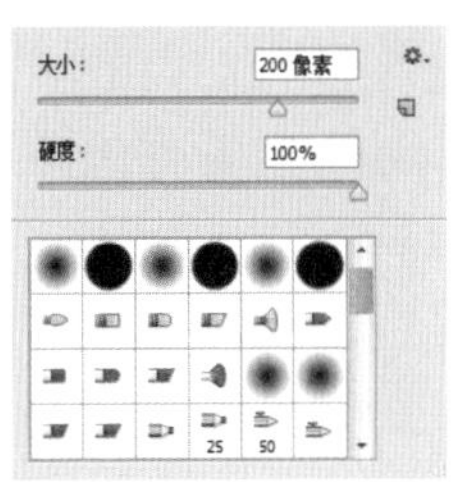


图5-72

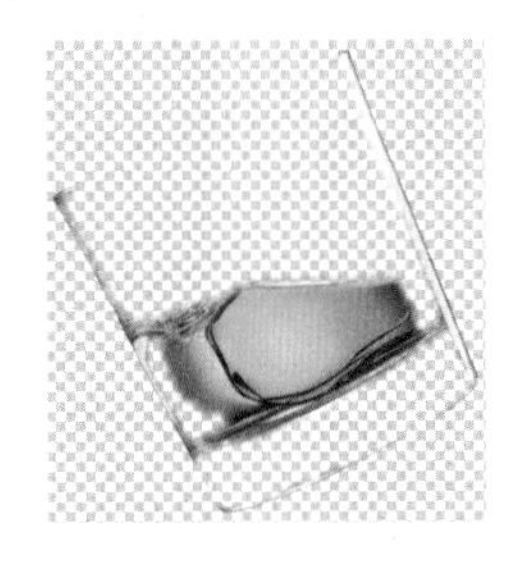

图5-73

（9）显示“图层3”上方的两个图层，如图5-74所示，显示出抠出的图像，效果如图5-75所示。将需要的图层同时选取，按Alt+Ctrl+E组合键，盖印选定的图层，如图5-76所示。

图5-74

图5-75

图5-76

（10）按Ctrl+O组合键，打开本书学习资源中的“Ch05 > 素材 > 使用通道面板抠出玻璃器具 > 02”文件，选择“移动”工具，将抠出的图像拖曳到02文件中，并调整其大小，如图5-77所示。

（11）按Ctrl+O组合键，打开本书学习资源中的“Ch05 > 素材 > 使用通道面板抠出玻璃器具 > 03”文件，选择“移动”工具，将03图像拖曳到02文件中，并调整其大小，如图5-78所示。使用通道面板抠出玻璃器具制作完成。

图5-77

图5-78

## 5.2.6 使用混合颜色带抠出烟雾

**【案例学习目标】**学习使用混合颜色带抠出烟雾。

**【案例知识要点】**使用混合颜色带、画笔工具和图层蒙版制作人物图片合成，使用混合颜色带抠出烟雾，使用色相/饱和度和亮度/对比度调整层调整图片颜色，最终效果如图5-79所示。

**【效果所在位置】**Ch05/效果/使用混合颜色带抠出烟雾. psd。

图5-79

（1）按Ctrl+O组合键，打开本书学习资源中的“Ch05 > 素材 > 使用混合颜色带抠出烟雾 > 01和02”文件。选择“移动”工具，将02图像拖曳到01文件中，并调整其大小，如图5-80所示。

图5-80

（2）单击“图层”面板下方的“添加图层样式”按钮，在弹出的菜单中选择“混合选项”命令，弹出对话框，按住Alt键的同时，向左拖曳“本图层”下方的白色左侧滑块，如图5-81所示，单击“确定”按钮，调整混合选项，图像效果如图5-82所示。

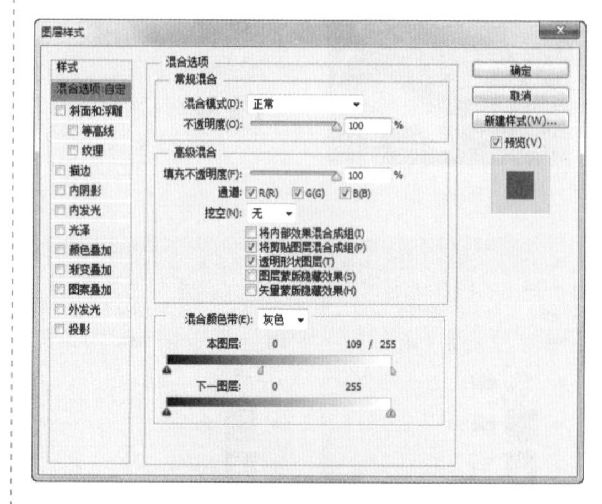


图5-81

图5-82

（3）单击“图层”控制面板下方的“添加图层蒙版”按钮，添加图层蒙版，如图5-83所示。选择“画笔”工具，在属性栏中单击“画笔”选项右侧的按钮，弹出画笔选择面板，设置如图5-84所示，将“不透明度”选项设为50%，在图像窗口中涂抹擦除不需要的图像，效果如图5-85所示。

图5-83

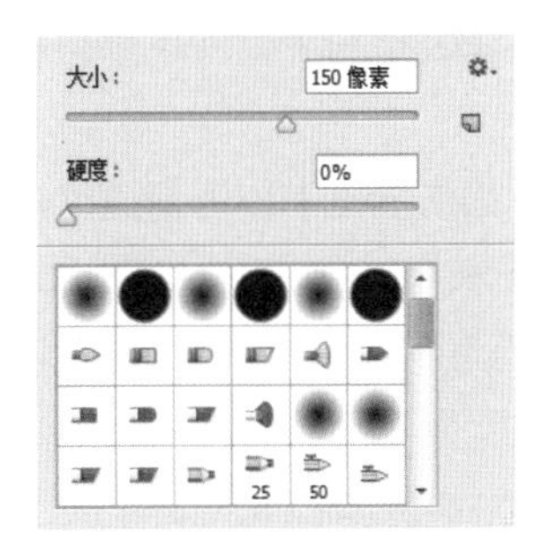


图5-84

图5-85

（4）按Ctrl+O组合键，打开本书学习资源中的“Ch05 > 素材 > 使用混合颜色带抠出烟雾 > 03”文件。选择“移动”工具，将图片拖曳到正在编辑的文件中，并调整其大小，如图5-86所示。

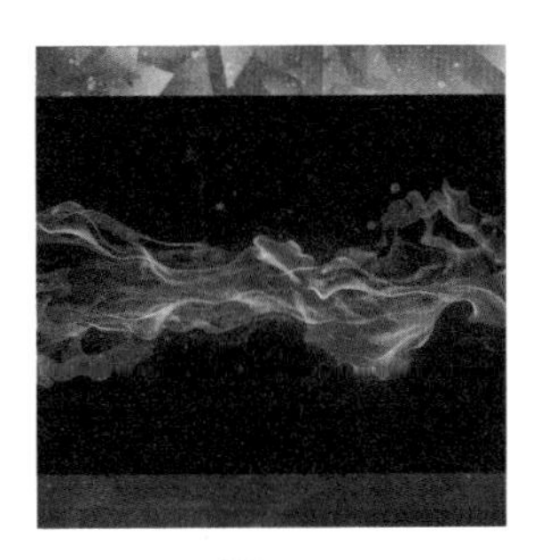

图5-86

（5）单击“图层”面板下方的“添加图层样式”按钮，选择“混合选项”命令，弹出对话框，按住Alt键的同时，向右拖曳“本图层”下方的黑色右侧滑块，如图5-87所示，单击“确定”按钮，调整混合选项，图像效果如图5-88所示。

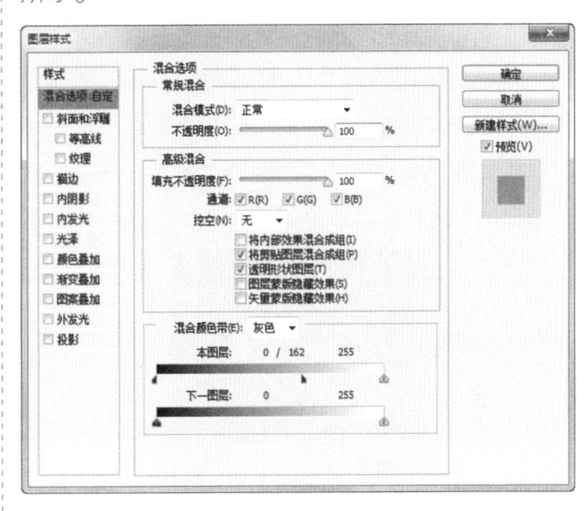


图5-87

图5-88

（6）单击“图层”控制面板下方的“创建新的填充或调整图层”按钮，在弹出的菜单中选择“色相/饱和度”命令，在“图层”控制面板中生成“色相/饱和度1”图层。在弹出的面板中进行设置，如图5-89所示，按Enter键确认操作，效果如图5-90所示。

图5-89

图5-90

（7）单击“图层”控制面板下方的“创建新的填充或调整图层”按钮，在弹出的菜单中选择“亮度/对比度”命令，在“图层”控制面板中生成“亮度/对比度1”图层。在弹出的面板中进行设置，如图5-91所示，按Enter键确认操作，效果如图5-92所示。

图5-91

图5-92

（8）按Ctrl+O组合键，打开本书学习资源中的“Ch05 > 素材 > 使用混合颜色带抠出烟雾 > 04”文件。选择“移动”工具，将图像拖曳到正在编辑的文件中，并调整其大小，如图5-93所示。使用混合颜色带抠出烟雾制作完成。

图5-93

## 5.2.7 使用通道面板抠出婚纱

**【案例学习目标】**学习使用通道面板抠出婚纱。

**【案例知识要点】**使用钢笔工具、通道面板、计算命令、图层控制面板和画笔工具抠出婚纱，使用移动工具添加背景和文字，最终效果如图5-94所示。

**【效果所在位置】**Ch05/效果/使用通道面板抠出婚纱. psd。

图5-94

（1）按Ctrl+O组合键，打开本书学习资源中的“Ch05 > 素材 > 使用通道面板抠出婚纱 > 01”文件，如图5-95所示。选择“钢笔”工具，在属性栏的“选择工具模式”选项中选择“路径”，沿着人物的轮廓绘制路径，绘制时要避开半透明的婚纱，如图5-96所示。按Ctrl+Enter组合键，将路径转换为选区，如图5-97所示。

图5-95

图5-96

图5-97

（2）单击“通道”控制面板下方的“将选区存储为通道”按钮，将选区存储为通道，如图5-98所示，取消选区。将“蓝”通道拖曳到控制面板下方的“创建新通道”按钮上，复制通道，如图5-99所示。

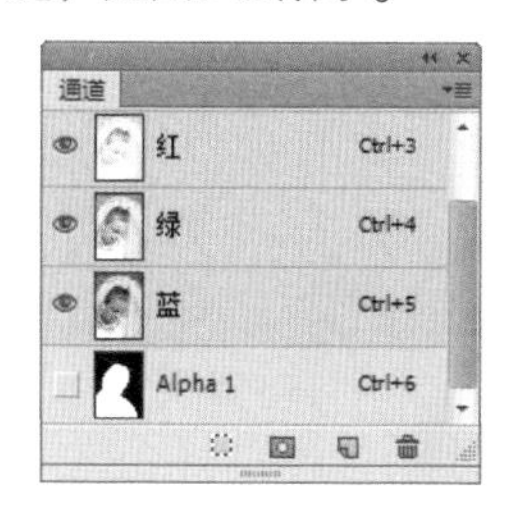


图5-98

图5-99

（3）选择“钢笔”工具，在图像窗口中沿着婚纱边缘绘制路径，如图5-100所示。按Ctrl+Enter组合键，将路径转换为选区，如图5-101所示。按Shift+Ctrl+I组合键，将选区反选，如图5-102所示。

图5-100

图5-101

图5-102

（4）将前景色设为黑色。按Alt+Delete组合键，用前景色填充选区，取消选区，效果如图5-103所示。选择“图像 > 计算”命令，在弹出的对话框中进行设置，如图5-104所示，单击“确定”按钮，效果如图5-105所示。

图5-103

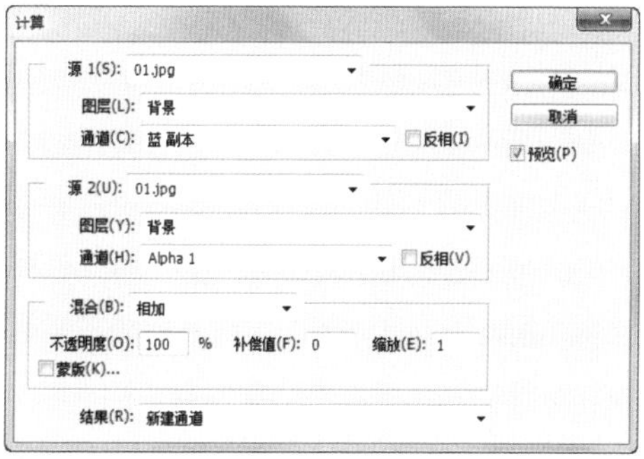

图5-104

图5-105

（5）按住Ctrl键的同时，单击通道载入婚纱选区，如图5-106所示。单击“RGB”通道，显示彩色图像。单击“图层”控制面板下方的“添加图层蒙版”按钮，添加图层蒙版，如图5-107所示，图像效果如图5-108所示。

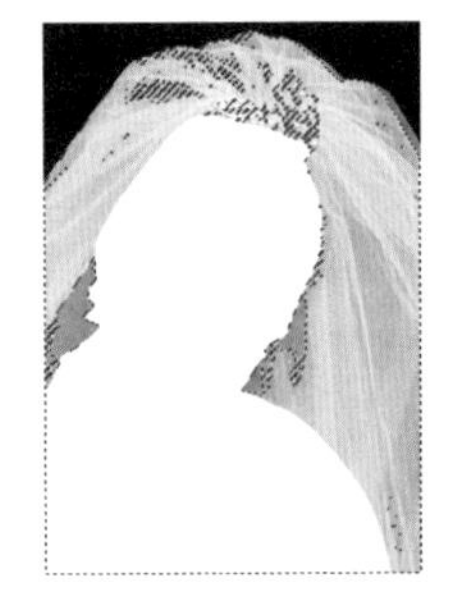

图5-106　　图5-107

图5-108

（6）选择“画笔”工具，在属性栏中单击“画笔”选项右侧的按钮，弹出画笔选择面板，设置如图5-109所示，将“不透明度”选项设为20%，在图像窗口中进行涂抹，擦除不需要的图像，如图5-110所示。

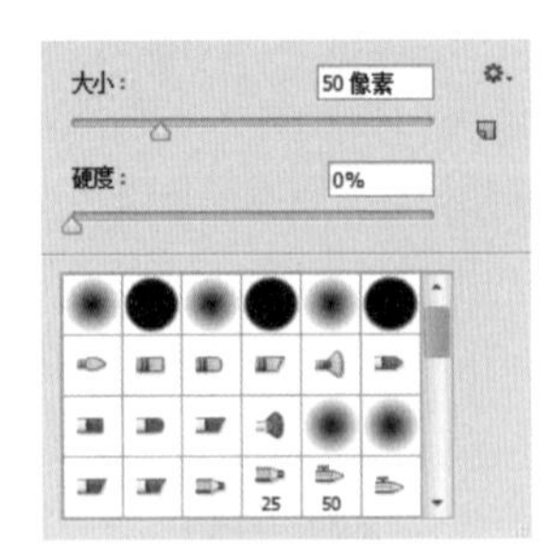

图5-109　　图5-110

（7）按Ctrl+O组合键，打开本书学习资源中的“Ch05 > 素材 > 使用通道面板抠出婚纱 > 02”文件，选择“移动”工具，将02图像拖曳到01文件中，并调整其大小，如图5-111所示，在“图层”控制面板中生成新的图层。将该图层拖曳到“图层0”的下方，图像效果如图5-112所示。

图5-111　　图5-112

（8）按Ctrl+O组合键，打开本书学习资源中的“Ch05 > 素材 > 使用通道面板抠出婚纱 > 03”文件，选择“移动”工具，将03图像拖曳到01文件中，如图5-113所示。使用通道面板抠出婚纱制作完成。

图5-113

## 5.3 综合实例——制作家电banner

**【案例学习目标】**学习使用抠图技法抠出图片制作家电banner。

**【案例知识要点】**使用钢笔工具和调整边缘命令抠出人物，使用魔棒工具抠出电器，使用矩形工具、变换命令和横排文字工具添加宣传文字，最终效果如图5-114所示。

**【效果所在位置】**Ch05/效果/制作家电banner. psd。

图5-114

### 1．抠出人物和电器

（1）按Ctrl+O组合键，打开本书学习资源中的“Ch05 > 素材 > 制作家电banner > 01”文件，如图5-115所示。选择“钢笔”工具，在属性栏的“选择工具模式”选项中选择“路径”，沿着人物的轮廓绘制路径，如图5-116所示。

图5-115

图5-116

（2）按Ctrl+Enter组合键，将路径转换为选区，如图5-117所示。选择“选择 > 调整边缘”命令，弹出对话框，如图5-118所示，在图像窗口中显示叠加状态。

图5-117

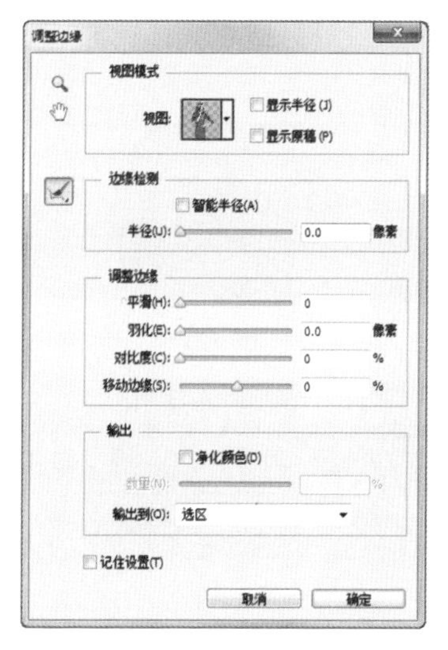


图5-118

（3）在图像窗口中沿着头发边缘绘制，如图5-119所示。单击“确定”按钮，在图像窗口中生成选区，如图5-120所示。

图5-119

图5-120

（4）单击“图层”控制面板下方的“添加图层蒙版”按钮，添加图层蒙版，如图5-121所示，图像效果如图5-122所示。

图5-121　　图5-122

（5）按Ctrl+O组合键，打开本书学习资源中的“Ch05 > 素材 > 制作家电banner > 02”文件，如图5-123所示。选择“移动”工具，将抠出的人物图像拖曳到02图像中，如图5-124所示。

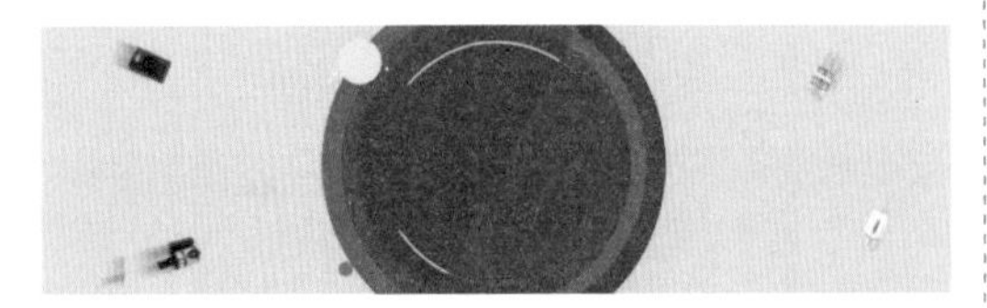

图5-123

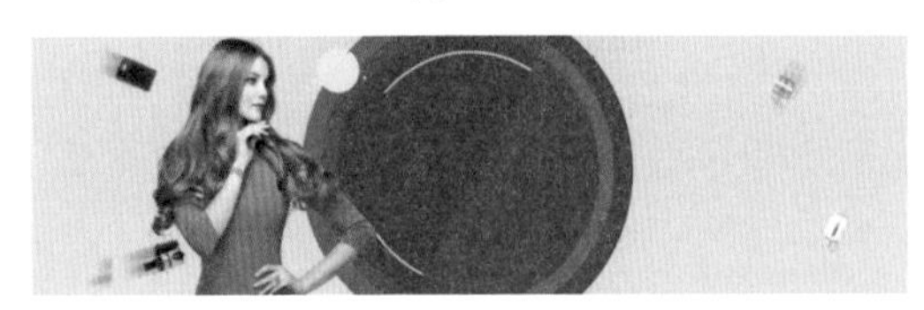

图5-124

（6）按Ctrl+O组合键，打开本书学习资源中的“Ch05 > 素材 > 制作家电banner > 03”文件，如图5-125所示。选择“魔棒”工具，在属性栏中取消勾选“连续”复选框，单击白色背景，图像中的白色部分被选中，如图5-126所示。选择“选择 > 反向”命令，将选区反选，如图5-127所示。

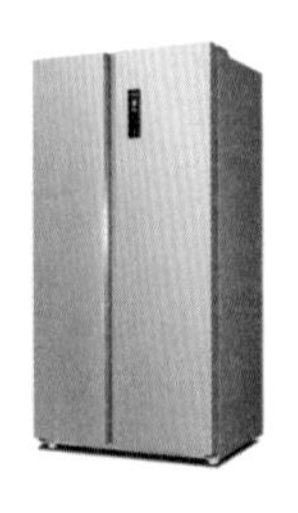

图5-125　　图5-126

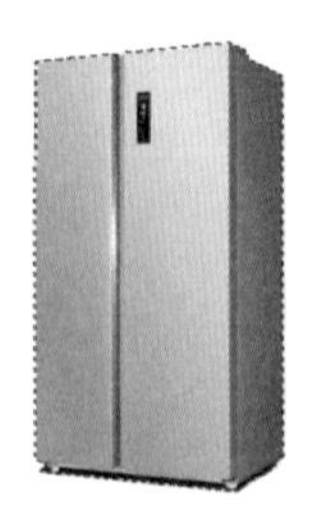

图5-127

（7）选择“移动”工具，将抠出的电器拖曳到02图像的适当位置，并调整其大小，如图5-128所示。用相同的方法抠出04、05、06电器文件，拖曳到02图像的适当位置，并分别调整其大小，效果如图5-129所示。

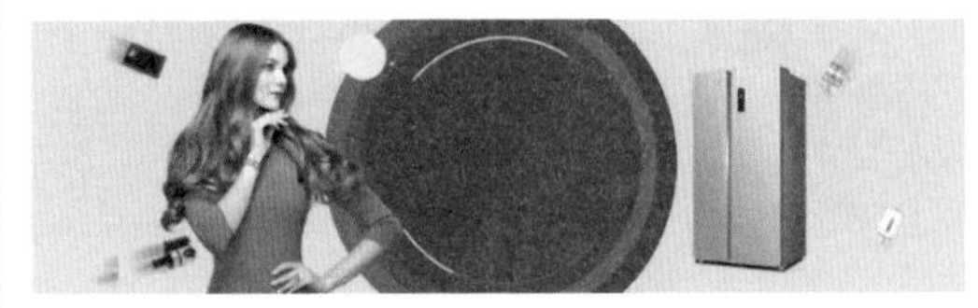

图5-128

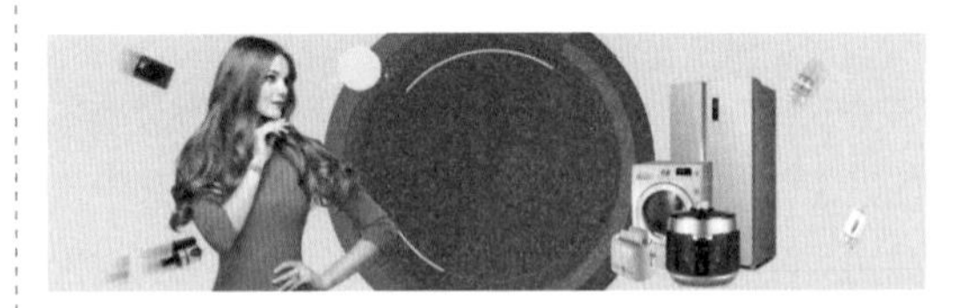

图5-129

## 2. 添加宣传文字

（1）选择“图层1”。将前景色设为白色。选择“横排文字”工具，输入需要的文字并选取文字，在属性栏中选择合适的字体并设置文字大小，效果如图5-130所示，在“图层”控制面板中生成新的文字图层。

图5-130

（2）选择“编辑 > 变换 > 斜切”命令，在文字周围出现变换框，向上拖曳右侧中间的控制手柄，斜切文字，按Enter键确认操作，效果如图5-131所示。

图5-131

（3）单击“图层”控制面板下方的“添加图层样式”按钮fx，在弹出的菜单中选择“投影”命令，在弹出的对话框中进行设置，如图5-132所示，单击“确定”按钮，效果如图5-133所示。

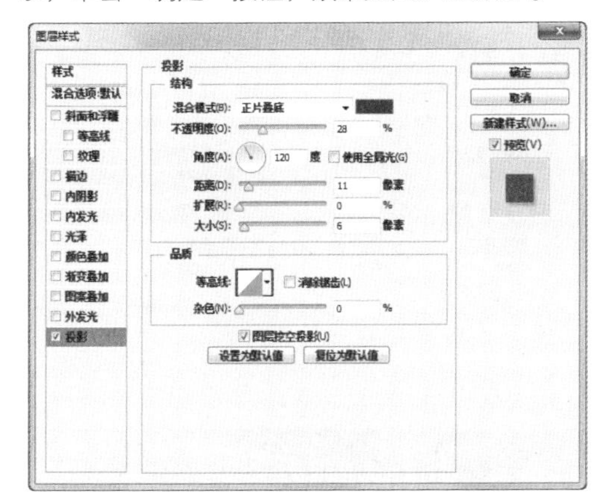


图5-132

图5-133

（4）选择“矩形”工具，在属性栏中的“选择工具模式”选项中选择“形状”，在图像窗口中绘制矩形，如图5-134所示。

图5-134

（5）选择“编辑 > 变换 > 斜切”命令，在矩形周围出现变换框，向右拖曳上方中间的控制手柄到适当的位置，向上拖曳右侧中间的控制手柄到适当的位置，斜切矩形，按Enter键确认操作，效果如图5-135所示。

图5-135

（6）单击“图层”控制面板下方的“添加图层样式”按钮fx，在弹出的菜单中选择“渐变叠加”命令，弹出对话框，单击“渐变”选项右侧的“点按可编辑渐变”按钮，弹出“渐变编辑器”对话框，将渐变色设为从蓝绿色（其R、G、B的值分别为11、147、216）到浅蓝绿色（其R、G、B的值分别为5、183、216），如图5-136所示，单击“确定”按钮。返回到相应的对话框，其他选项的设置如图5-137所示，单击“确定”按钮，效果如图5-138所示。

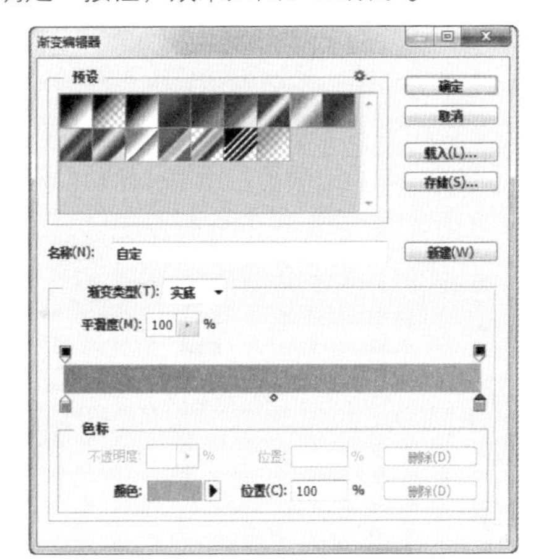


图5-136

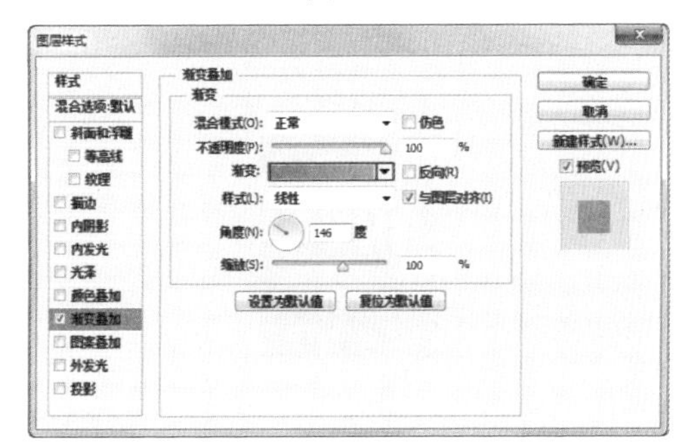


图5-137

图5-138

（7）选择“横排文字”工具T，输入需要的文字并选取文字，在属性栏中选择合适的字体并设置文字的大小，在“图层”控制面板中生成新的文字图层。用上述方法斜切文字，效果如图5-139所示。

图5-139

（8）单击“图层”控制面板下方的“添加图层样式”按钮fx，在弹出的菜单中选择“投影”命令，弹出对话框，将投影颜色设为黑灰色（其R、G、B的值分别为78、77、77），其他选项的设置如图5-140所示。单击“确定”按钮，效果如图5-141所示。

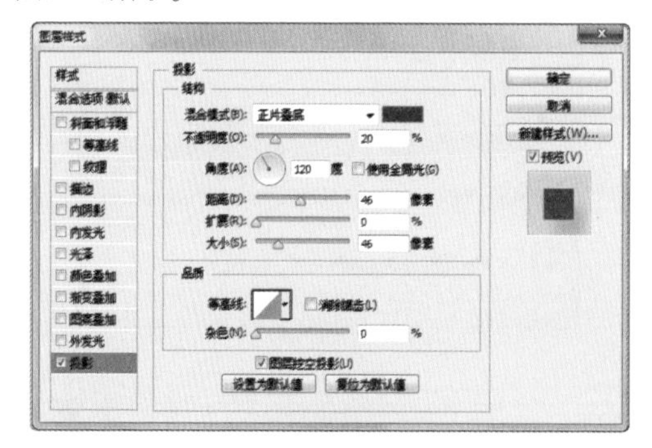


图5-140

图5-141

（9）用相同的方法绘制矩形和文字，并添加相应的图层样式，如图5-142所示。按住Ctrl键的同时，选取需要的图层，如图5-143所示，将其拖曳到“矩形1”图层的下方，如图5-144所示，图像效果如图5-145所示。

图5-142

图5-143

图5-144

图5-145

（10）选择“满300减50”文字层。按Ctrl+O组合键，打开本书学习资源中的“Ch05 > 素材 > 制作家电banner > 07”文件。选择“移动”工具，将选区中的图像拖曳到02图像中，调整图像大小，如图5-146所示。家电banner制作完成。

图5-146

## 课堂练习——制作风景插画

**【练习知识要点】**使用自由钢笔工具和钢笔工具抠出人物，使用移动工具添加背景和花朵，最终效果如图5-147所示。

**【效果所在位置】**Ch05/效果/制作风景插画.psd。

图5-147

## 课后习题——制作高跟鞋促销海报

**【习题知识要点】**使用钢笔工具、添加锚点工具和转换点工具绘制路径，使用应用选区和路径的转换命令进行转换，最终效果如图5-148所示。

**【效果所在位置】**Ch05/效果/制作高跟鞋促销海报.psd。

图5-148

# 第 6 章

# 修图

## 本章介绍

修图与当代的审美息息相关，目的是将图像修整得更为完美。在修图之前,要先了解修图的概念和分类，再确定修图的思路和方法，最后选择合适的工具进行修图。本章介绍修图的思路、流程和方法。通过对本章的学习，读者可以应用相关工具进行修图，使图像更加美观、漂亮。

## 学习目标

- 了解修图的概念和分类。
- 掌握不同的修图方法。
- 掌握综合案例的修图技巧。

## 技能目标

- 掌握瑕疵的修复方法。
- 掌握污点的修复方法。
- 掌握光影的修复方法。
- 掌握杂志封面的制作方法。

# 6.1 修图基础

## 6.1.1　修图的概念

修图是指对已有的图片进行修饰加工，不仅可以为原图增光添彩、弥补缺陷，还能轻易完成拍摄中很难做到的特殊效果，以及对图片的再次创作。

## 6.1.2　修图的分类

根据图片的不同应用领域，修图分为不同的种类。如用于电商相关领域和广告业的商品图；用于人像摄影或影视相关领域的人像图；对照片进行二次构图、适度调色的新闻图等，如图6-1所示。

图6-1

# 6.2 修图实战

## 6.2.1　修全身

**【案例学习目标】**学习使用变换和液化命令修全身。

**【案例知识要点】**使用变换命令和选区工具调整脚长，使用套索工具、羽化选区命令和液化命令调整人物的腰部、头发和胳膊，使用矩形工具和内容识别填充命令调整背景框，最终效果如图6-2所示。

图6-2

**【效果所在位置】**Ch06/效果/修全身.jpg。

（1）按Ctrl+O组合键，打开本书学习资源中的“Ch06 > 素材 > 修全身 > 01”文件，如图6-3所示。按Ctrl+J组合键，复制背景图层，如图6-4所示。

图6-3

图6-4

（2）按Ctrl+T组合键，在图像周围出现变换框，在变换框中单击鼠标右键，在弹出的菜单中选择“透视”命令，向内拖曳上方的控制手柄，按Enter键确认操作，效果如图6-5所示。按Ctrl+E组合键，将两个图层合并，如图6-6所示。

图6-5

图6-6

（3）选择“矩形选框”工具，在人物小腿的位置绘制矩形选区，如图6-7所示。按Ctrl+T组合键，选区周围出现变换框，向下拖曳下方中间的控制手柄，拉长腿部线条，按Enter键确认操作，效果如图6-8所示。

图6-7

图6-8

（4）选择“套索”工具，在人物腰部适当的位置绘制选区，如图6-9所示。按Shift+F6组合键，弹出“羽化选区”对话框，设置如图6-10所示，单击“确定”按钮，羽化选区。

图6-9

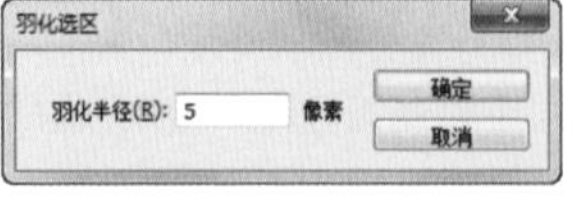


图6-10

（5）按Ctrl+J组合键，复制选区中的图像并创建新图层，如图6-11所示。按Ctrl+T组合键，在图像周围出现变换框，在变换框中单击鼠标右键，在弹出的菜单中选择“变形”命令，调整图像，按Enter键确认操作，效果如图6-12所示。按Ctrl+E组合键，将两个图层合并，如图6-13所示。

图6-11

图6-12

图6-13

（6）选择“滤镜 > 液化”命令，在弹出的对话框中进行设置，在预览框中对人物的腰部、头部和臀部进行调整，如图6-14所示，单击“确定”按钮，完成液化，效果如图6-15所示。

图6-14

图6-15

（7）选择“矩形选框”工具[]，在适当的位置绘制选区，如图6-16所示。按Shift+F5组合键，在弹出的对话框中进行设置，如图6-17所示，单击“确定”按钮，修复图像，效果如图6-18所示。取消选区，用相同的方法修复左侧的图像，使其与背景融合，如图6-19所示。人物全身修复完成。

图6-16

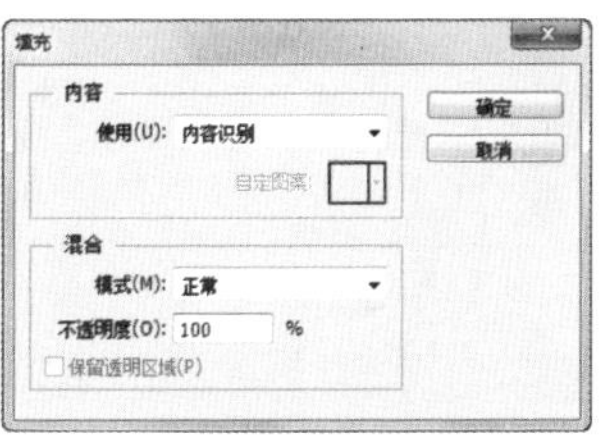


图6-17

图6-18

图6-19

## 6.2.2 修胳膊

【案例学习目标】学习使用变换和液化命令修胳膊。

【案例知识要点】使用套索工具、羽化选区命令、变换命令和液化命令调整人物的胳膊，最终效果如图6-20所示。

【效果所在位置】Ch06/效果/修胳膊.jpg。

图6-20

（1）按Ctrl+O组合键，打开本书学习资源中的“Ch06 > 素材 > 修胳膊 > 01”文件，如图6-21所示。选择“套索”工具[]，在人物胳膊周围绘制选区，如图6-22所示。

图6-21

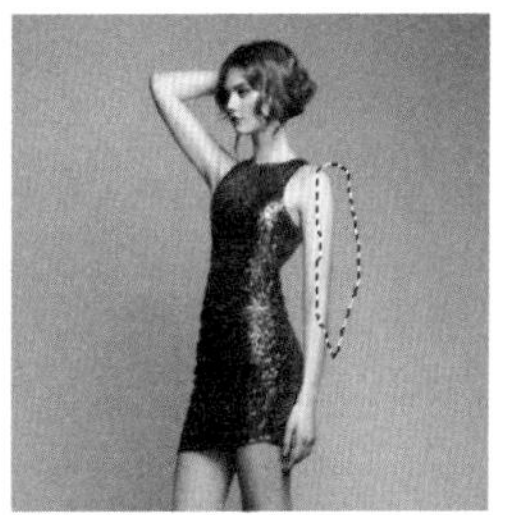

图6-22

（2）按Shift+F6组合键，弹出“羽化选区”对话框，设置如图6-23所示，单击“确定”按钮，羽化选区。按Ctrl+J组合键，复制选区中的图像并创建新图层，如图6-24所示。

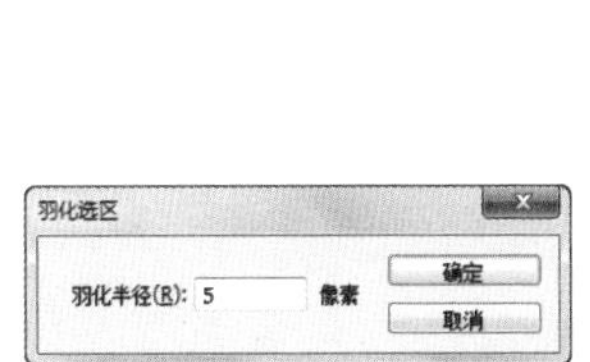


图6-23

图6-24

（3）按Ctrl+T组合键，在图像周围出现变换框，在变换框中单击鼠标右键，在弹出的菜单中选择“变形”命令，调整图像，按Enter键确认操作，效果如图6-25所示。按Ctrl+E组合键，将两个图层合并，如图6-26所示。

图6-25

图6-26

（4）选择“滤镜 > 液化”命令，在弹出的对话框中进行设置，在预览框中将人物的手臂向内拖曳鼠标，使人物手臂变瘦，如图6-27所示，单击“确定”按钮，完成液化，效果如图6-28所示。胳膊修复完成。

图6-27

图6-28

## 6.2.3　修眼睛

**【案例学习目标】**学习使用仿制图章工具和曲线命令修眼睛。

**【案例知识要点】**使用套索工具、羽化选区命令、变换命令、仿制图章工具和曲线命令修复眼睛，最终效果如图6-29所示。

**【效果所在位置】**Ch06/效果/修眼睛. psd。

图6-29

（1）按Ctrl+O组合键，打开本书学习资源中的“Ch06 > 素材 > 修眼睛 > 01”文件，如图6-30所示。按Ctrl+J组合键，复制背景图层，如图6-31所示。

图6-30

图6-31

（2）选择“套索”工具，在属性栏中选中“添加到选区”按钮，在图像窗口中圈选眼睛部分，如图6-32所示。选择“选择 > 修改 > 羽化”命令，在弹出的对话框中进行设置，如图6-33所示，单击“确定”按钮，羽化选区。

图6-32

图6-33

（3）按Ctrl+J组合键，复制选区中的图像并生成新图层，如图6-34所示。按Ctrl+T组合键，在图像周围出现变换框，按住Alt+Shift组合键的同时，向外拖曳右上角的控制手柄，放大图像，按Enter键确认操作，效果如图6-35所示。按Ctrl+E组合键，将“图层1”和“图层2”合并，如图6-36所示。

图6-34

图6-35

图6-36

（4）新建图层。选择“仿制图章”工具，在属性栏中单击“画笔”选项右侧的按钮，弹出画笔选择面板，设置如图6-37所示。将“不透明度”选项设为20%，“样本”为所有图层，在眼白处按住Alt键取样，涂抹红色眼白部分，如图6-38所示。

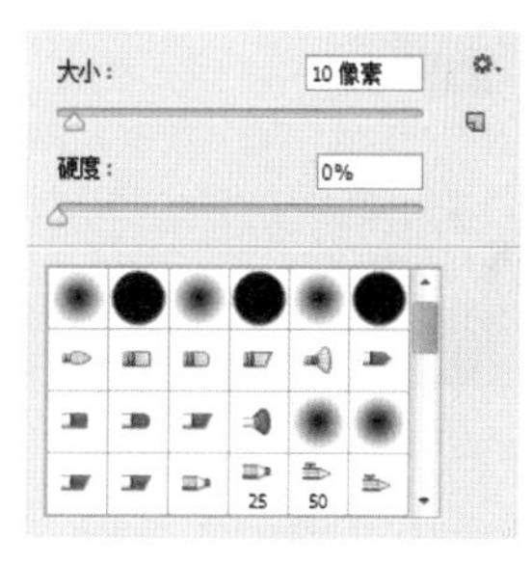


图6-37

图6-38

（5）按Ctrl+E组合键，将“图层1”和“图层2”合并，如图6-39所示。选择“红眼”工具，在红眼部分单击鼠标去除红眼，效果如图6-40所示。

图6-39

图6-40

（6）选择“套索”工具，圈选眼球部分，如图6-41所示。按Shift+F6组合键，弹出“羽化选区”对话框，设置如图6-42所示，单击“确定”按钮，羽化选区。

图6-41

图6-42

（7）单击“图层”控制面板下方的“创建新的填充或调整图层”按钮，选择“曲线”命令，在“图层”控制面板中生成“曲线1”图层。同时弹出“曲线”面板，调整面板中的曲线，如图6-43所示，加强眼球的对比，效果如图6-44所示。

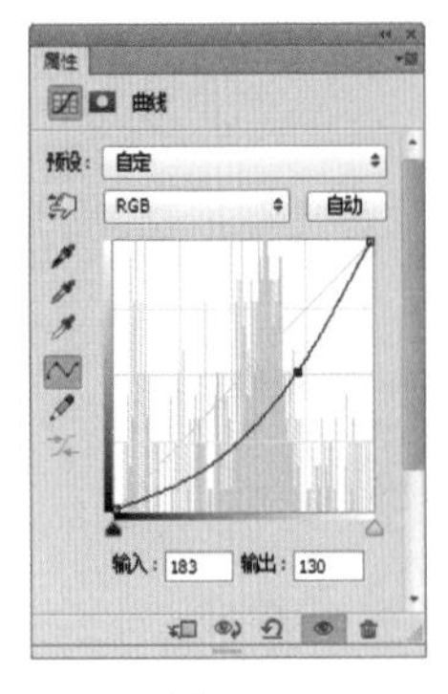


图6-43

图6-44

（8）选择“套索”工具，圈选眼白部分，如图6-45所示。选择“选择 > 修改 > 羽化”命令，在弹出的对话框中进行设置，如图6-46所示，单击“确定”按钮，羽化选区。

图6-45

图6-46

（9）单击“图层”控制面板下方的“创建新的填充或调整图层”按钮，选择“曲线”命令，在“图层”控制面板中生成“曲线2”图层。同时弹出“曲线”面板，调整面板中的曲线，如图6-47所示，加强眼白的对比，效果如图6-48所示。

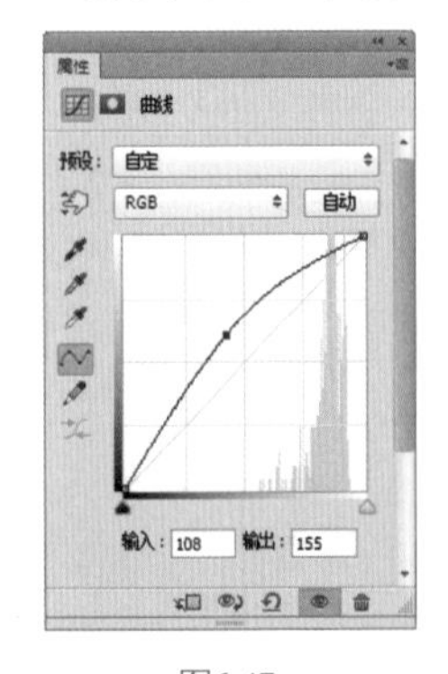


图6-47

图6-48

（10）选择“套索”工具，圈选眼球中的亮光部分，如图6-49所示。单击“图层”控制面板下方的“创建新的填充或调整图层”按钮，选择“曲线”命令，在“图层”控制面板中生成“曲线3”图层。同时弹出“曲线”面板，调整面板中的曲线，如图6-50所示，加强亮光部分，效果如图6-51所示。眼睛修复完成。

图6-49

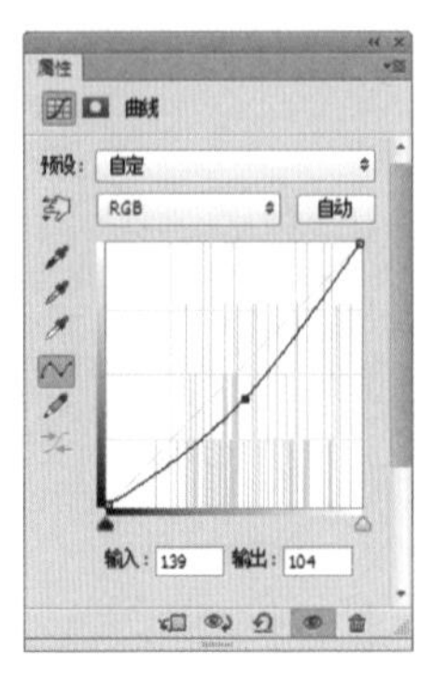


图6-50

图6-51

### 6.2.4 修眉毛

**【案例学习目标】**学习使用仿制图章工具和加深工具修眉毛。

**【案例知识要点】**使用仿制图章工具和加深工具修复眉毛和皮肤，最终效果如图6-52所示。

图6-52

**【效果所在位置】**Ch06/效果/修眉毛. psd。

（1）按Ctrl+O组合键，打开本书学习资源中的“Ch06 > 素材 > 修眉毛 > 01”文件，如图6-53所示。选择“缩放”工具，单击放大图像，如图6-54所示。按Ctrl+J组合键，复制“背景”图层，如图6-55所示。

图6-53

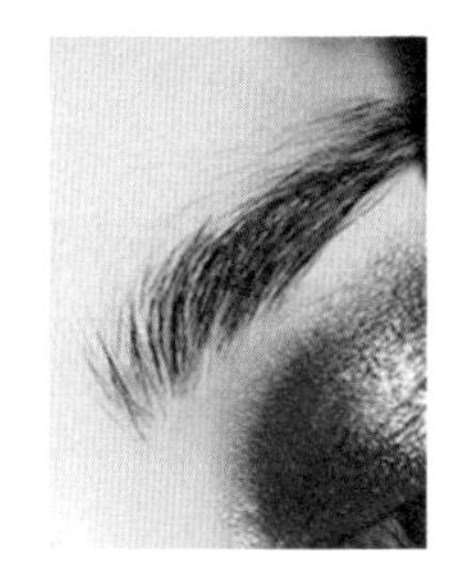

图6-54

图6-55

（2）选择“仿制图章”工具，在属性栏中单击“画笔”选项右侧的按钮，弹出画笔选择面板，设置如图6-56所示。将“不透明度”选项设为100，“样本”选项设为所有图层。按住Alt键的同时，单击所需的眉毛进行取样，如图6-57所示。取样完成后，释放Alt键，在眉毛上进行涂抹，修补眉毛缺失部分，如图6-58所示。

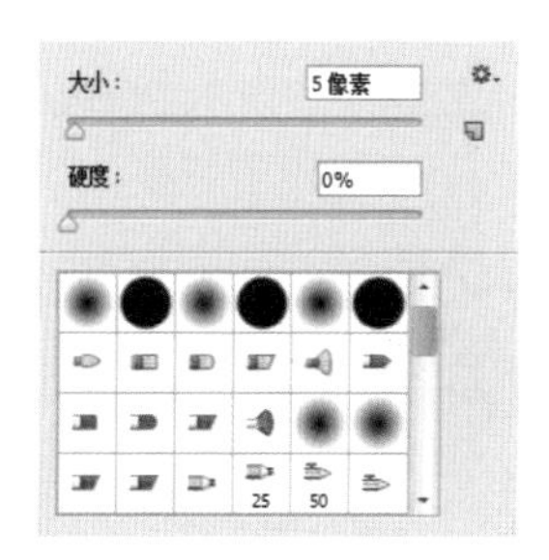


图6-56

图6-57

图6-58

（3）按住Alt键的同时，单击眉尾处的皮肤，如图6-59所示。取样完成后，释放Alt键，在眉毛上进行涂抹，修补眉毛多出的部分，如图6-60所示。

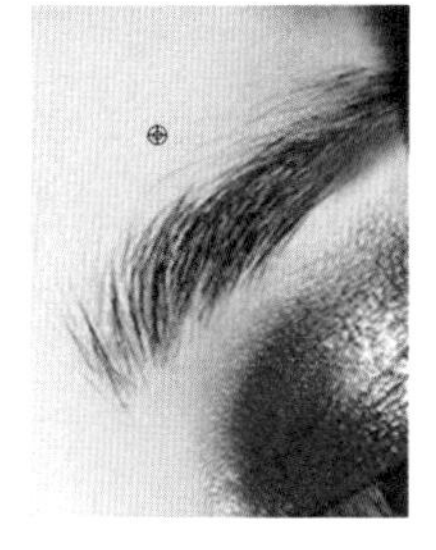

图6-59

图6-60

（4）选择“加深”工具，在属性栏中单击“画笔”选项右侧的按钮，弹出画笔选择面板，设置如图6-61所示。将“范围”选项设为中间调，“曝光度”选项设为20%，涂抹眉毛，效果如图6-62所示。

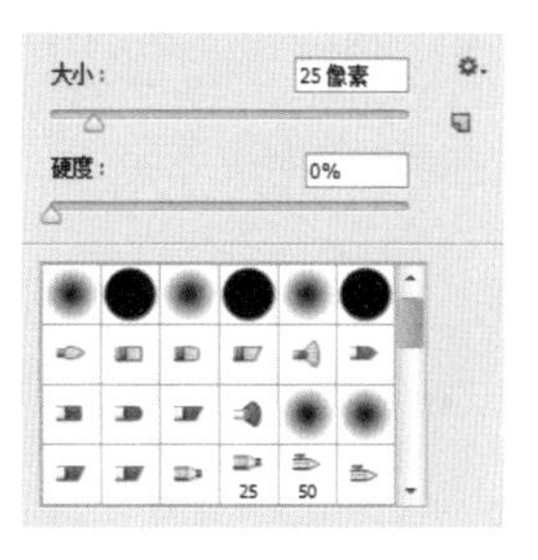


图6-61

图6-62

（5）用相同的方法修复左侧的眉毛，效果如图6-63所示。修复左侧眼睛下面皮肤的瑕疵，如图6-64所示。眉毛修复完成。

图6-63

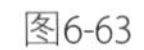

图6-64

## 6.2.5 修污点

**【案例学习目标】**学习使用污点修复画笔工具和仿制图章工具修污点。

**【案例知识要点】**使用污点修复画笔工具和仿制图章工具修污点，使用加深工具、减淡工具和模糊工具修复皮肤，最终效果如图6-65所示。

**【效果所在位置】**Ch06/效果/修污点. psd。

图6-65

（1）按Ctrl+O组合键，打开本书学习资源中的“Ch06 > 素材 > 修污点 > 01”文件，如图6-66所示。按Ctrl+J组合键，复制“背景”图层，如图6-67所示。

图6-66

图6-67

（2）选择“缩放”工具，单击放大图像，如图6-68所示。选择“污点修复画笔”工具，在属性栏中单击“画笔”选项右侧的按钮，弹出画笔选择面板，设置如图6-69所示，单击眉毛上方的污点，如图6-70所示。

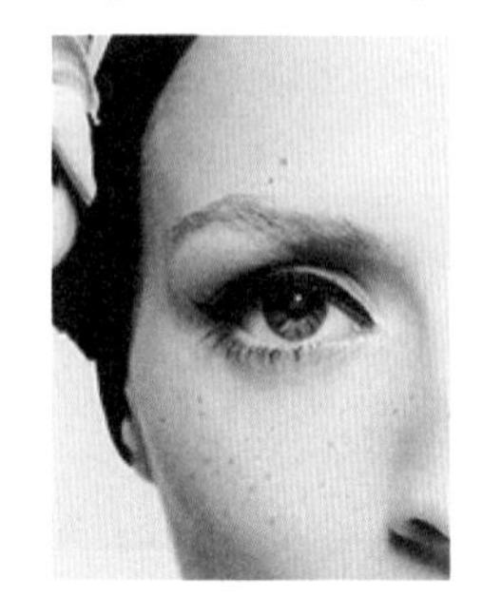

图6-68

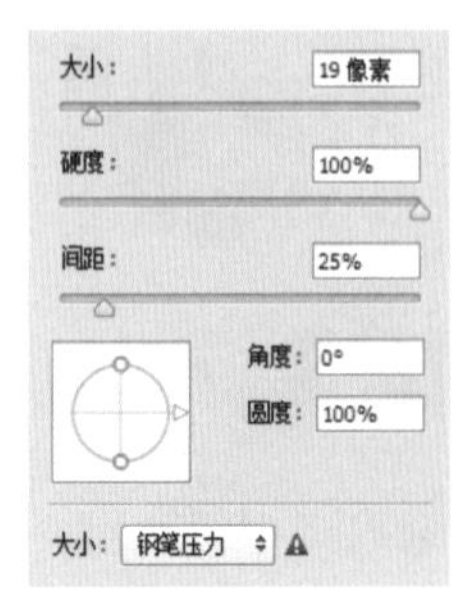


图6-69

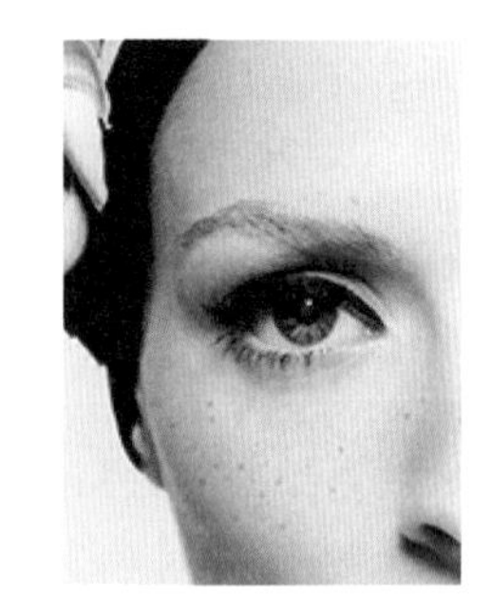

图6-70

（3）用相同的方法修改脸上和脖子上的其他污点，效果如图6-71所示。选择“仿制图章”工具，在属性栏中单击“画笔”选项右侧的按钮，弹出画笔选择面板，设置如图6-72所示。将“不透明度”选项设为10%，按住Alt键的同时，在脸颊附近单击鼠标左键，选取所需的颜色，修复皮肤，如图6-73所示。

图6-71

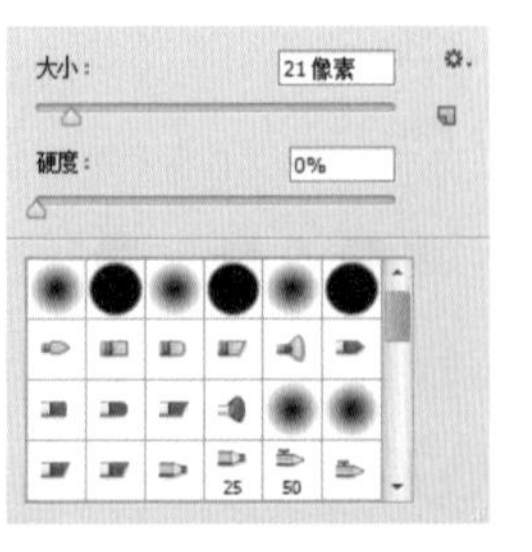


图6-72

图6-73

（4）选择“红眼”工具，在红眼部分单击鼠标去除红眼，效果如图6-74所示。选择“加深”工具和“减淡”工具，使整体图像明暗结构合理，效果如图6-75所示。选择“模糊”工具，模糊脸部和肩部皮肤，效果如图6-76所示。污点修复完成。

图6-74

图6-75

图6-76

## 6.2.6 修碎发

**【案例学习目标】**学习使用仿制图章工具修碎发。

**【案例知识要点】**使用钢笔工具、羽化选区命令和仿制图章工具修复碎发，使用加深工具、减淡工具和模糊工具修复皮肤，最终效果如图6-77所示。

**【效果所在位置】**Ch06/效果/修碎发.psd。

图6-77

（1）按Ctrl+O组合键，打开本书学习资源中的“Ch06 > 素材 > 修碎发 > 01”文件，如图6-78所示。按Ctrl+J组合键，复制“背景”图层，如图6-79所示。选择“钢笔”工具，沿着头发的外轮廓绘制路径，如图6-80所示。按Ctrl+Enter组合键，将路径转换为选区，如图6-81所示。

图6-78

图6-79

图6-80

图6-81

（2）按Shift+Ctrl+I组合键，反选选区，如图6-82所示。选择“选择 > 修改 > 羽化”命令，在弹出的对话框中进行设置，如图6-83所示，单击

“确定”按钮，羽化选区，如图6-84所示。

图6-82

图6-83

图6-84

（3）选择“仿制图章”工具，在属性栏中单击“画笔”选项右侧的按钮，弹出画笔选择面板，设置如图6-85所示。按住Alt键的同时，单击背景吸取背景颜色，如图6-86所示。松开Alt键，在选区内进行涂抹，去除杂乱的头发，如图6-87所示。取消选区。

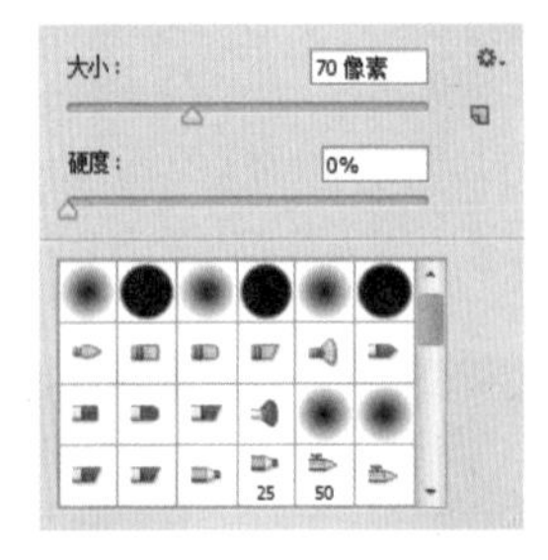


图6-85

图6-86

图6-87

（4）选择“加深”工具和“减淡”工具，使整体图像明暗结构合理，调整细节，效果如图6-88所示。选择“模糊”工具，模糊背景图片，效果如图6-89所示。碎发修复完成。

图6-88

图6-89

## 6.2.7 修光影

**【案例学习目标】**学习使用曲线命令和画笔工具修光影。

**【案例知识要点】**使用曲线调整层和画笔工具调整全身的光影，最终效果如图6-90所示。

**【效果所在位置】**Ch06/效果/修光影.psd。

图6-90

（1）按Ctrl+O组合键，打开本书学习资源中的“Ch06 > 素材 > 修光影 > 01”文件，如图6-91所示。单击“图层”控制面板下方的“创建新的填充或调整图层”按钮，选择“曲线”命令，在“图层”控制面板中生成“曲线1”图层。同时弹出“曲线”面板，调整面板中的曲线，如图6-92所示，使图像变亮，如图6-93所示。将前景色设为白色，背景色设为黑色。按Ctrl+Delete组合键，填充蒙版为黑色，遮挡调亮的图像。

图6-91

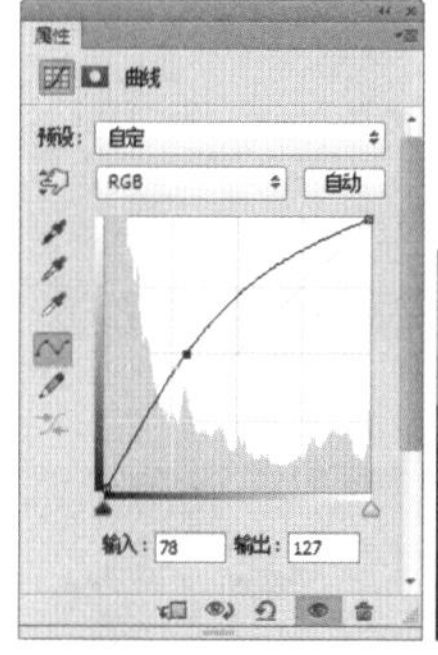

图6-92　　图6-93

（2）单击“图层”控制面板下方的“创建新的填充或调整图层”按钮，选择“曲线”命令，在“图层”控制面板中生成“曲线2”图层。同时弹出“曲线”面板，调整面板中的曲线，如图6-94所示，使图像变暗，如图6-95所示。按Ctrl+Delete组合键，填充蒙版为黑色，遮挡调暗的图像，效果如图6-96所示。

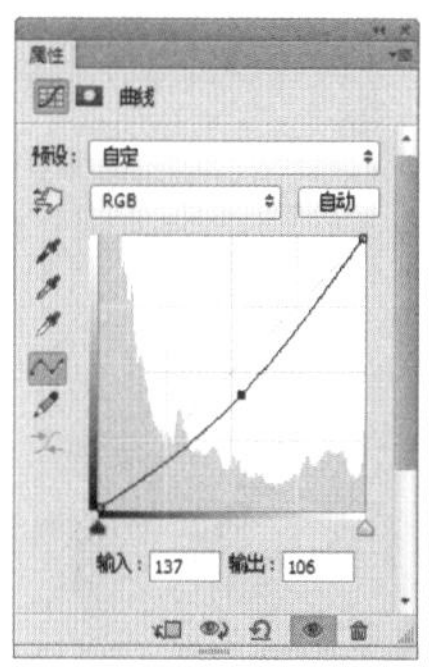

图6-94　　图6-95

图6-96

（3）单击选中“曲线1”图层的蒙版缩览图，如图6-97所示。选择“画笔”工具，在属性栏中单击“画笔”选项右侧的按钮，弹出画笔选择面板，设置如图6-98所示。将“不透明度”选项设为50%，在图像高光部分进行涂抹，提高图像亮度，效果如图6-99所示。

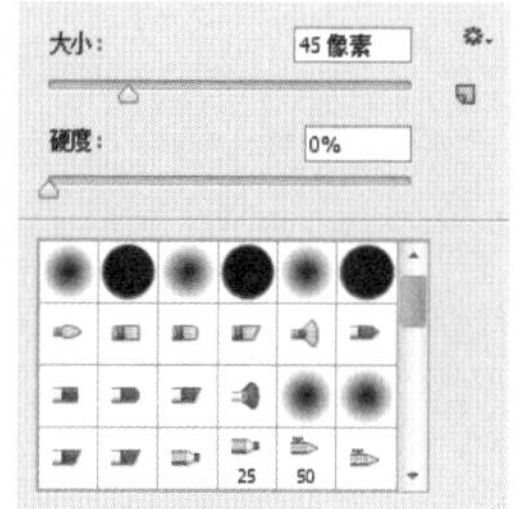


图6-97　　图6-98

图6-99

（4）单击选中“曲线2”图层的蒙版缩览图，如图6-100所示。选择“画笔”工具，在图像暗光部分进行涂抹，加深图像，如图6-101所示。光影修饰完成。

图6-100

图6-101

# 6.3 综合实例——制作杂志封面

【案例学习目标】学习使用修图工具修饰人物。

【案例知识要点】使用套索工具、羽化选区命令、变形命令、图层蒙版、画笔工具和液化命令修复人物体形，使用修补工具、污点修复画笔工具和仿制图章工具修复人物瑕疵，使用曲线调整层、填充命令和画笔工具修复光影，使用可选颜色命令、加深工具、图层面板、阴影/高光命令、色彩平衡调整层和照片滤镜调整层调整人物局部和整体颜色，最终效果如图6-102所示。

【效果所在位置】Ch06/效果/制作杂志封面.psd。

图6-102

## 1. 修复人物

（1）按Ctrl+O组合键，打开本书学习资源中的“Ch06 > 素材 > 制作杂志封面 > 01”文件，如图6-103所示。选择“套索”工具，在右脸颊处绘制选区，如图6-104所示。

（2）按Shift+F6组合键，弹出“羽化选区”对话框，设置如图6-105所示，单击“确定”按钮，羽化选区，如图6-106所示。

图6-103

图6-104

羽化选区
羽化半径(R): 8 像素
确定
取消

图6-105

图6-106

（3）按Ctrl+J组合键，复制选区内图像，如图6-107所示。按Ctrl+T组合键，图像周围出现变换框，在变换框中单击鼠标右键，在弹出的菜单中选择“变形”命令，进行瘦脸操作，按Enter键确认操作，效果如图6-108所示。

图6-107

图6-108

（4）单击“图层”控制面板下方的“添加图层蒙版”按钮，为图层添加蒙版。将前景色设为黑色。选择“画笔”工具，单击“画笔”选项右侧的按钮，在弹出的面板中选择并设置画笔，在图像窗口中涂抹衔接不自然的地方，融合图像，如图6-109所示。

图6-109

图6-110

图6-111

（5）选取“背景”图层。选择“套索”工具，在左脸颊处绘制选区，如图6-110所示。按Shift+F6组合键，在弹出的“羽化选区”对话框中进行设置，如图6-111所示，单击“确定”按钮，羽化选区。

（6）按Ctrl+J组合键，复制选区内图像，并将其置于顶层，如图6-112所示。按Ctrl+T组合键，图像周围出现变换框，在变换框中单击鼠标右键，在弹出的菜单中选择“变形”命令，进行瘦脸操作，按Enter键确认操作，效果如图6-113所示。

图6-112

图6-113

（7）单击“图层”控制面板下方的“添加图层蒙版”按钮，为图层添加蒙版。选择“画笔”工具，涂抹衔接不自然的地方，制作融合效果，如图6-114所示。选取“背景”图层。选择“套索”工具，在手臂上绘制选区，如图6-115所示。按Shift+F6组合键，在弹出的“羽化选区”对话框中进行设置，如图6-116所示，单击“确定”按钮，羽化选区。

图6-114

图6-115

图6-116

（8）按Ctrl+J组合键，复制选区内图像并将其置于顶层，如图6-117所示。按Ctrl+T组合键，图像周围出现变换框，在变换框中单击鼠标右键，在弹出的菜单中选择“变形”命令，进行瘦脸操作，按Enter键确认操作，效果如图6-118所示。为图层添加蒙版并选择“画笔”工具，涂抹衔接不自然的地方，制作融合效果，如图6-119所示。

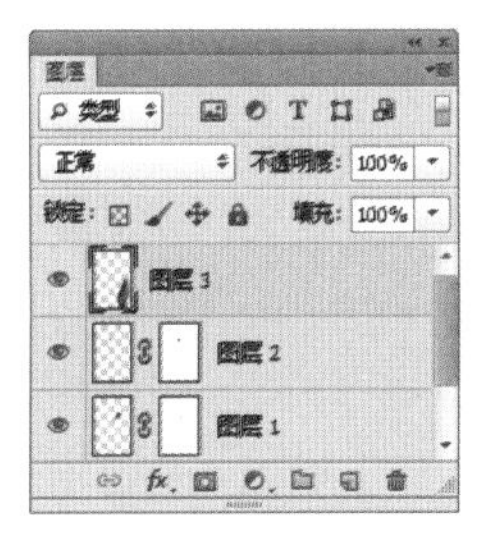


图6-117

图6-118　　　　图6-119

（9）选取“背景”图层。选择“套索”工具，在小臂上绘制选区，如图6-120所示。按Shift+F6组合键，在弹出的“羽化选区”对话框中进行设置，如图6-121所示，单击“确定”按钮，羽化选区。

图6-120

图6-121

（10）按Ctrl+J组合键，复制选区内图像并将其置于顶层，如图6-122所示。按Ctrl+T组合键，图像周围出现变换框，在变换框中单击鼠标右键，在弹出的菜单中选择“变形”命令，进行瘦小臂操作，按Enter键确认操作，效果如图6-123所示。为图层添加蒙版并选择“画笔”工具，涂抹衔接不自然的地方，制作融合效果，如图6-124所示。

图6-122

图6-123　　　　图6-124

（11）按Alt+Shift+Ctrl+E组合键，盖印图层，如图6-125所示。选择“滤镜 > 液化”命令，弹出“液化”对话框，修复腰部、脸部、头发和头部图像，如图6-126所示，单击“确定”按钮，图像效果如图6-127所示。

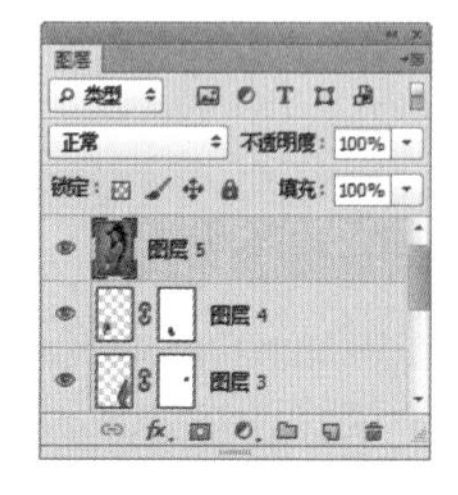


图6-125

图6-126

图6-127

（12）选择“修补”工具，在帽子的脏点上绘制选区，如图6-128所示。将选区拖曳到目标位置，松开鼠标修补脏点，如图6-129所示。选择“污点修复画笔”工具，在属性栏中单击“画笔”选项右侧的按钮，弹出画笔选择面板，设置如图6-130所示，在脸上的痘痘处单击鼠标，去除痘痘，如图6-131所示。

图6-128

图6-129

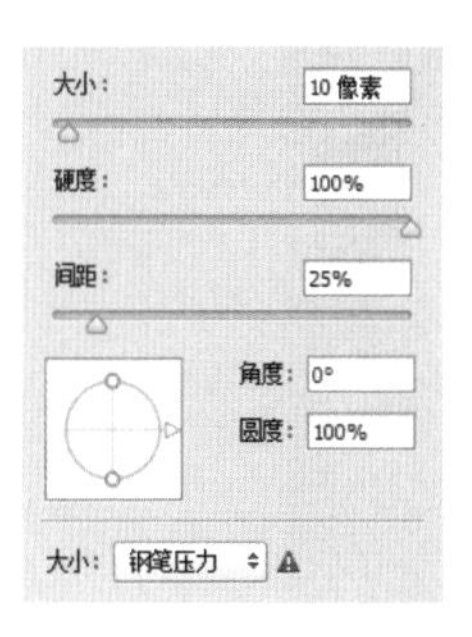


图6-130

图6-131

（13）选择“钢笔”工具，在属性栏的“选择工具模式”选项中选择“路径”，沿着头发的外轮廓绘制路径，如图6-132所示。按Ctrl+Enter组合键，将路径转换为选区，如图6-133所示。选择“选择 > 修改 > 羽化”命令，在弹出的对话框中进行设置，如图6-134所示，单击“确定”按钮，羽化选区，如图6-135所示。

图6-132

图6-133

图6-134

图6-135

（14）选择“仿制图章”工具，在属性栏中单击“画笔”选项右侧的按钮，弹出画笔选择面板，设置如图6-136所示。将“不透明度”选项设为100%，按住Alt键的同时，单击背景吸取背景颜色，如图6-137所示。松开Alt键，在选区内进行涂抹，去除杂乱的头发，如图6-138所示。取消选区。

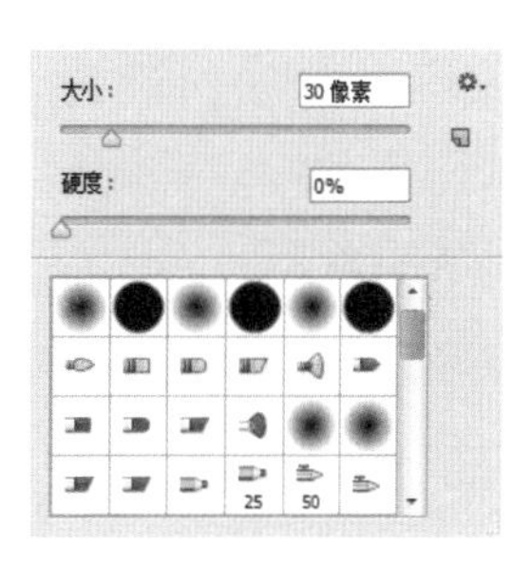


图6-136

图6-137

图6-138

（15）选择“修补”工具[icon]，在眼袋上绘制选区，如图6-139所示。将选区拖曳到目标位置，松开鼠标，修补眼袋，取消选区，效果如图6-140所示。用相同的方法修复另一个眼袋，如图6-141所示。

图6-139

图6-140

图6-141

（16）单击“图层”控制面板下方的“创建新的填充或调整图层”按钮[icon]，选择“曲线”命令，在“图层”控制面板中生成“曲线1”图层。同时弹出“曲线”面板，调整曲线，如图6-142所示，使图像变亮，如图6-143所示。

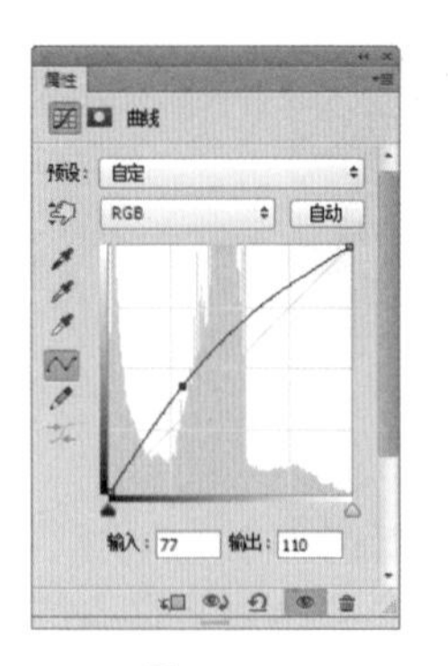


图6-142

图6-143

（17）按Alt+Delete组合键，填充为黑色，如图6-144所示，遮挡调亮的图像。将前景色设为白色，背景色设为黑色。选择“画笔”工具[icon]，单击属性栏中“画笔”选项右侧的按钮[icon]，在弹出的面板中选择并设置画笔，如图6-145所示。将“不透明度”选项设为60%，在图像窗口中的脸和手上涂抹，如图6-146所示。

图6-144

图6-145

图6-146

（18）单击“图层”控制面板下方的“创建新的填充或调整图层”按钮[icon]，选择“曲线”命令，在“图层”控制面板中生成“曲线2”图层。同时弹出“曲线”面板，调整曲线，如图6-147所示，使图像变暗，如图6-148所示。

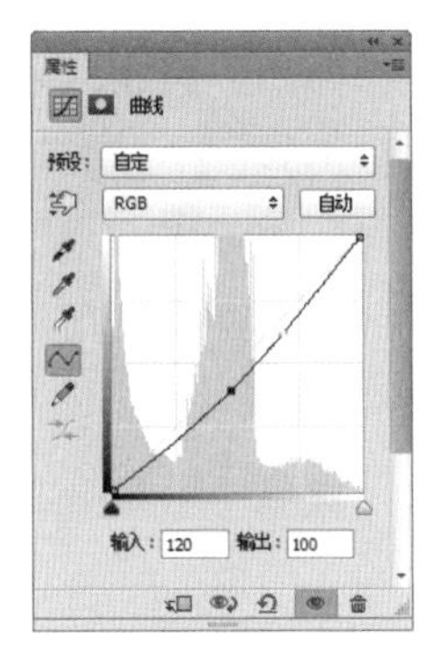


图6-147

图6-148

（19）按Ctrl+Delete组合键，填充为黑色，如图6-149所示，遮挡调暗的图像。选择“画笔”工具，在图像窗口中的身体上涂抹，如图6-150所示。按Alt+Shift+Ctrl+E组合键，盖印图层，如图6-151所示。

图6-149

图6-150

图6-151

### 2. 调整颜色

（1）选择“套索”工具，单击属性栏中的“添加到选区”按钮，在两个眼睛处绘制选区，如图6-152所示。按Shift+F6组合键，在弹出的“羽化选区”对话框中进行设置，如图6-153所示，单击“确定”按钮，羽化选区。

图6-152

图6-153

（2）选择“图像 > 调整 > 可选颜色”命令，在弹出的对话框中进行设置，如图6-154所示，单击“确定”按钮，调整选区内颜色，取消选区，效果如图6-155所示。

图6-154

图6-155

（3）选择“套索”工具，在嘴巴上绘制选区，如图6-156所示。按Shift+F6组合键，在弹出的“羽化选区”对话框中进行设置，如图6-157所示，单击“确定”按钮，羽化选区。

图6-156

图6-157

（4）选择“图像 > 调整 > 可选颜色”命令，在弹出的对话框中进行设置，如图6-158所示，单击“确定”按钮，调整选区内颜色，取消选区，如图6-159所示。

图6-158

图6-159

（5）选择“加深”工具，单击属性栏中“画笔”选项右侧的按钮，在弹出的面板中选择并设置画笔，如图6-160所示。将“曝光度”选项设为20%，在图像窗口中的眉毛上涂抹，加深颜色，效果如图6-161所示。

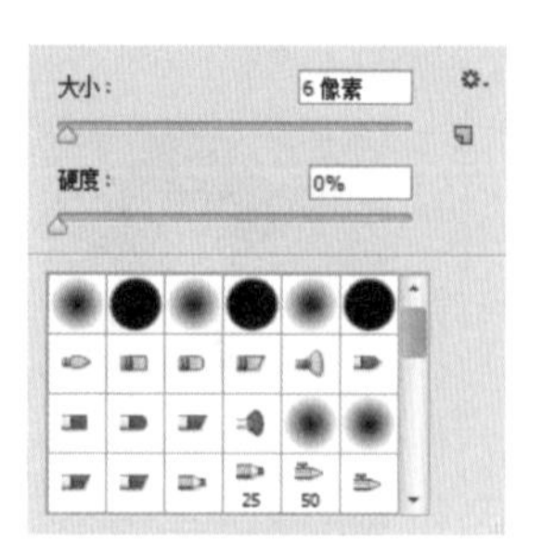

图6-160　　图6-161

（6）选择“套索”工具，在左眼上绘制选区，如图6-162所示。按Shift+F6组合键，在弹出的“羽化选区”对话框中进行设置，如图6-163所示，单击“确定”按钮，羽化选区。

图6-162

图6-163

（7）按Ctrl+J组合键，复制选区内的图像，如图6-164所示。在“图层”控制面板上方，将该图层的混合模式选项设为“滤色”，“不透明度”选项设为23%，如图6-165所示，按Enter键确认操作，效果如图6-166所示。用相同的方法调整右侧的眼睛，效果如图6-167所示。

图6-164　　图6-165

图6-166

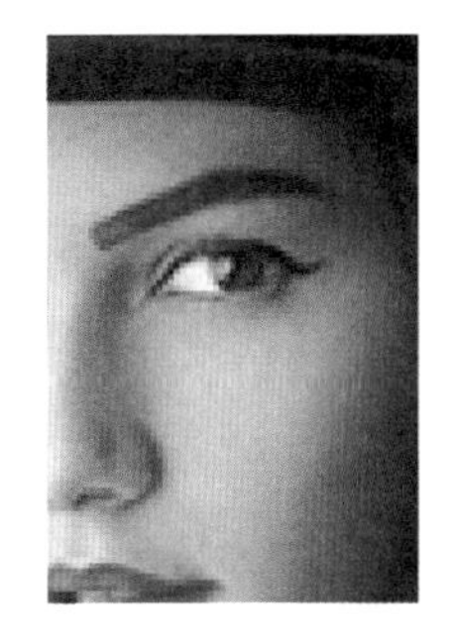

图6-167

（8）选择“图层6”。选择“钢笔”工具，在嘴唇上绘制路径，如图6-168所示。按Ctrl+Enter组合键，将路径转换为选区，如图6-169所示。

图6-168

图6-169

（9）按Shift+F6组合键，在弹出的“羽化选区”对话框中进行设置，如图6-170所示，单击“确定”按钮，羽化选区。按Ctrl+J组合键，复制选区中的内容并将其拖到所有图层的上方，如图6-171所示。

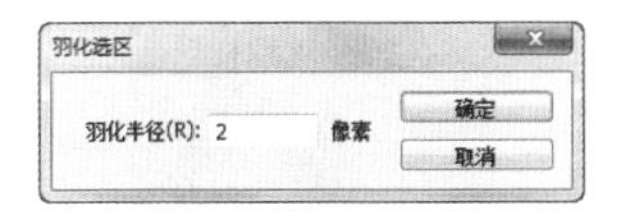


图6-170

图6-171

（10）单击“图层”控制面板下方的“创建新的填充或调整图层”按钮，选择“曲线”命令，在“图层”控制面板中生成“曲线3”图层。同时弹出“曲线”面板，调整曲线，单击按钮，如图6-172所示，调整图像，效果如图6-173所示。

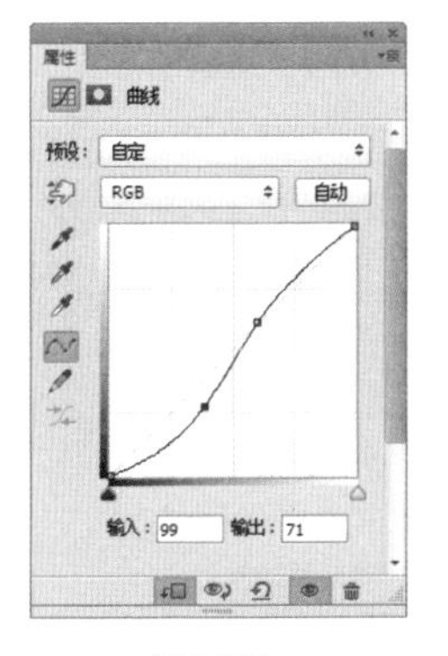


图6-172

图6-173

（11）单击“图层”控制面板下方的“创建新的填充或调整图层”按钮，选择“色相/饱和度”命令，在“图层”控制面板中生成“色相/饱和度1”图层。同时弹出“色相/饱和度”面板，设置如图6-174所示，调整图像，效果如图6-175所示。

图6-174

图6-175

（12）选择“图层6”。选择“磁性套索”工具，选中属性栏中的“添加到选区”按钮，在头发上绘制选区，如图6-176所示。按Shift+F6组合键，在弹出的“羽化选区”对话框中进行设置，如图6-177所示，单击“确定”按钮，羽化选区。

图6-176

图6-177

（13）按Ctrl+J组合键，复制选区内的图像并拖曳到所有图层的上方，如图6-178所示。选择“图像 > 调整 > 阴影/高光”命令，在弹出的对话框中进行设置，如图6-179所示，单击“确定”按钮，调整图像，如图6-180所示。

图6-178

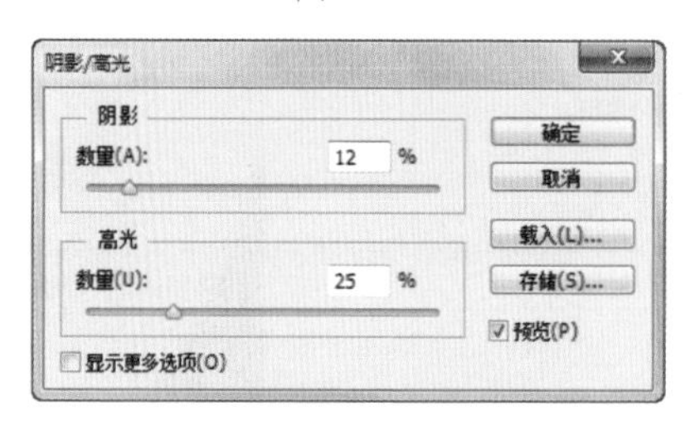


图6-179

图6-180

（14）选择“画笔”工具，单击属性栏中“画笔”选项右侧的按钮，在弹出的面板中选择并设置画笔，如图6-181所示，将“不透明度”选项设为60%，在头发的高光部分进行涂抹，如图6-182所示。

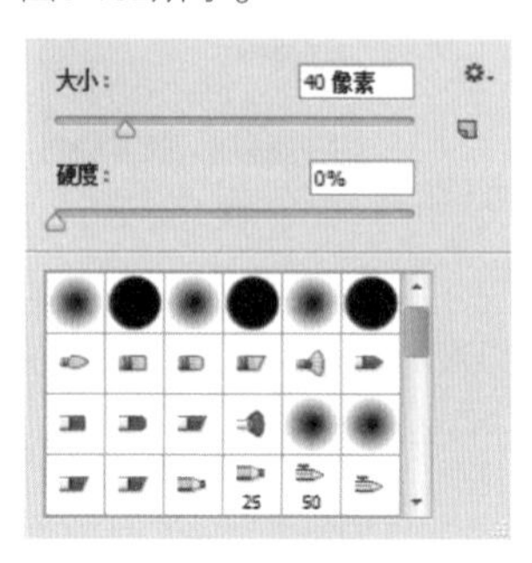


图6-181

图6-182

（15）将“图层10”拖曳到控制面板下方的“创建新图层”按钮上，复制图层，如图6-183所示。将该图层的混合模式选项设为“颜色”，如图6-184所示，图像效果如图6-185所示。

图6-183

图6-184

图6-185

（16）单击“图层”控制面板下方的“创建新的填充或调整图层”按钮，选择“可选颜色”命令，在“图层”控制面板中生成“可选颜色1”图层。同时弹出“可选颜色”面板，选择“蓝色”，设置如图6-186所示；选择“中性色”，设置如图6-187所示。按Enter键确认操作，效果如图6-188所示。

图6-186

图6-187

图6-188

（17）单击“图层”控制面板下方的“创建新的填充或调整图层”按钮，选择“色彩平衡”命令，在“图层”控制面板中生成“色彩平衡1”图层。同时弹出“色彩平衡”面板，选择“中间调”，设置如图6-189所示；选择“阴影”，设置如图6-190所示；选择“高光”，设置如图6-191所示。按Enter键确认操作，效果如图6-192所示。

图6-189

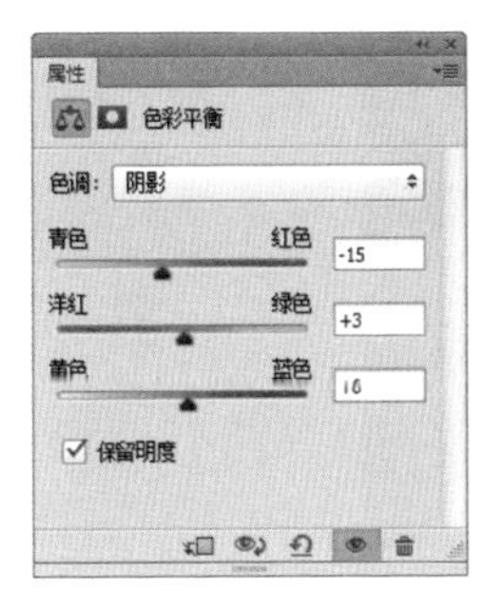


图6-190

图6-191

图6-192

（18）单击“图层”控制面板下方的“创建新的填充或调整图层”按钮，选择“照片滤镜”命令，在“图层”控制面板中生成“照片滤镜1”图层。同时弹出“照片滤镜”面板，设置如图6-193所示，图像效果如图6-194所示。按Alt+Shift+Ctrl+E组合键，盖印图层，如图6-195所示。

图6-193

图6-194

图6-195

### 3. 制作封面

（1）按Ctrl+O组合键，打开本书学习资源中的“Ch06 > 素材 > 制作杂志封面 > 02”文件，如图6-196所示。选择“移动”工具，将盖印好的人物图像拖曳到02文件中，并调整其大小和位置，如图6-197所示。

图6-196

图6-197

（2）在“图层”控制面板上方，将该图层的混合模式选项设为“正片叠底”，如图6-198所示，图像效果如图6-199所示。按Ctrl+O组合键，打开本书学习资源中的“Ch06 > 素材 > 制作杂志封面 > 03”文件，选择“移动”工具，将文字图像拖曳到新建的文件中，并调整其位置，图像效果如图6-200所示。杂志封面制作完成。

图6-198

图6-199

图6-200

## 课堂练习——制作大头贴模板

**【练习知识要点】**使用仿制图章工具修补照片，使用高斯模糊命令和剪贴蒙版命令制作照片效果，最终效果如图6-201所示。

**【效果所在位置】**Ch06/效果/制作大头贴模板.psd。

图6-201

## 课后习题——制作发廊宣传单

**【习题知识要点】**使用缩放命令调整图像大小，使用红眼工具去除人物红眼，使用仿制图章工具修复人物图像上的斑纹，使用污点修复画笔工具修复照片破损处，最终效果如图6-202所示。

**【效果所在位置】**Ch06/效果/制作发廊宣传单.psd。

图6-202

# 第 7 章

# 调色

## 本章介绍

图像的色调直接关系着图像表达的内容，不同的颜色倾向具有不同的表达效果，调色还可以修正一些拍摄失败的图片。本章介绍调色与颜色的概念、常用语、图像不足之处的调整方法和特殊色调的调色方法。通过对本章的学习，读者可以根据不同的需求应用多种调整命令制作出绚丽多彩的图像。

## 学习目标

- ◆ 了解调色的概念和常用语。
- ◆ 掌握不同的调色方法。
- ◆ 掌握综合案例的调色技巧。

## 技能目标

- ◆ 掌握画面暗淡图像的调整方法。
- ◆ 掌握偏色图像的调整方法。
- ◆ 掌握曝光不足图像的调整方法。
- ◆ 掌握特殊色调图像的调整方法。
- ◆ 掌握汽车广告的制作方法。

# 7.1 调色基础

## 7.1.1 调色的概念

数码相机由于本身原理和构造的特殊性，加之摄影者技术方面的原因，拍摄出来的照片往往存在曝光不足、画面黯淡、偏色等缺憾。在Photoshop中，使用调整命令可以解决原始照片的这些缺憾，根据创作意图改变图像整体或局部的颜色以及更改图片的意境等。

## 7.1.2 调色常用语

色彩的不同相貌称为色相，色彩的鲜艳程度称为饱和度，色彩的明暗程度称为明度。

图像中亮的区域称为高光，不太亮也不太暗的区域称为中间调，图像上暗的区域称为阴影，如图7-1所示。

原图

高光

中间调

阴影

图7-1

色调是照片中色彩的倾向，一张照片虽然有多种颜色，但总体有一种倾向，是偏蓝还是偏红，是偏冷或是偏暖等，如图7-2所示。

偏暖

偏冷

图7-2

曝光过度的照片会表现出高色调效果，在人物摄影中可使皮肤色彩变淡、色调洁净，在风光摄影中会产生强烈、醒目的气氛。曝光不足的照片会呈现出低色调效果，使人看起来沉稳、哀伤，如图7-3所示。

曝光过度

曝光不足

图7-3

# 7.2 调色实战

## 7.2.1 调整太暗的图片

**【案例学习目标】**学习使用调色命令调整太暗的图片。

**【案例知识要点】**使用色阶命令调整太暗的图片，最终效果如图7-4所示。

**【效果所在位置】**Ch07/效果/调整太暗的图片.jpg。

图7-4

（1）按Ctrl+O组合键，打开本书学习资源中的“Ch07 > 素材 > 调整太暗的图片 > 01”文件，如图7-5所示。

图7-5

（2）选择“图像 > 调整 > 色阶”命令，在弹出的对话框中进行设置，如图7-6所示，单击“确定”按钮，提高画面亮度，效果如图7-7所示。太暗的图片调整完成。

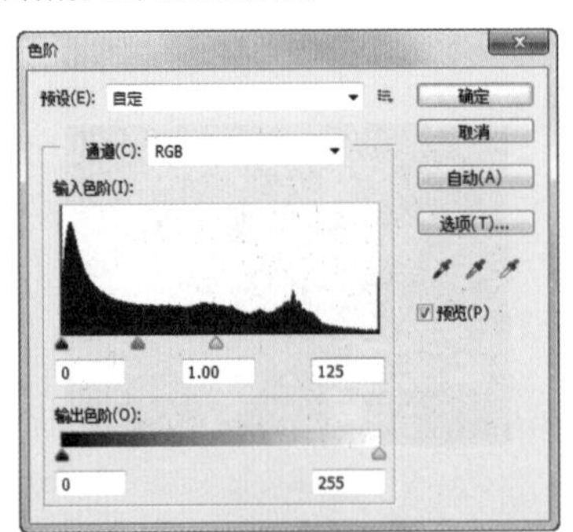


图7-6

图7-7

## 7.2.2 调整偏红的图片

**【案例学习目标】**学习使用调色命令调整偏红的图片。

**【案例知识要点】**使用曲线命令调整偏红的图片，最终效果如图7-8所示。

**【效果所在位置】**Ch07/效果/调整偏红的图片.jpg。

图7-8

（1）按Ctrl+O组合键，打开本书学习资源中的“Ch07 > 素材 > 调整偏红的图片 > 01”文件，如图7-9所示。

图7-9

（2）选择“图像 > 调整 > 曲线”命令，弹出对话框，选择“红”通道，设置如图7-10所示，调整图片，效果如图7-11所示。

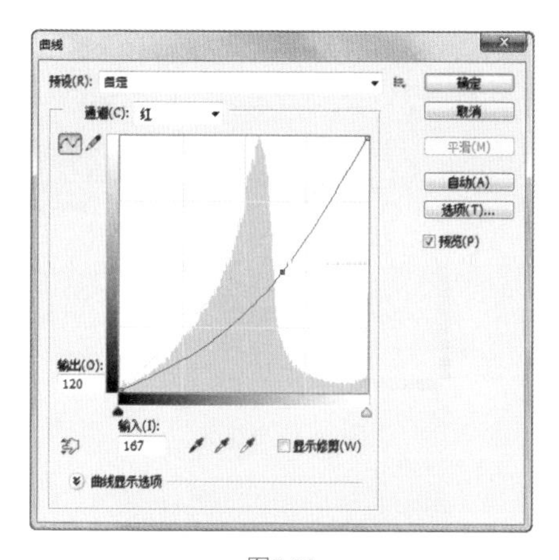


图7-10

图7-11

（3）选择“RGB”通道，设置如图7-12所示，单击“确定”按钮，调整图片，效果如图7-13所示。偏红的图片调整完成。

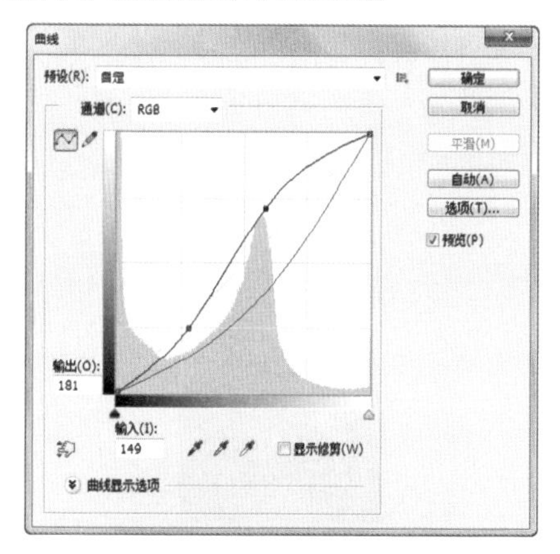


图7-12

图7-13

## 7.2.3　调整偏绿的图片

**【案例学习目标】**学习使用调色命令调整偏绿的图片。

**【案例知识要点】**使用曲线命令调整偏绿的图片，最终效果如图7-14所示。

**【效果所在位置】**Ch07/效果/调整偏绿的图片.jpg。

图7-14

（1）按Ctrl+O组合键，打开本书学习资源中的“Ch07 > 素材 > 调整偏绿的图片 > 01”文件，如图7-15所示。

图7-15

（2）选择“图像 > 调整 > 曲线”命令，在弹出的对话框中进行设置，如图7-16所示，单击“确定”按钮，调整图像，效果如图7-17所示。

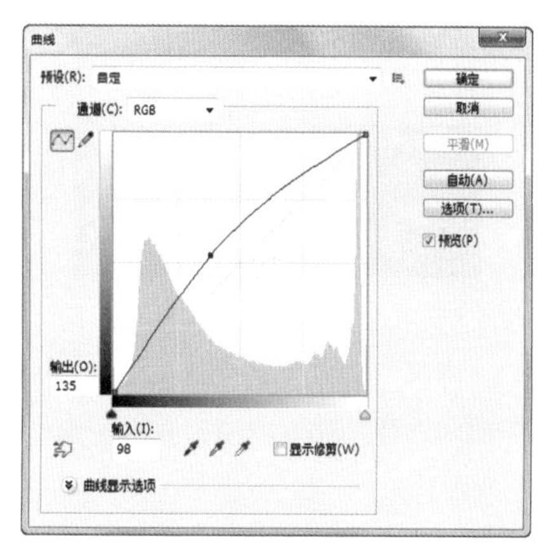


图7-16

图7-17

（3）选择“魔棒”工具，在属性栏中将“容差”设置为100，单击天空和白云，生成选区，如图7-18所示。按Shift+Ctrl+I组合键，将选区反选，如图7-19所示。

图7-18

图7-19

（4）按Shift+F6组合键，在弹出的“羽化选区”对话框中进行设置，如图7-20所示，单击“确定”按钮，羽化选区，如图7-21所示。

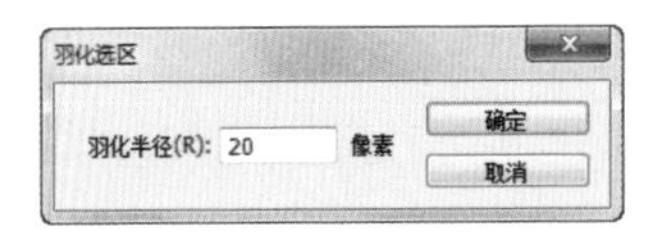


图7-20

图7-21

（5）选择“图像 > 调整 > 曲线”命令，弹出对话框，选择“绿”通道，设置如图7-22所示，调整图像。按Ctrl+D组合键，取消选区，如图7-23所示。偏绿的图片调整完成。

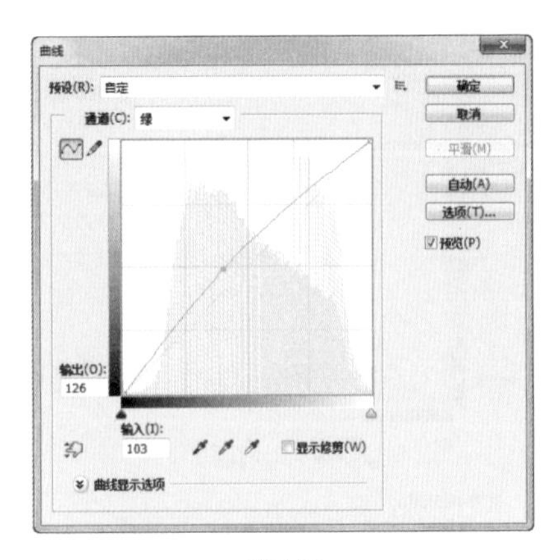


图7-22

图7-23

## 7.2.4 调整不饱和的图片

**【案例学习目标】**学习使用调色命令调整不饱和的图片。

**【案例知识要点】**使用魔棒工具、羽化选区命令和曲线命令调整不饱和的图片，最终效果如图7-24所示。

图7-24

**【效果所在位置】**Ch07/效果/调整不饱和的图片.jpg。

（1）按Ctrl+O组合键，打开本书学习资源中的“Ch07 > 素材 > 调整不饱和的图片 > 01”文件，如图7-25所示。选择“魔棒”工具，在属性栏中将“容差”设置为100，单击背景，生成选区，如图7-26所示。按Shift+Ctrl+I组合键，将选区反选，如图7-27所示。

图7-25

图7-26

图7-27

（2）按Shift+F6组合键，在弹出的“羽化选区”对话框中进行设置，如图7-28所示，单击“确定”按钮，羽化选区，如图7-29所示。

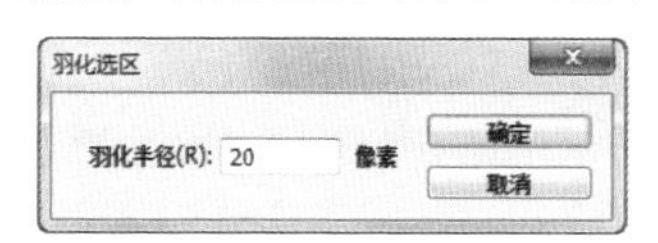


图7-28

图7-29

（3）选择“图像 > 调整 > 色相/饱和度”命令，在弹出的对话框中进行设置，如图7-30所示，单击“确定”按钮，调整图像，效果如图7-31所示。不饱和的图片调整完成。

图7-30

图7-31

## 7.2.5　调整曝光不足的图片

**【案例学习目标】**学习使用调色命令调整曝光不足的图片。

**【案例知识要点】**使用曲线命令和阴影/高光命令调整曝光不足的图片，最终效果如图7-32所示。

**【效果所在位置】**Ch07/效果/调整曝光不足的图片.jpg。

图7-32

（1）按Ctrl+O组合键，打开本书学习资源中的“Ch07 > 素材 > 调整曝光不足的图片 > 01”文件，如图7-33所示。

图7-33

（2）选择“图像 > 调整 > 曲线”命令，在弹出的对话框中进行设置，如图7-34所示。再次在曲线上单击添加控制点，拖曳鼠标调整控制点位置，如图7-35所示。

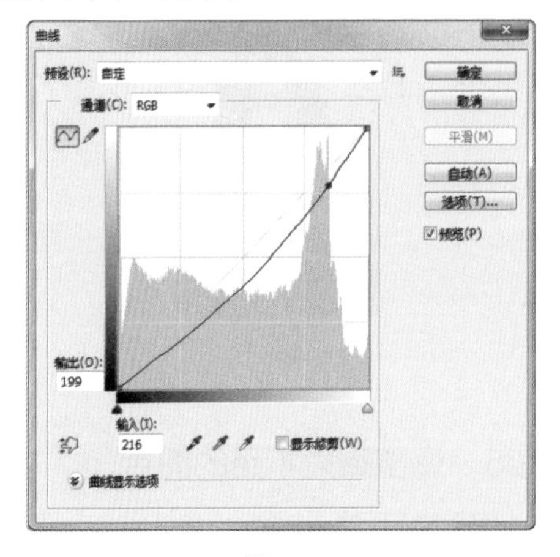


图7-34

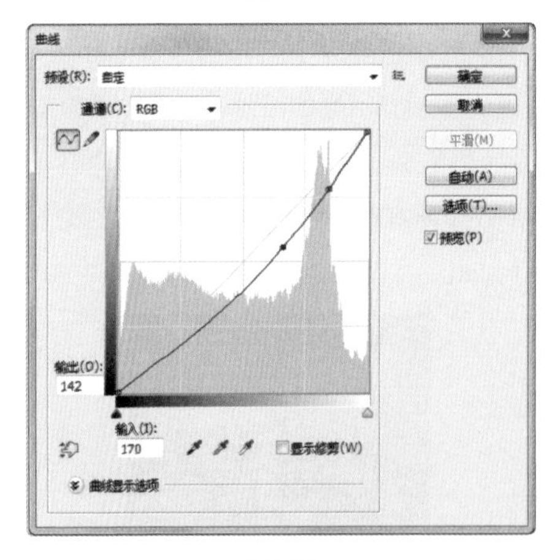


图7-35

（3）再次在曲线上单击添加控制点，拖曳鼠标调整控制点位置，加强对比，如图7-36所示，单击“确定”按钮，效果如图7-37所示。

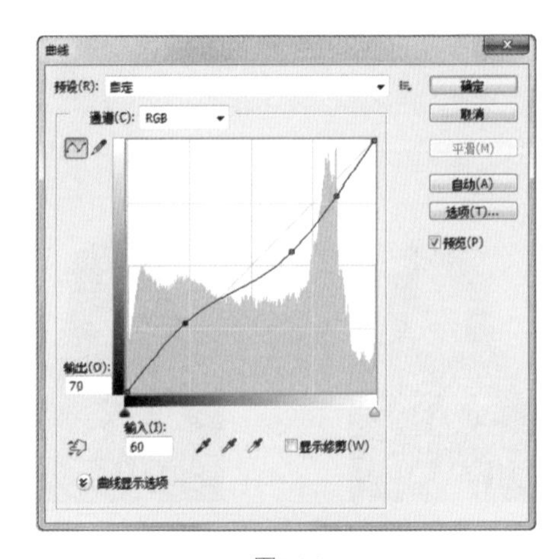


图7-36

图7-37

（4）选择“图像 > 调整 > 阴影/高光”命令，在弹出的对话框中进行设置，如图7-38所示，单击“确定”按钮，效果如图7-39所示。曝光不足的图片调整完成。

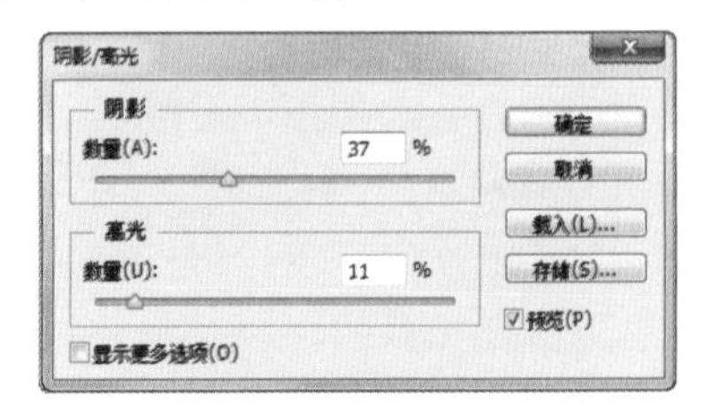


图7-38

图7-39

## 7.2.6 高贵项链

**【案例学习目标】**学习使用调色命令制作高贵项链。

【案例知识要点】使用图层控制面板、可选颜色调整层、色彩平衡调整层和曲线调整层调整高光，使用画笔工具添加亮光，使用横排文字工具添加文字，最终效果如图7-40所示。

图7-40

【效果所在位置】Ch07/效果/高贵项链.psd。

（1）按Ctrl+O组合键，打开本书学习资源中的“Ch07 > 素材 > 高贵项链 > 01”文件，如图7-41所示。按Alt+Ctrl+2组合键，载入图像高光区域选区，如图7-42所示。

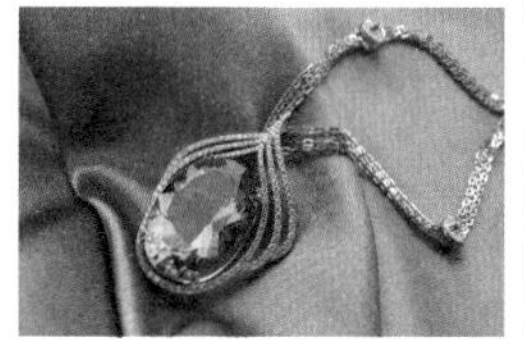

图7-41　　图7-42

（2）按Shift+Ctrl+I组合键，将选区反选，如图7-43所示。按Ctrl+J组合键，复制选区中的图像，如图7-44所示。

图7-43　　图7-44

（3）在“图层”控制面板上方，将混合模式选项设为“滤色”，“不透明度”选项设为30%，如图7-45所示，按Enter键确认操作，效果如图7-46所示。

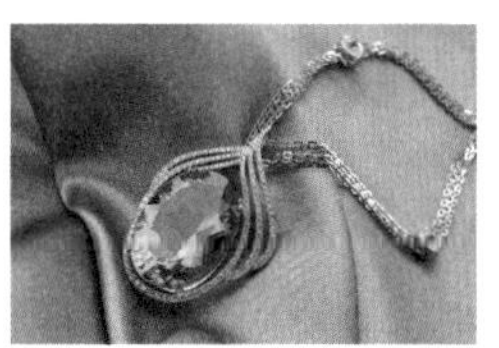

图7-45　　图7-46

（4）单击“图层”控制面板下方的“创建新的填充或调整图层”按钮，在弹出的菜单中选择“可选颜色”命令，在“图层”控制面板中生成“可选颜色1”图层。同时弹出“可选颜色”面板，选择“黄色”，设置如图7-47所示，选择“白色”，设置如图7-48所示，选择“黑色”，设置如图7-49所示，调整图像，如图7-50所示。

图7-47　　图7-48

图7-49　　图7-50

（5）单击“图层”控制面板下方的“创建新的填充或调整图层”按钮，在弹出的菜单中选择“色彩平衡”命令，在“图层”控制面板中生成“色彩平衡1”图层。同时弹出“色彩平衡”面板，选择“阴影”，设置如图7-51所示，选择“高光”，设置如图7-52所示，调整图像，如图7-53所示。

图7-51

图7-52

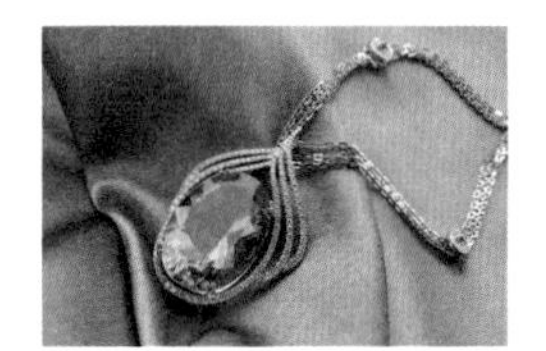

图7-53

（6）按Alt+Shift+Ctrl+E组合键，盖印可见层，如图7-54所示。按Alt+Ctrl+2组合键，载入高光选区，如图7-55所示。按Shift+Ctrl+I组合键，将选区反选，如图7-56所示。

图7-54

图7-55

图7-56

（7）单击“图层”控制面板下方的“创建新的填充或调整图层”按钮，在弹出的菜单中选择“曲线”命令，在“图层”控制面板中生成“曲线1”图层。同时弹出“曲线”面板，将“预设”选项设为“较亮（RGB）”，如图7-57所示，图像效果如图7-58所示。

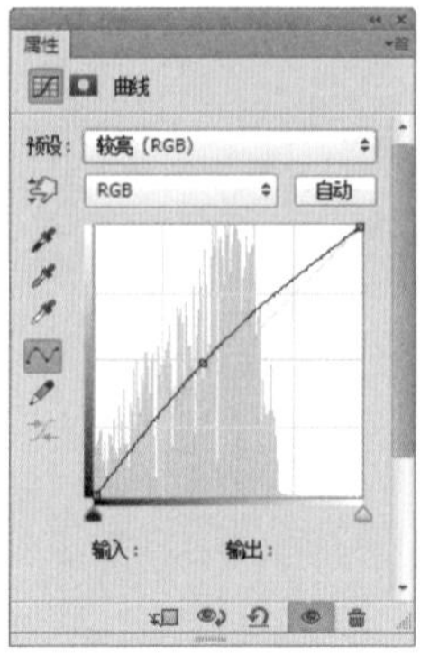


图7-57

图7-58

（8）单击“图层”控制面板下方的“创建新的填充或调整图层”按钮，在弹出的菜单中选择“色阶”命令，在“图层”控制面板中生成“色阶1”图层。同时弹出“色阶”面板，调整阴影和高光的输入色阶，设置如图7-59所示，按Enter键确认操作，效果如图7-60所示。

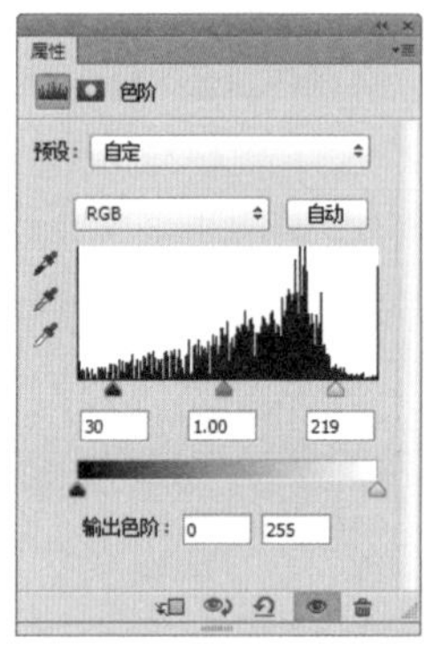


图7-59

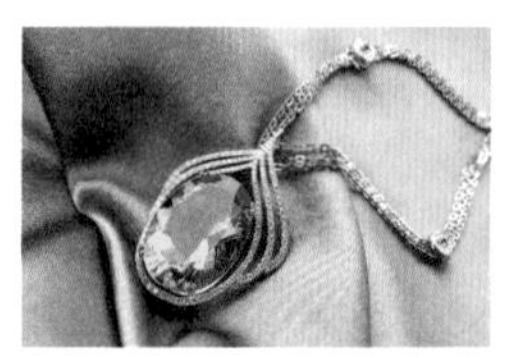

图7-60

（9）按Alt+Shift+Ctrl+E组合键，盖印可见层，如图7-61所示。将前景色设为白色。选择“画笔”工具，在属性栏中单击“画笔”选项右侧的按钮，弹出画笔选择面板，单击右上方的按钮，在弹出的菜单中选择“混合画笔”，弹出提示对话框，单击“追加”按钮。选择需要的画笔，如图7-62所示，在图像上单击添加高光，如图7-63所示。

图7-61

图7-62

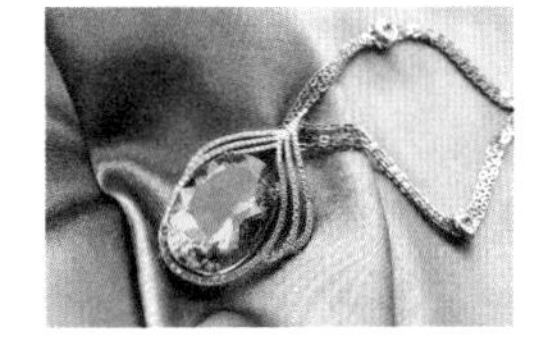

图7-63

（10）按Ctrl+J组合键，复制图像，如图7-64所示。在“图层”控制面板上方，将副本图层的混合模式选项设为“柔光”，“不透明度”选项设为80%，如图7-65所示，按Enter键确认操作，图像效果如图7-66所示。

图7-64

图7-65

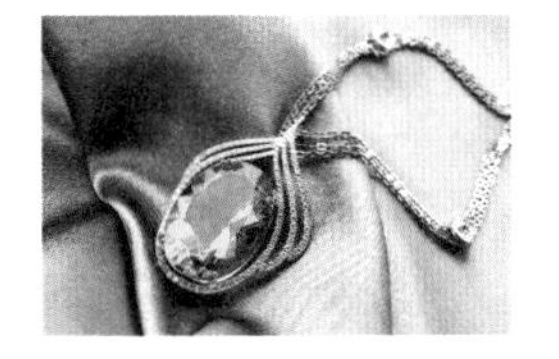

图7-66

（11）选择“横排文字”工具T，输入需要的文字并选取文字，在属性栏中选择合适的字体并设置文字大小，如图7-67所示。选择“窗口 > 字符”命令，弹出“字符”控制面板，设置如图7-68所示，按Enter键确认操作，效果如图7-69所示。高贵项链制作完成。

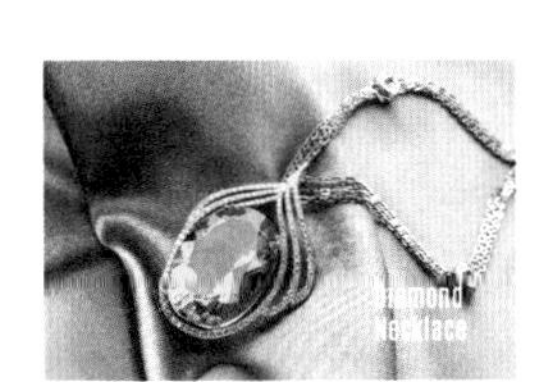

图7-67

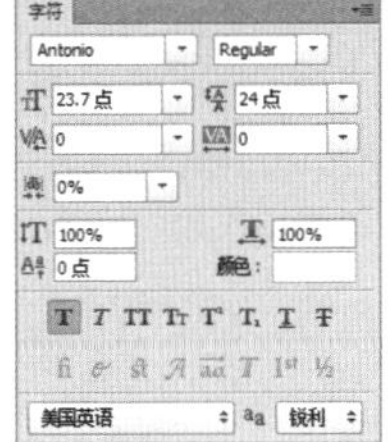


图7-68

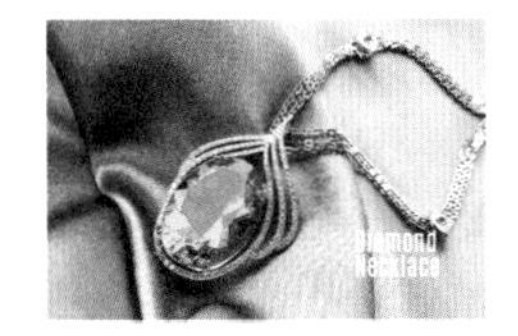

图7-69

## 7.2.7 日系暖色调

**【案例学习目标】**学习使用调色命令制作日系暖色调。

**【案例知识要点】**使用曲线、色相/饱和度、可选颜色和照片滤镜调整层调整图片，最终效果如图7-70所示。

**【效果所在位置】**Ch07/效果/日系暖色调.psd。

图7-70

（1）按Ctrl+O组合键，打开本书学习资源中的“Ch07 > 素材 > 日系暖色调 > 01”文件，如图7-71所示。按Ctrl+J组合键，复制“背景”图层，如图7-72所示。

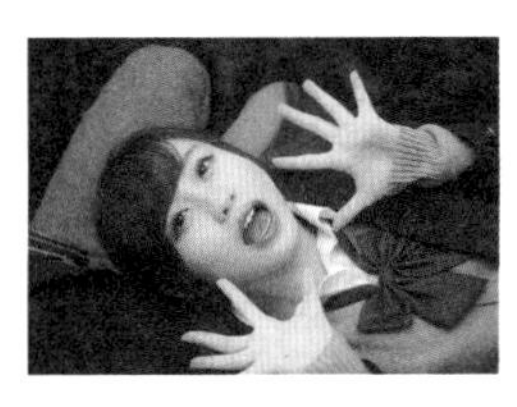

图7-71

图7-72

（2）在“图层”控制面板上方，将“图层1”的混合模式设置为“滤色”，“不透明度”设置为60%，如图7-73所示，按Enter键确认操作，图像效果如图7-74所示。

图7-73

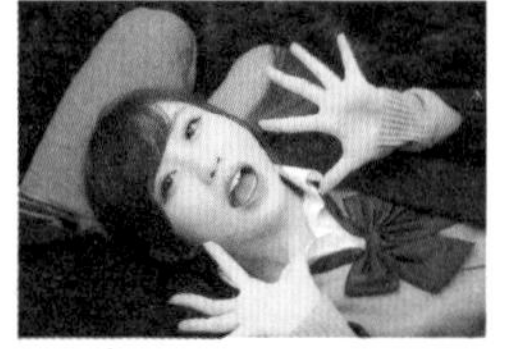

图7-74

（3）单击“图层”控制面板下方的“创建新的填充或调整图层”按钮，在弹出的菜单中选择“曲线”命令，在“图层”控制面板中生成“曲线1”图层。同时弹出“曲线”面板，选择“红”通道，设置如图7-75所示；选择“绿”通道，设置如图7-76所示；选择“蓝”通道，设置如图7-77所示，调整图像，效果如图7-78所示。

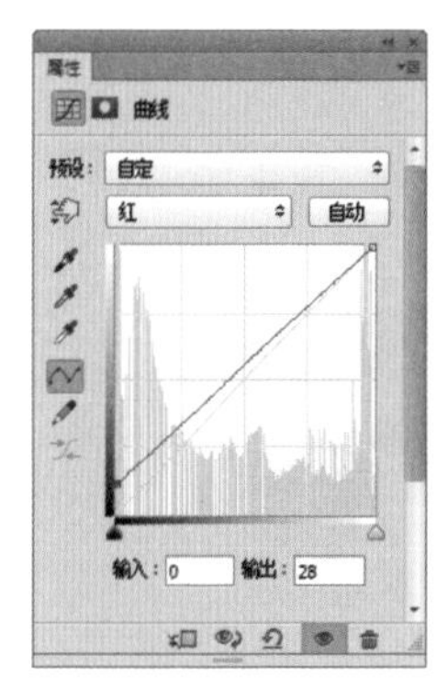


图7-75

图7-76

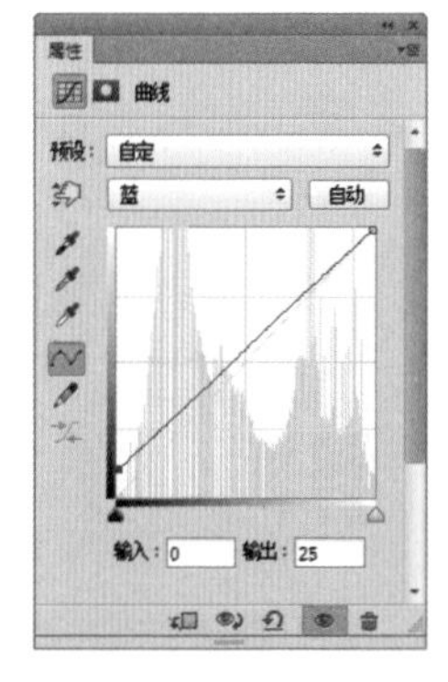


图7-77

图7-78

（4）单击“图层”控制面板下方的“创建新的填充或调整图层”按钮，在弹出的菜单中选择“色相/饱和度”命令，在“图层”控制面板中生成“色相/饱和度1”图层。同时弹出“色相/饱和度”面板，设置如图7-79所示，按Enter键确认操作，图像效果如图7-80所示。

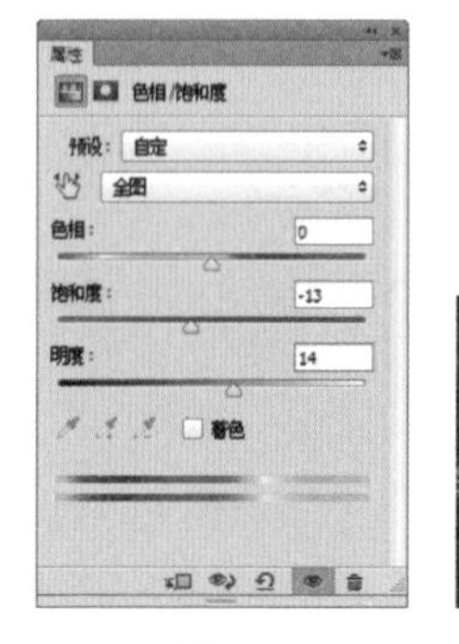


图7-79

图7-80

（5）单击“图层”控制面板下方的“创建新的填充或调整图层”按钮，在弹出的菜单中选择“可选颜色”命令，在“图层”控制面板中生成“可选颜色1”图层。同时弹出“可选颜色”面板，选择“中性色”，设置如图7-81所示，按Enter键确认操作，图像效果如图7-82所示。

图7-81

图7-82

（6）单击“图层”控制面板下方的“创建新的填充或调整图层”按钮，在弹出的菜单中选择“照片滤镜”命令，在“图层”控制面板中生成“照片滤镜1”图层。同时弹出“照片滤镜”面板，单击颜色的色块，设置颜色为黄色（其

R、G、B的值分别为225、219、77），其他设置如图7-83所示，按Enter键确认操作，图像效果如图7-84所示。日系暖色调制作完成。

图7-83

图7-84

## 7.2.8　LOMO色调

**【案例学习目标】**学习使用调色命令制作LOMO色调。

**【案例知识要点】**使用曲线、可选颜色和照片滤镜调整层调整图片颜色，使用椭圆选框工具、羽化选区命令、反选命令和填充命令制作边框，使用横排文字工具添加文字，最终效果如图7-85所示。

**【效果所在位置】**Ch07/效果/LOMO色调.psd。

图7-85

（1）按Ctrl+O组合键，打开本书学习资源中的“Ch07 > 素材 > LOMO色调 > 01”文件，如图7-86所示。

图7-86

（2）单击“图层”控制面板下方的“创建新的填充或调整图层”按钮，在弹出的菜单中选择“曲线”命令，在“图层”控制面板中生成“曲线1”图层。同时弹出“曲线”面板，设置如图7-87所示，按Enter键确认操作，图像效果如图7-88所示。

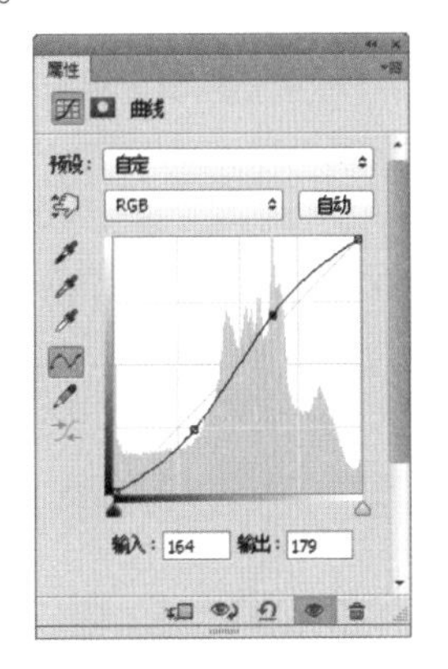


图7-87

图7-88

（3）单击“图层”控制面板下方的“创建新的填充或调整图层”按钮，在弹出的菜单中选择“可选颜色”命令，在“图层”控制面板中生成“可选颜色1”图层。同时弹出“可选颜色”面板，设置如图7-89所示，按Enter键确认操作，图像效果如图7-90所示。

图7-89

图7-90

（4）单击“图层”控制面板下方的“创建新的填充或调整图层”按钮，在弹出的菜单中选择“照片滤镜”命令，在“图层”控制面板中生成“照片滤镜1”图层。同时弹出“照片滤镜”面板，设置如图7-91所示，按Enter键确认操作，图像效果如图7-92所示。

图7-91

图7-92

（5）选择“椭圆选框”工具，在图像窗口中绘制椭圆选区，如图7-93所示。按Shift+F6组合键，在弹出的“羽化选区”对话框中进行设置，如图7-94所示，单击“确定”按钮，羽化选区。

图7-93

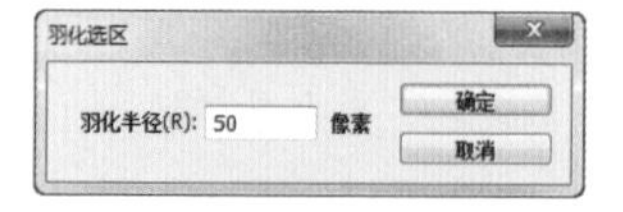

图7-94

（6）按Shift+Ctrl+I组合键，将选区反选，如图7-95所示。新建图层，将前景色设为暗红色（其R、G、B的值分别为150、70、50）。按Alt+Delete组合键，填充前景色。取消选区后，效果如图7-96所示。

图7-95

图7-96

（7）在“图层”控制面板上方，将“图层1”的混合模式选项设为“正片叠底”，如图7-97所示，图像效果如图7-98所示。将前景色设为白色。选择“横排文字”工具，输入需要的文字并选取文字，在属性栏中选择合适的字体并设置文字的大小，如图7-99所示。LOMO色调制作完成。

图7-97

图7-98

图7-99

# 7.3 综合实例——制作汽车广告

**【案例学习目标】** 学习使用调色命令制作汽车广告。

**【案例知识要点】** 使用色阶调整层调整背景图像，使用色阶、色相/饱和度、色彩平衡和曲线调整层调整汽车图片，使用椭圆选框工具、填充命令和变换命令制作汽车阴影，使用动感模糊滤镜命令制作汽车的动感效果，使用镜头光晕和画笔工具制作高光，最终效果如图7-100所示。

**【效果所在位置】** Ch07/效果/制作汽车广告.psd。

图7-100

（1）按Ctrl+O组合键，打开本书学习资源中的“Ch07 > 素材 > 制作汽车广告 > 01”文件，如图7-101所示。单击“图层”控制面板下方的“创建新的填充或调整图层”按钮，在弹出的菜单中选择“色阶”命令，在“图层”控制面板中生成“色阶1”图层。同时弹出“色阶”面板，设置如图7-102所示，按Enter键确认操作，效果如图7-103所示。

图7-101

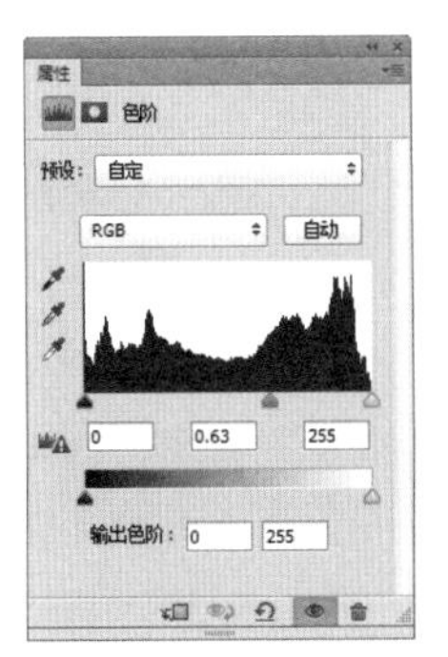


图7-102

图7-103

（2）按Ctrl+O组合键，打开本书学习资源中的“Ch07 > 素材 > 制作汽车广告 > 02”文件，选择“移动”工具，将图片拖曳到图像窗口中适当的位置，如图7-104所示。按Ctrl+J组合键，复制图层，拖曳到“图层1”的下方，如图7-105所示。

图7-104

图7-105

（3）选择“图层1”。单击“图层”控制面板下方的“创建新的填充或调整图层”按钮，在弹出的菜单中选择“色阶”命令，在“图层”控制面板中生成“色阶2”图层。同时弹出“色阶”面板，设置如图7-106所示，按Enter键确认操作，效果如图7-107所示。

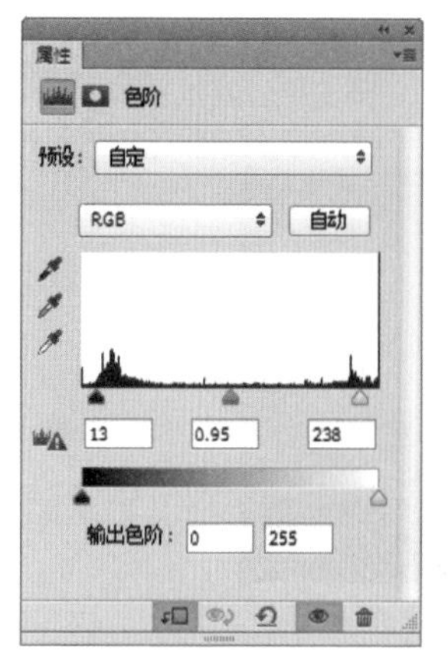


图7-106

图7-107

（4）单击“图层”控制面板下方的“创建新的填充或调整图层”按钮，在弹出的菜单中选择“色相/饱和度”命令，在“图层”控制面板中生成“色相/饱和度1”图层。同时弹出“色相/饱和度”面板，设置如图7-108所示，按Enter键确认操作，效果如图7-109所示。

图7-108

图7-109

（5）单击“图层”控制面板下方的“创建新的填充或调整图层”按钮，在弹出的菜单中选择“色彩平衡”命令，在“图层”控制面板中生成“色彩平衡1”图层。同时弹出“色彩平衡”面板，设置如图7-110所示，按Enter键确认操作，效果如图7-111所示。

图7-110

图7-111

（6）单击“图层”控制面板下方的“创建新的填充或调整图层”按钮，在弹出的菜单中选择“曲线”命令，在“图层”控制面板中生成“曲线1”图层。同时弹出“曲线”面板，设置如图7-112所示，调整图像，效果如图7-113所示。

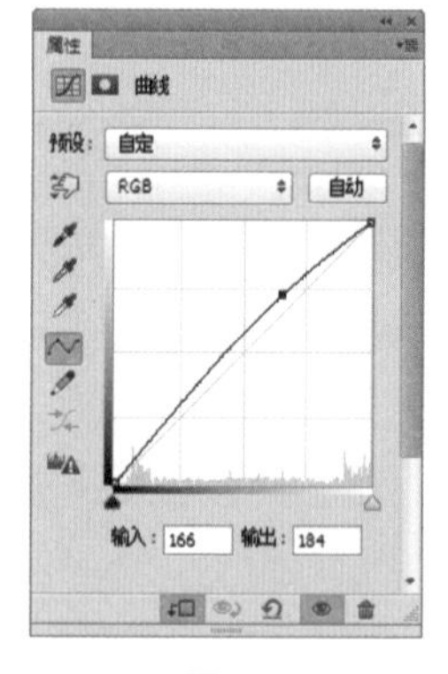


图7-112

图7-113

（7）将前景色设为黑色。选择“画笔”工具，在属性栏中单击“画笔”选项右侧的按钮，弹出画笔选择面板，设置如图7-114所示，在图像窗口中进行涂抹，图像效果如图7-115所示。

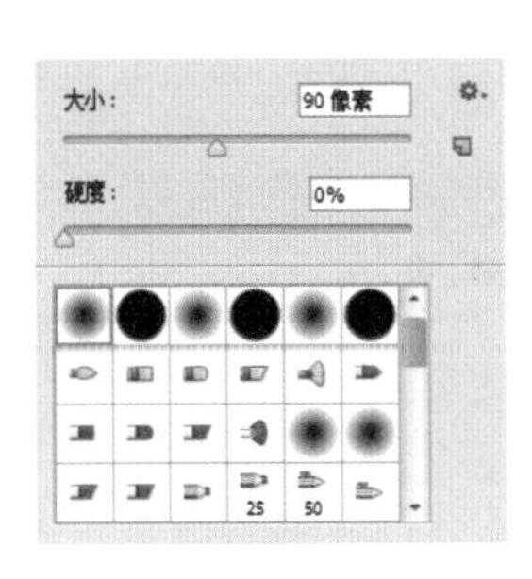


图7-114

图7-115

（8）新建图层。选择“椭圆选框”工具，在属性栏中将“容差”选项设为20像素，在图像窗口中绘制椭圆选区，如图7-116所示。按Alt+Delete组合键，用前景色填充选区。取消选区后，效果如图7-117所示。

图7-116

图7-117

（9）按Ctrl+T组合键，在图像周围出现变换框，将鼠标放置在变换框控制手柄的外侧，拖曳鼠标旋转图像，按Enter键确认操作，效果如图7-118所示。将其拖曳到“图层1”的下方，如图7-119所示。

图7-118

图7-119

（10）选择“图层1副本”图层。选择“滤镜 > 模糊 > 动感模糊”命令，在弹出的对话框中进行设置，如图7-120所示，单击“确定”按钮，效果如图7-121所示。

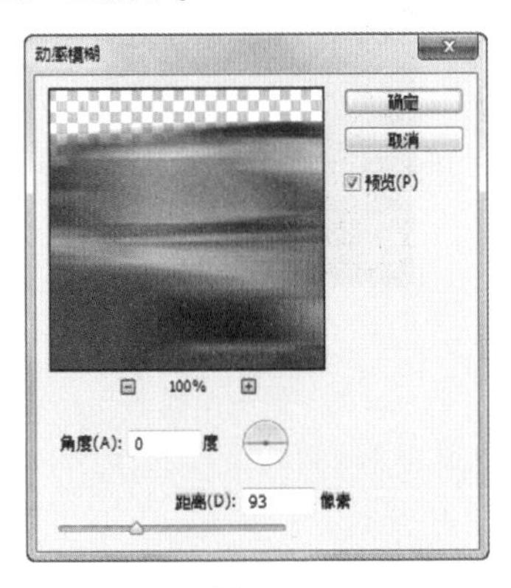


图7-120

图7-121

（11）选择“曲线1”图层，新建图层。按Alt+Delete组合键，用前景色填充图层。选择“滤镜 > 渲染 > 镜头光晕”命令，在弹出的对话框中进行设置，如图7-122所示，单击“确定”按钮，效果如图7-123所示。

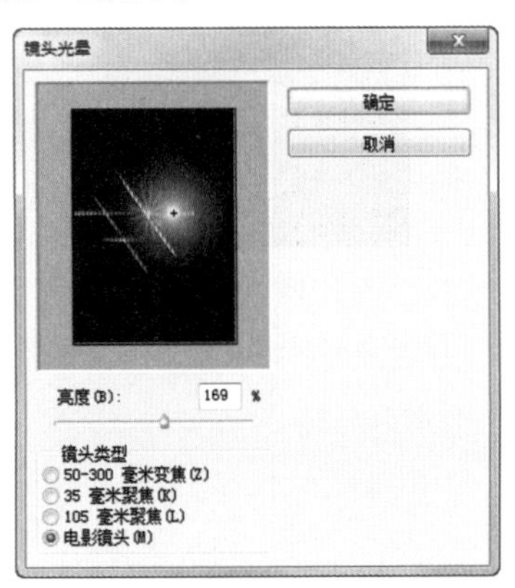


图7-122

图7-123

（12）在“图层”控制面板上方，将该图层的混合模式选项设为“滤色”，如图7-124所示，图像效果如图7-125所示。选择“移动”工具，将图像拖曳到图像窗口中适当的位置，效果如图7-126所示。

图7-124

图7-125

图7-126

（13）新建图层。将前景色设为黄色（其R、G、B的值分别为255、242、0）。选择“画笔”工具，单击属性栏中的“切换画笔面板”按钮，在弹出的“画笔”面板中进行设置，如图7-127所示；单击“形状动态”选项卡，弹出相应的面板，设置如图7-128所示。

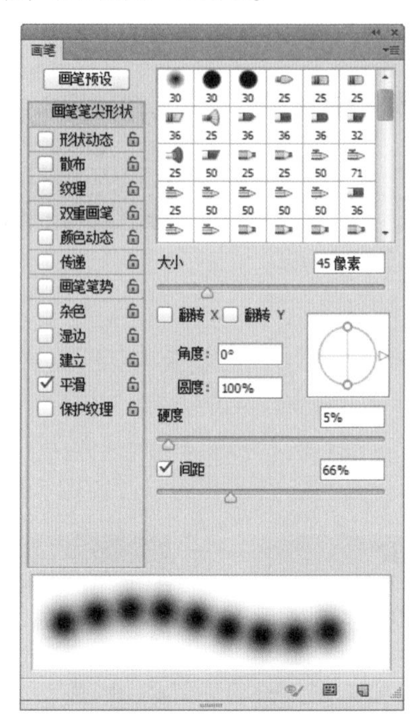


图7-127

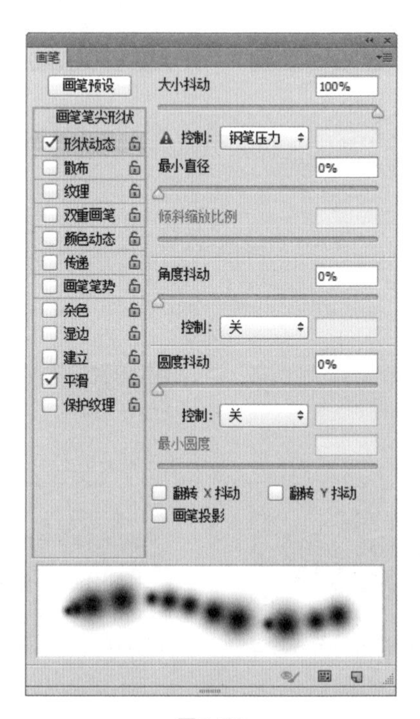


图7-128

（14）单击“散布”选项卡，弹出相应的面板，设置如图7-129所示。在图像窗口中拖曳鼠标绘制亮光，效果如图7-130所示。按Ctrl+O组合键，打开本书学习资源中的“Ch07 > 素材 > 制作汽车广告 > 03”文件，选择“移动”工具，将图片拖曳到图像窗口中适当的位置，如图7-131所示。汽车广告制作完成。

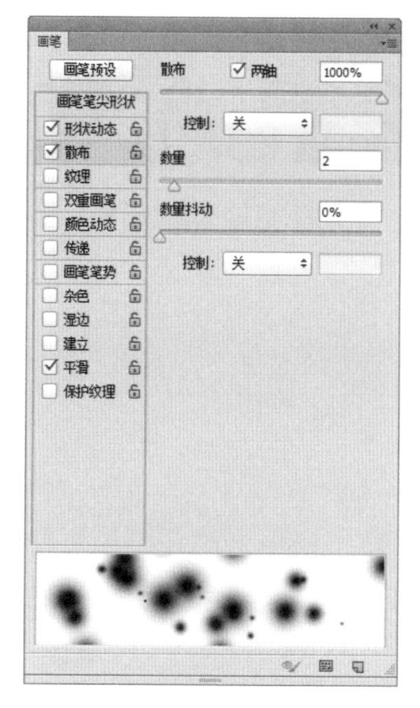


图7-129

图7-130

图7-131

## 课堂练习——制作吉他广告

**【练习知识要点】**使用去色命令将图像去色，使用图层混合模式、色阶命令和阈值命令调整图片的色调，使用自定形状工具制作图案，最终效果如图7-132所示。

**【效果所在位置】**Ch07/效果/制作吉他广告.psd。

图7-132

## 课后习题——制作美少女户外写真

图7-133

**【习题知识要点】**使用图层混合模式、图层蒙版和画笔工具调整人物，使用快速选择工具、曲线、可选颜色、色彩平衡和色相/饱和度调整层调整背景图像，最终效果如图7-133所示。

**【效果所在位置】**Ch07/效果/制作美少女户外写真.psd。

# 第 8 章

# 合成

## 本章介绍

应用Photoshop可以将原本不可能在一起的东西合成到一起，展现出设计师无与伦比的想象力，也为生活增添不少乐趣。本章讲解使用多种工具合成图像的方法。通过对本章的学习，读者可以掌握基本的合成方法，为今后的设计工作打下基础。

## 学习目标

- 了解合成的概念和形式。
- 掌握不同的合成方法。
- 掌握综合案例的合成技巧。

## 技能目标

- 掌握涂鸦效果的制作方法。
- 掌握贴合图片的方法。
- 掌握标识和文身的添加方法。
- 掌握手绘图形的制作方法。
- 掌握纹理的贴合和应用方法。
- 掌握立体书的制作方法。

## 8.1 合成基础

### 8.1.1 合成的概念

合成是将两幅或多幅图像使用适当的合成工具和面板合并成一幅图像，制作出符合设计者要求的独特设计效果，如图8-1所示。

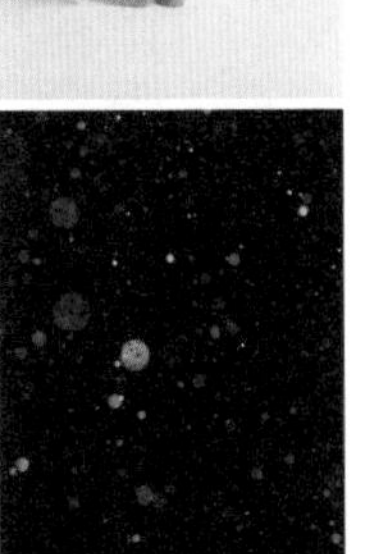

图8-1

### 8.1.2 合成的形式

按拼合形式的不同，合成分为3种：由多个纹理或材质的图像拼合而成的图像；将具有相同光源、定位和视角的图像拼合而成的图像；以独立标签的形式打开拼合而成的图像，如图8-2所示。

图8-2

## 8.2 合成实战

### 8.2.1 涂鸦效果

**【案例学习目标】**学习使用合成工具和面板制作涂鸦效果。

**【案例知识要点】**使用色阶调整层调整背景图片，使用快速选择工具、反选命令、创建剪贴蒙版和图层的混合模式为墙壁添加涂鸦，使用色相/饱和度调整层调整涂鸦效果，最终效果如图8-3所示。

**【效果所在位置】**Ch08/效果/涂鸦效果.psd。

图8-3

（1）按Ctrl+O组合键，打开本书学习资源中的“Ch08 > 素材 > 涂鸦效果 > 01”文件，如图8-4所示。按Ctrl+J组合键，复制图层，如图8-5所示。

图8-4

图8-5

（2）单击“图层”控制面板下方的“创建新的填充或调整图层”按钮，在弹出的菜单中选择“色阶”命令，在“图层”控制面板中生成“色阶1”图层。同时弹出“色阶”面板，设置如图8-6所示，按Enter键确认操作，效果如图8-7所示。

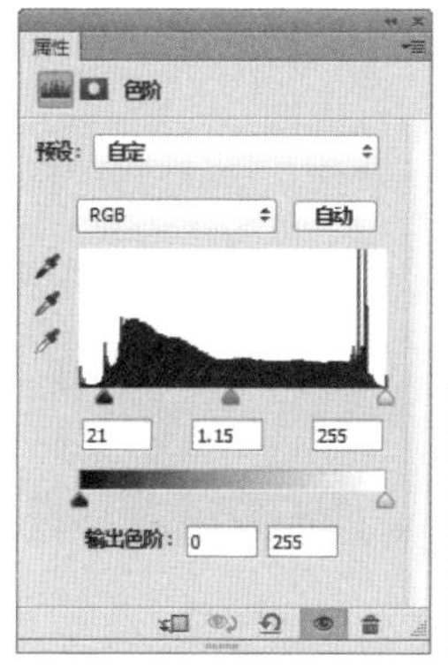


图8-6

图8-7

（3）将“色阶1”图层拖曳到“图层1”的下方，如图8-8所示。选择“图层1”，选择“快速选择”工具，在图像窗口上绘制选区，如图8-9所示。按Shift+Ctrl+I组合键，将选区反选，如图8-10所示。按Delete键，删除选区中的图像，取消选区，效果如图8-11所示。

图8-8

图8-9

图8-10

图8-11

（4）按Ctrl+O组合键，打开本书学习资源中的“Ch08 > 素材 > 涂鸦效果 > 02”文件，选择“移动”工具，将图片拖曳到适当的位置，并调整其大小，如图8-12所示。按Alt+Ctrl+G组合键，创建剪贴蒙版，图像效果如图8-13所示。

图8-12

图8-13

（5）在“图层”控制面板上方，将该图层的混合模式选项设为“点光”，如图8-14所示，图像效果如图8-15所示。

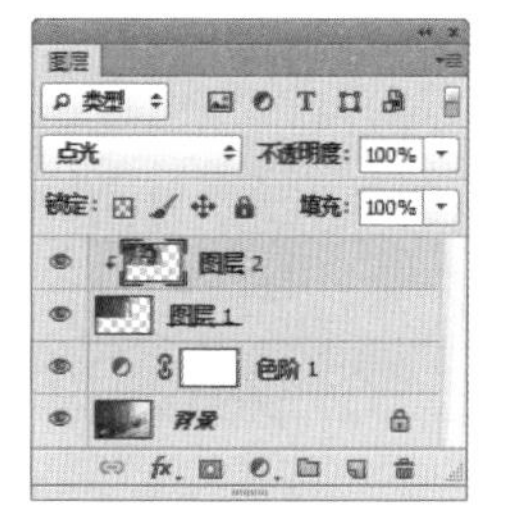


图8-14

图8-15

（6）单击“图层”控制面板下方的“创建新的填充或调整图层”按钮，在弹出的菜单中选择“色相/饱和度”命令，在“图层”控制面板中生成“色相/饱和度1”图层。同时弹出“色相/饱和度”面板，设置如图8-16所示，按Enter键确认操作，效果如图8-17所示。涂鸦效果制作完成。

图8-16

图8-17

## 8.2.2 贴合图片

**【案例学习目标】**学习使用合成工具和面板贴合图片。

**【案例知识要点】**使用减淡工具、加深工具和模糊工具制作贴合图片，最终效果如图8-18所示。

**【效果所在位置】**Ch08/效果/贴合图片.psd。

图8-18

（1）按Ctrl+O组合键，打开本书学习资源中的“Ch08 > 素材 > 贴合图片 > 01”文件，如图8-19所示。按Ctrl+O组合键，打开本书学习资源中的“Ch08 > 素材 > 贴合图片 > 02”文件，选择“移动”工具，将图片拖曳到适当的位置，并调整其大小，效果如图8-20所示。

图8-19

图8-20

（2）选择“减淡”工具，在属性栏中单击“画笔”选项右侧的按钮，弹出画笔选择面板，设置如图8-21所示，在图像窗口中调亮左侧图像，如图8-22所示。

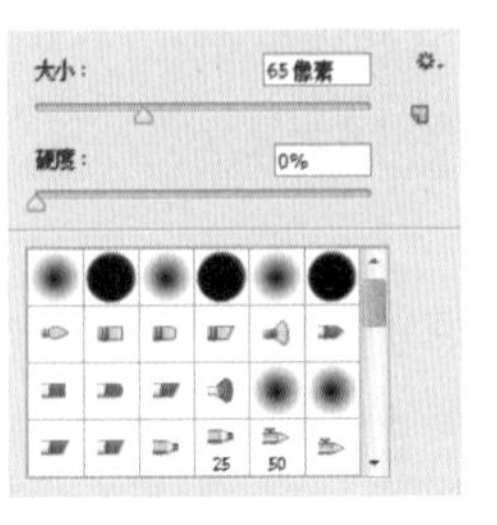


图8-21

图8-22

（3）选择“加深”工具，在属性栏中单击“画笔”选项右侧的按钮，弹出画笔选择面板，设置如图8-23所示，在图像窗口中调暗右下方的图像，如图8-24所示。

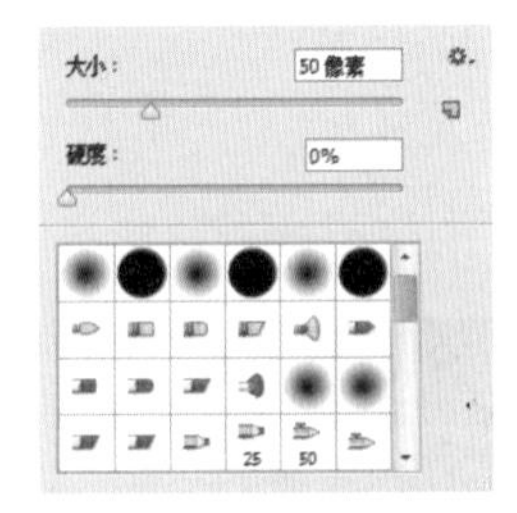


图8-23

图8-24

（4）选择“模糊”工具，在属性栏中单击“画笔”选项右侧的按钮，弹出画笔选择面板，设置如图8-25所示，在图像窗口中的图像边缘拖曳鼠标，模糊图像，如图8-26所示。

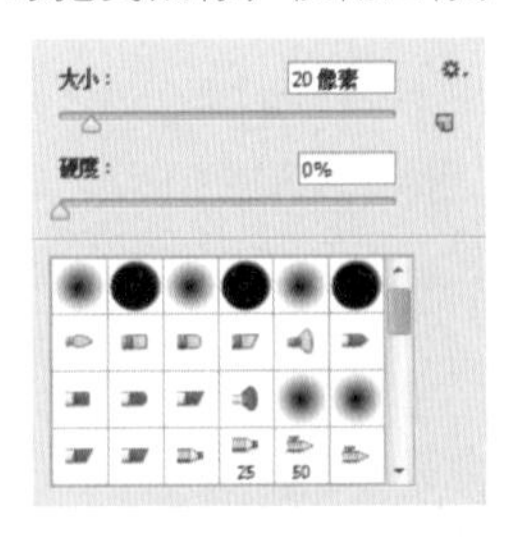


图8-25

图8-26

（5）按Ctrl+O组合键，打开本书学习资源中的“Ch08 > 素材 > 贴合图片 > 03”文件，选择“移动”工具，将图片拖曳到适当的位置，并调整其大小，效果如图8-27所示。贴合图片制作完成。

图8-27

## 8.2.3　添加标识

**【案例学习目标】**学习使用合成工具和面板添加标识。

**【案例知识要点】**使用自定形状工具、转换为智能对象命令和变换命令添加标识，使用投影命令、高斯模糊命令和图层混合模式制作标识投影，使用减淡工具和加深工具调整标志，最终效果如图8-28所示。

**【效果所在位置】**Ch08/效果/添加标识.psd。

图8-28

（1）按Ctrl+O组合键，打开本书学习资源中的“Ch08 > 素材 > 添加标识 > 01”文件，如图8-29所示。选择“自定形状”工具，单击属性栏中的“形状”选项，弹出“形状”面板，选择需要的图形，如图8-30所示。在属性栏的“选择工具模式”选项中选择“形状”，拖曳鼠标绘制图形，效果如图8-31所示。

图8-29

图8-30

图8-31

（2）在“形状1”图层上单击鼠标右键，在弹出的菜单中选择“转换为智能对象”命令，将形状图层转换为智能对象图层，如图8-32所示。按Ctrl+T组合键，在图像周围出现变换框，在变换框中单击鼠标右键，在弹出的菜单中选择“变形”命令，变形图像，按Enter键确认操作，效果如图8-33所示。

图8-32

图8-33

（3）双击“形状1”图层，将智能对象在新窗口中打开，如图8-34所示。按Ctrl＋O组合键，打开本书学习资源中的“Ch08 > 素材 > 添加标识 > 02”文件，选择“移动”工具，将标识拖曳到适当的位置，并调整其大小，如图8-35所示。

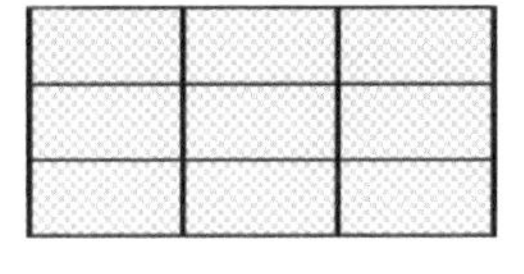

图8-34

图8-35

（4）按住Alt键的同时，单击“图层2”，隐藏其他图层，如图8-36所示，图像效果如图8-37所示。

图8-36

图8-37

（5）按Ctrl+S组合键，存储图像，并关闭文件。返回01图像窗口，如图8-38所示。按Ctrl+J组合键，复制形状图层，并拖曳到形状图层的下方，如图8-39所示。单击形状图层左侧的眼睛图标，隐藏该图层，如图8-40所示。

图8-38

图8-39

图8-40

（6）单击“图层”控制面板下方的“添加图层样式”按钮，在弹出的菜单中选择“投影”命令，弹出对话框，设置如图8-41所示，单击“确定”按钮，效果如图8-42所示。

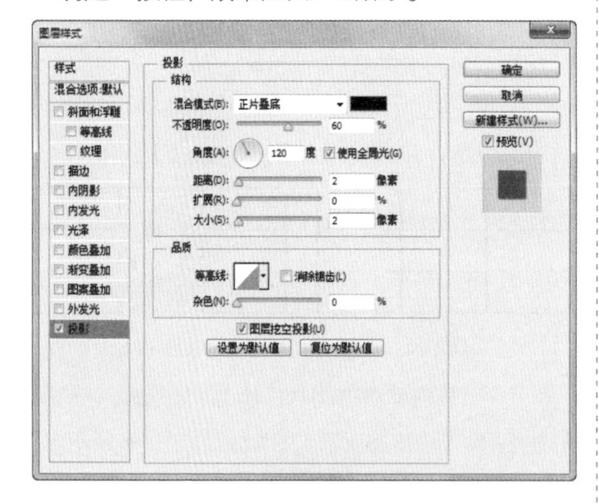


图8-41

图8-42

（7）选择“滤镜 > 模糊 > 高斯模糊”命令，在弹出的对话框中进行设置，如图8-43所示，单击“确定”按钮，效果如图8-44所示。

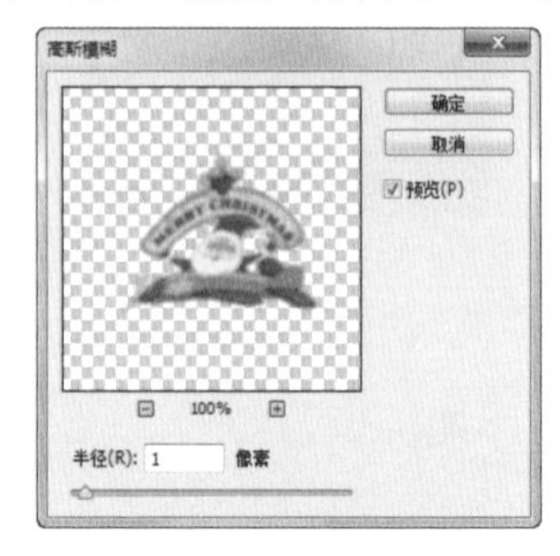


图8-43

图8-44

（8）在“图层”控制面板上方，将该图层的混合模式选项设为“正片叠底”，“不透明度”选项设为60%，如图8-45所示，调整图像，效果如图8-46所示。

图8-45

图8-46

（9）单击形状图层左侧的空白图标，显示该图层，并选取形状图层，如图8-47所示，图像效果如图8-48所示。

图8-47

图8-48

（10）在“图层”控制面板上方，将该图层的混合模式选项设为“正片叠底”，如图8-49所示，图像效果如图8-50所示。

图8-49

图8-50

（11）按Ctrl+O组合键，打开本书学习资源中的“Ch08 > 素材 > 添加标识 > 03”文件，选择“移动”工具，将标识拖曳到适当的位置，并调整其大小，如图8-51所示。选择“减淡”工具和“加深”工具，分别调整画笔的大小，在03图像上拖曳鼠标加深和减淡图像，效果如图8-52所示。标识添加完成。

图8-51

图8-52

## 8.2.4　添加文身

**【案例学习目标】**学习使用合成工具和面板添加文身。

**【案例知识要点】**使用变换命令和图层控制面板添加文身，最终效果如图8-53所示。

图8-53

**【效果所在位置】**Ch08/效果/添加文身.psd。

（1）按Ctrl+O组合键，打开本书学习资源中的“Ch08 > 素材 > 添加文身 > 01、02”文件，选择“移动”工具，将02图片拖曳到01图像窗口中，如图8-54所示。

图8-54

图8-55

（2）按Ctrl+T组合键，在图像周围出现变换框，在变换框中单击鼠标右键，在弹出的菜单中选择“变形”命令，变形图像，按Enter键确认操作，效果如图8-55所示。

（3）在“图层”控制面板上方，将“不透明度”选项设为60%，如图8-56所示，图像效果如图8-57所示。

图8-56

图8-57

（4）按Ctrl+J组合键，复制图像，如图8-58所示。在“图层”控制面板上方，将该图层的混合模式选项设为“饱和度”，将“不透明度”选项设为75%，如图8-59所示，按Enter键确认操作，图像效果如图8-60所示。文身添加完成。

图8-58

图8-59

图8-60

## 8.2.5 手绘图形

**【案例学习目标】**学习使用合成工具和面板制作手绘图形。

**【案例知识要点】**使用色相/饱和度和曲线调整层调整动物图片，使用查找边缘滤镜命令、通道控制面板、色阶命令和画笔工具制作手绘图形，使用图层蒙版和画笔工具制作图片融合，最终效果如图8-61所示。

**【效果所在位置】**Ch08/效果/手绘图形.psd。

图8-61

（1）按Ctrl+O组合键，打开本书学习资源中的“Ch08 > 素材 > 手绘图形 > 01、02”文件。选择“移动”工具，将01图片拖曳到02图片中的适当位置，如图8-62所示。按Ctrl+J组合键，复制图层，如图8-63所示。隐藏副本图层。

图8-62

图8-63

（2）选中“图层1”。单击“图层”控制面板下方的“创建新的填充或调整图层”按钮，在弹出的菜单中选择“色相/饱和度”命令，在“图层”控制面板中生成“色相/饱和度1”图层，同时弹出“色相/饱和度”面板，单击按钮，设置如图8-64所示，图像效果如图8-65所示。

图8-64

图8-65

（3）单击“图层”控制面板下方的“创建新的填充或调整图层”按钮，在弹出的菜单中选择“曲线”命令，在“图层”控制面板中生成“曲线1”图层，同时弹出“曲线”面板，单击按钮，设置如图8-66所示，按Enter键确认操作，效果如图8-67所示。

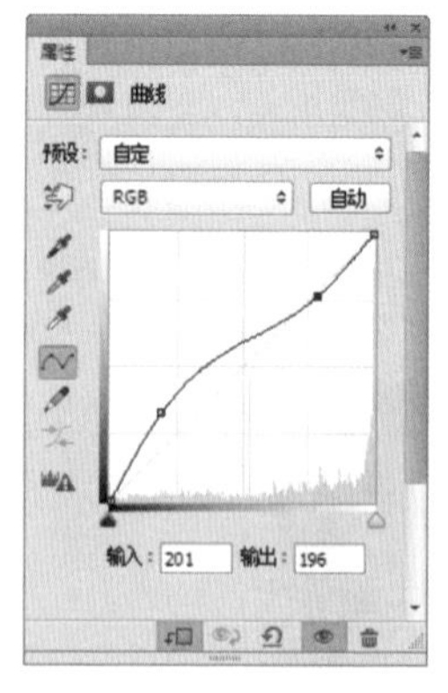

图8-66

图8-67

（4）选中并显示“图层1副本”，如图8-68所示。选择“滤镜 > 风格化 > 查找边缘”命令，查找图像边缘，图像效果如图8-69所示。

图8-68

图8-69

（5）选择“窗口 > 通道”命令，弹出“通道”控制面板。选择“蓝”通道，拖曳到控制面板下方的“创建新通道”按钮，生成“蓝副本”，如图8-70所示。按Ctrl+L组合键，在弹出的“色阶”对话框中进行设置，如图8-71所示，单击“确定”按钮，效果如图8-72所示。

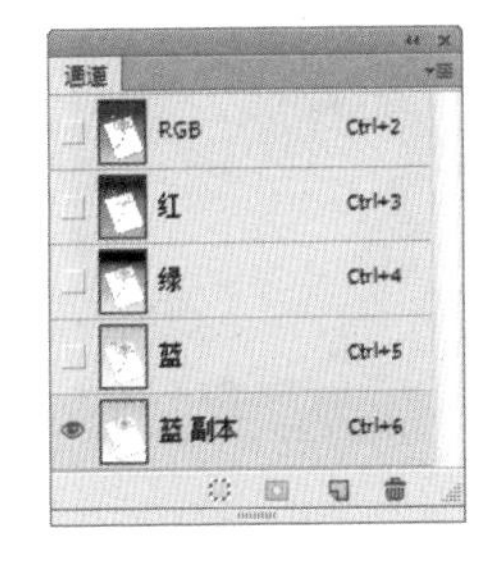


图8-70

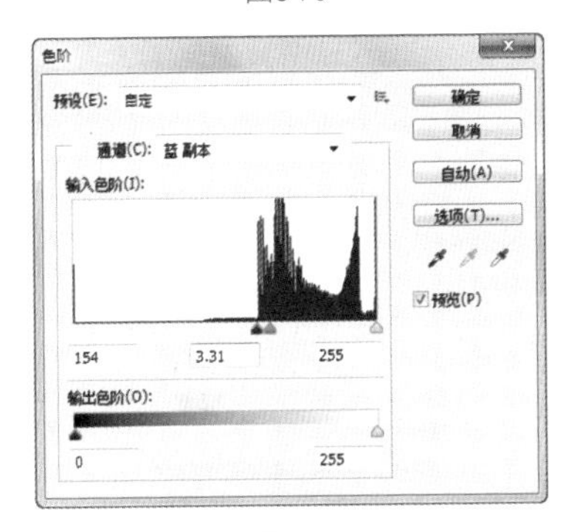


图8-71

图8-72

（6）将前景色设为白色。选择“画笔”工具，在属性栏中单击“画笔”选项右侧的按钮，弹出画笔选择面板，设置如图8-73所示，在图像窗口中擦除不需要的图像，效果如图8-74所示。

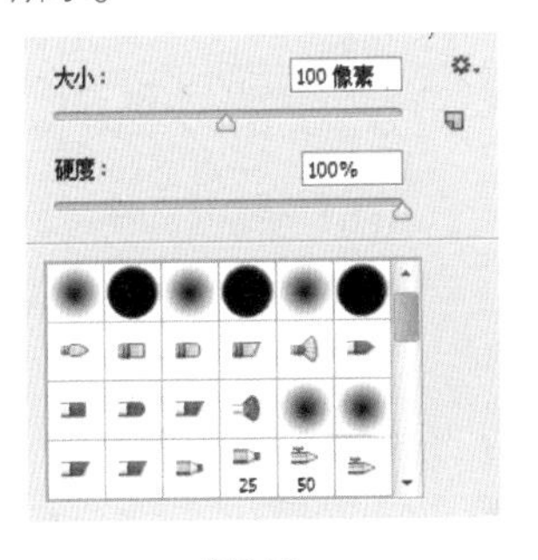


图8-73

图8-74

（7）按住Ctrl键的同时，单击“蓝 副本”通道，生成选区，如图8-75所示。在“图层”控制面板中，按Delete键将白色区域删除，取消选区，效果如图8-76所示。

图8-75

图8-76

（8）在“图层”控制面板中，将“图层1副本”图层拖曳到“图层1”的下方，如图8-77所示，图像效果如图8-78所示。

图8-77

图8-78

（9）将前景色设为黑色。单击“添加图层蒙版”按钮，为图层添加蒙版，如图8-79所示。选择“画笔”工具，在属性栏中单击“画笔”选项右侧的按钮，弹出画笔选择面板，设置如图8-80所示，在图像窗口中擦除不需要的图像，如图8-81所示。

图8-79

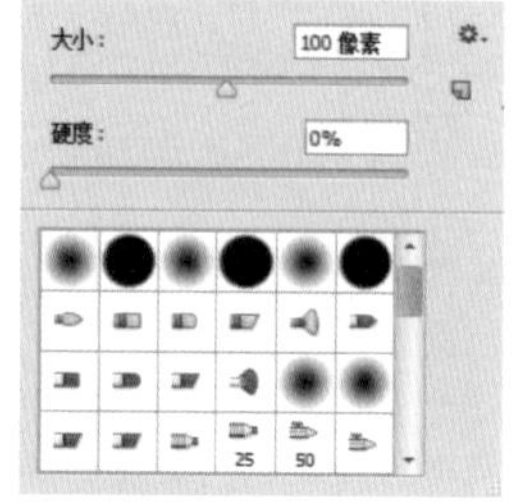


图8-80

图8-81

（10）单击“图层”控制面板下方的“添加图层样式”按钮，在弹出的菜单中选择“投影”命令，弹出对话框，设置如图8-82所示，单击“确定”按钮，效果如图8-83所示。

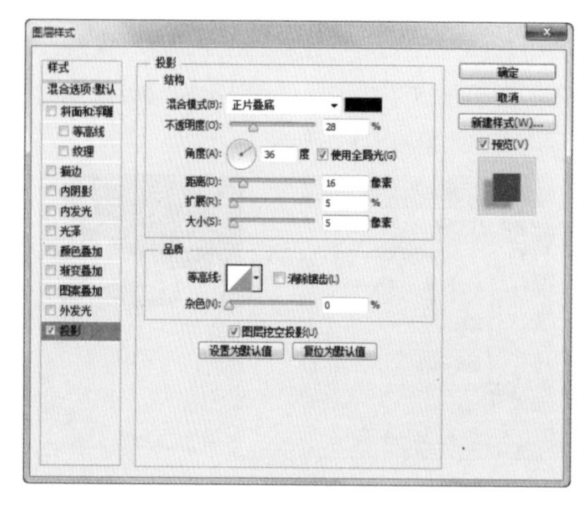


图8-82

图8-83

（11）选中“曲线1”图层。按Ctrl+O组合键，打开本书学习资源中的“Ch08 > 素材 > 手绘图形 > 03、04”文件，选择“移动”工具，将图片分别拖曳到图像窗口中的适当位置，效果如图8-84所示。

图8-84

（12）单击“图层”控制面板下方的“添加图层样式”按钮，在弹出的菜单中选择“投影”命令，弹出对话框，选项的设置如图8-85所示，单击“确定”按钮，效果如图8-86所示。手绘图形制作完成。

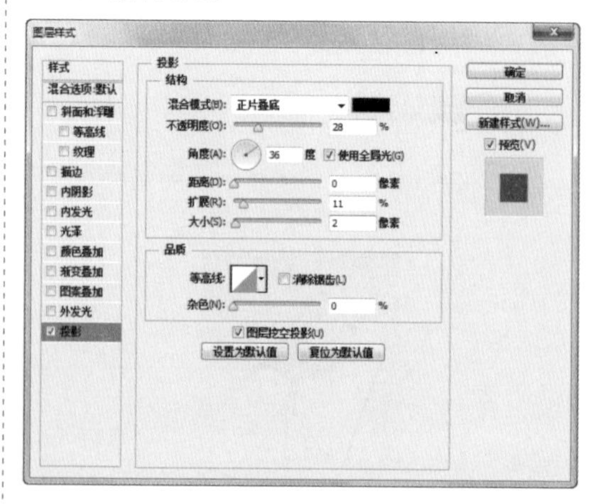


图8-85

图8-86

## 8.2.6　贴合纹理

**【案例学习目标】**学习使用合成工具和面板贴合纹理。

**【案例知识要点】**使用多边形套索工具和填充命令制作投影，使用色阶调整层调整鞋子颜色，使用去色命令、混合模式、图层蒙版和画笔工具添加纹理，最终效果如图8-87所示。

**【效果所在位置】**Ch08/效果/贴合纹理.psd。

图8-87

（1）按Ctrl+O组合键，打开本书学习资源中的“Ch08 > 素材 > 贴合纹理 > 01、02”文件，选择“移动”工具，将01图片拖曳到02图片的适当位置，并调整其大小，如图8-88所示。选择“多边形套索”工具，在属性栏中将“羽化”选项设为20像素，在图像窗口中绘制多边形选区，如图8-89所示。

（2）将前景色设为黑色。新建图层。按Alt+Delete组合键，用前景色填充选区，取消选区后，效果如图8-90所示。将该图层拖曳到“背景”图层的上方，图像效果如图8-91所示。

图8-88

图8-89

图8-90

图8-91

（3）选中“图层1”。单击“图层”控制面板下方的“创建新的填充或调整图层”按钮，在弹出的菜单中选择“色阶”命令，在“图层”控制面板中生成“色阶1”图层，同时弹出“色阶”面板，单击按钮，设置如图8-92所示，按Enter键确认操作，图像效果如图8-93所示。

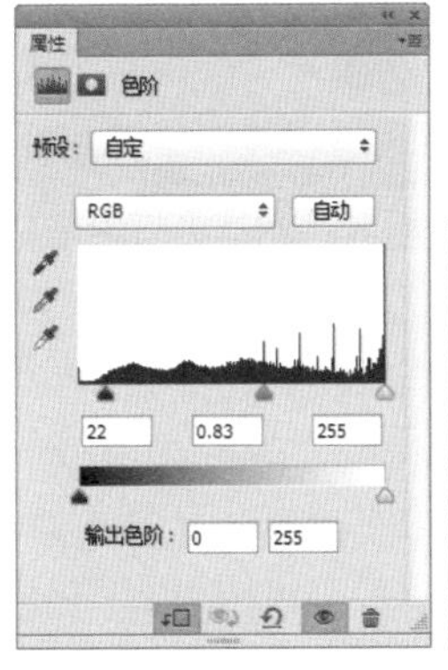


图8-92

图8-93

（4）按Ctrl+O组合键，打开本书学习资源中的“Ch08 > 素材 > 手绘图形 > 03”文件，选择“移动”工具，将图片分别拖曳到图像窗口中的适当位置，并调整其大小，效果如图8-94所示。选择“图像 > 调整 > 去色”命令，去除图像颜色，效果如图8-95所示。

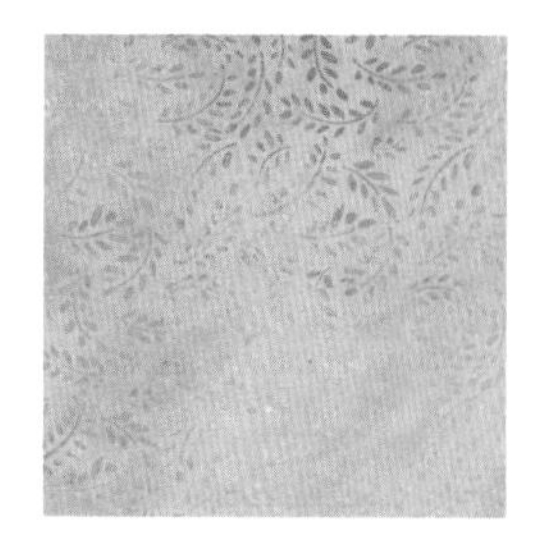

图8-94　　图8-95

（5）在“图层”控制面板上方，将该图层的混合模式选项设为“柔光”，如图8-96所示，图像效果如图8-97所示。按Alt+Ctrl+G组合键，创建剪贴蒙版，如图8-98所示。

图8-96

图8-97

图8-98

（6）单击“添加图层蒙版”按钮，为图层添加蒙版，如图8-99所示。选择“画笔”工具，在属性栏中单击“画笔”选项右侧的按钮，弹出画笔选择面板，设置如图8-100所示，在图像窗口中擦除不需要的图像，效果如图8-101所示。

图8-99

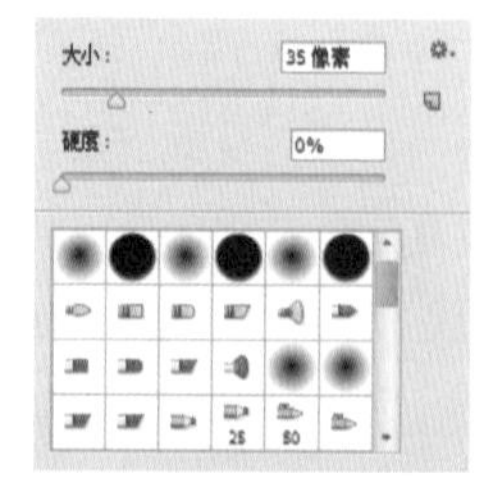

图8-100

图8-101

（7）将该图层拖曳到控制面板下方的“创建新图层”按钮上进行复制，生成副本图层，如图8-102所示。选择“移动”工具，将图片拖曳到适当的位置，如图8-103所示。

图8-102

图8-103

（8）单击选取图层蒙版缩览图。选择“画笔”工具，在图像窗口中擦除不需要的图像，如图8-104所示。选择“横排文字”工具，在适当的位置分别输入需要的文字并选取文字，在属性栏中选择合适的字体并设置大小，效果如图8-105所示，在“图层”控制面板中生成新的文字图层。贴合纹理制作完成。

图8-104

图8-105

## 8.2.7　应用纹理

**【案例学习目标】**学习使用合成工具和面板应用纹理。

【案例知识要点】使用纹理滤镜和图层混合模式应用纹理，使用图层蒙版和画笔工具擦除不需要的图片，最终效果如图8-106所示。

图8-106

【效果所在位置】Ch08/效果/应用纹理.psd。

（1）按Ctrl+O组合键，打开本书学习资源中的“Ch08 > 素材 > 应用纹理 > 01、03”文件。选择“移动”工具，将03图片拖曳到01图片的适当位置，并调整其大小，效果如图8-107所示。选择“滤镜 > 滤镜库”命令，在弹出的对话框中进行设置，如图8-108所示，单击“确定”按钮，效果如图8-109所示。

图8-107

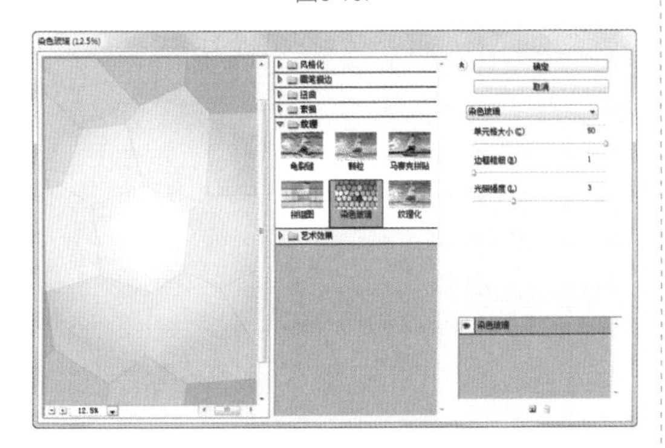

图8-108

图8-109

（2）在“图层”控制面板上方，将该图层的混合模式选项设为“正片叠底”，如图8-110所示，图像效果如图8-111所示。

图8-110

图8-111

（3）按Ctrl+O组合键，打开本书学习资源中的“Ch08 > 素材 > 应用纹理 > 02”文件。选择“移动”工具，将02图片拖曳到01图片的适当位置，并调整大小，效果如图8-112所示。在“图层”控制面板上方，将该图层的混合模式选项设为“滤色”，如图8-113所示，图像效果如图8-114所示。

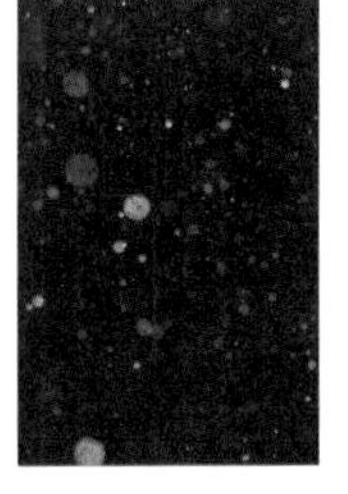

图8-112

图8-113

图8-114

（4）将前景色设为黑色。单击“添加图层蒙版”按钮，为图层添加蒙版，如图8-115所示。选择“画笔”工具，在属性栏中单击“画笔”选项右侧的按钮，弹出画笔选择面板，设置如图8-116所示，在图像窗口中擦除脸上不需要的图像，如图8-117所示。

（5）选择“横排文字”工具，在适当的位置输入需要的文字并选取文字，在属性栏中选择合适的字体并设置文字大小，效果如图8-118所示，在“图层”控制面板中生成新的文字图层。应用纹理制作完成。

图8-115

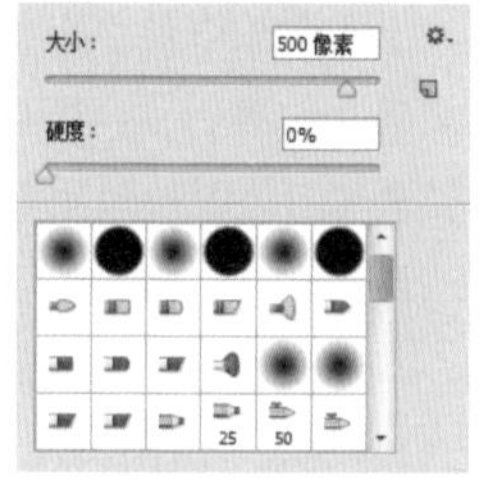


图8-116

图8-117

图8-118

## 8.3 综合实例——制作立体书

【案例学习目标】学习使用合成工具和面板制作立体书。

【案例知识要点】使用图层的混合模式、图层蒙版和画笔工具制作封面的合成，使用横排文字工具和直排文字工具添加书名，使用色彩平衡命令调整底图颜色，使用扭曲变换命令制作立体图，最终效果如图8-119所示。

【效果所在位置】Ch08/效果/制作立体书.psd。

图8-119

### 1. 制作书籍封面

（1）按Ctrl+O组合键，打开本书学习资源中的“Ch08 > 素材 > 制作立体书 > 01、02”文件，选择“移动”工具，将02图片拖曳到01图像窗口的适当位置，如图8-120所示。在“图层”控制面板上方，将该图层的混合模式选项设为“柔光”，如图8-121所示，图像效果如图8-122所示。

图8-120

图8-121

图8-122

（2）将前景色设为黑色。单击“图层”控制面板下方的“添加图层蒙版”按钮，为图层添加蒙版，如图8-123所示。选择“画笔”工具，在属性栏中单击“画笔”选项右侧的按钮，弹出画笔选择面板，设置如图8-124所示，在属性栏中将“不透明度”选项设为80%，在图像窗口中拖曳鼠标擦除不需要的图像，效果如图8-125所示。

图8-123

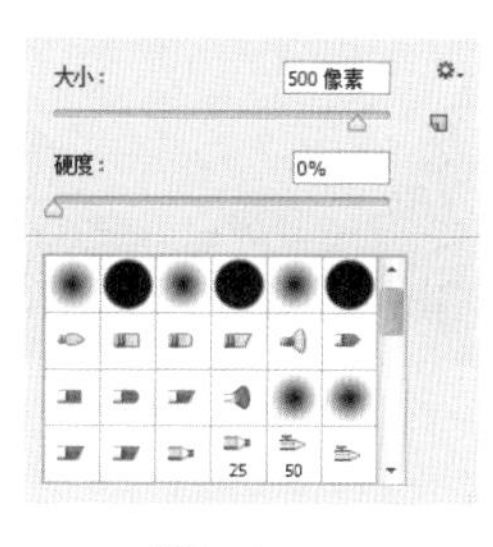

图8-124

图8-125

（3）按Ctrl＋O组合键，打开本书学习资源中的“Ch08 > 素材 > 制作立体书 > 03”文件，选择“移动”工具，将图片拖曳到图像窗口的适当位置，效果如图8-126所示。在“图层”控制面板上方，将该图层的混合模式选项设为“颜色加深”，“填充”选项设为30%，如图8-127所示，图像效果如图8-128所示。

图8-126

图8-127

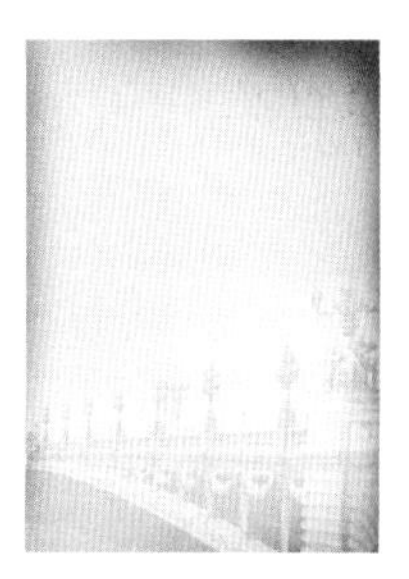
图8-128

（4）按Ctrl＋O组合键，打开本书学习资源中的“Ch08 > 素材 > 制作立体书 > 04”文件，选择“移动”工具，将图片拖曳到图像窗口中的适当位置，效果如图8-129所示，在“图层”控制面板中生成新的图层，并将其命名为“图片”。

图8-129

（5）选择“直排文字”工具和“横排文字”工具，在适当的位置分别输入需要的文字并选取文字，在属性栏中选择合适的字体并设置文字大小，效果如图8-130所示，在“图层”控制面板中生成新的文字图层。

（6）按Ctrl＋O组合键，打开本书学习资源中的“Ch08 > 素材 > 制作立体书 > 05”文件，选择“移动”工具，将图片拖曳到图像窗口中的适当位置，效果如图8-131所示。

图8-130

图8-131

（7）按Ctrl+S组合键，弹出“存储为”对话框，设置文件名为“立体书封面”，保存图像为JPEG格式，单击“确定”按钮，保存图像。

## 2. 合成背景底图

（1）按Ctrl＋O组合键，打开本书学习资源中的“Ch08 > 素材 > 制作立体书 > 06、07”文件，选择“移动”工具，将07图片拖曳到06图像窗口中的适当位置，效果如图8-132所

图8-132

示。在“图层”控制面板上方，将该图层的混合模式选项设为“正片叠底”，如图8-133所示，图像效果如图8-134所示。

图8-133

图8-134

（2）按Ctrl+J组合键，复制并生成新的副本图层，如图8-135所示。选择“图像 > 调整 > 色彩平衡”命令，在弹出的对话框中进行设置，如图8-136所示，单击“确定”按钮，效果如图8-137所示。

图8-135

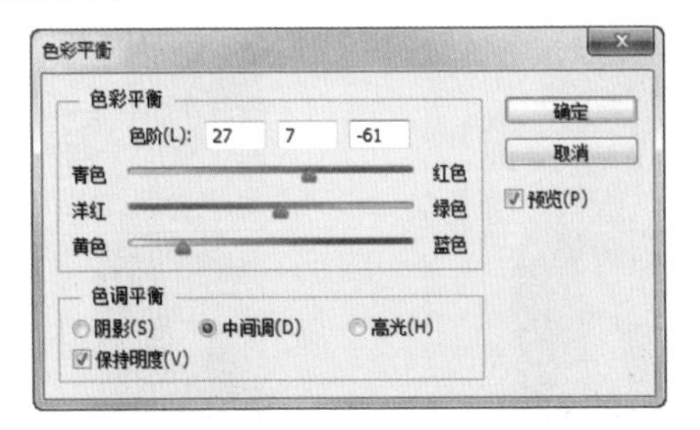


图8-136

图8-137

（3）按Ctrl+O组合键，打开本书学习资源中的“Ch08 > 素材 > 制作立体书 > 03、08”文件，选择“移动”工具，分别将图片拖曳到图像窗口中适当的位置，效果如图8-138所示，在“图层”控制面板中分别生成新图层。

图8-138

（4）在“图层”控制面板上方，将“图层2”的混合模式选项设为“颜色加深”，“填充”选项设为30%，如图8-139所示，按Enter键确认操作，图像效果如图8-140所示。

图8-139

图8-140

### 3. 书籍立体效果

（1）选择“图层3”。新建图层组。按Ctrl+O组合键，打开本书学习资源中的“Ch08 > 素材 > 制作立体书 > 09、10”文件，选择“移动”工具，将图片分别拖曳到图像窗口中的适当位置，效果如图8-141所示，在“图层”控制面板中生成新的图层。

图8-141

图8-142

（2）选择“编辑 > 变换 > 扭曲”命令，在图像周围出现变换框，将指针放在变换框的控制手柄上，拖曳鼠标将图像进行扭曲，按Enter键确认操作，效果如图8-142所示。

（3）按Ctrl+O组合键，打开本书学习资源中的“Ch08 > 效果 > 立体书封面”文件，选择“移动”工具，将图片拖曳到图像窗口中的适当位置，并调整其大小，效果如图8-143所示，在“图层”控制面板中生成新的图层，并将其命名为“正面”。

图8-143

图8-144

（4）选择“编辑 > 变换 > 扭曲”命令，在图像周围出现变换框，将指针放在变换框的控制手柄上，拖曳鼠标将图像进行扭曲，按Enter键确认操作，效果如图8-144所示。

（5）选择“横排文字”工具[T]，在适当的位置输入需要的文字并选取文字，在属性栏中选择合适的字体并设置文字大小，在“图层”控制面板中生成新的文字图层。选取文字“欧洲建筑史”，在属性栏中将字体的颜色设置为白色，效果如图8-145所示。

图8-145

（6）在“图层”面板中，选择文字图层，单击鼠标右键，在弹出的菜单中选择“栅格化文字”命令，将文字图层转换为图像图层，扭曲变形文字，效果如图8-146所示。单击“书”图层组左侧的三角形图标▼，将“书”图层组中的图层隐藏。选择“移动”工具[▶+]，按住Alt键的同时，拖曳书到适当的位置，复制一本书，效果如图8-147所示。

图8-146

图8-147

（7）在“图层”控制面板中，将副本图层拖曳到原图层的下方，如图8-148所示，图像效果如图8-149所示。按Ctrl＋O组合键，打开本书学习资源中的“Ch08 > 素材 > 制作立体书 > 11”文件，选择“移动”工具[▶+]，将图片拖曳到图像窗口中适当的位置，效果如图8-150所示，在“图层”控制面板中生成新的图层。

图8-148

图8-149

图8-150

（8）选择“直排文字”工具[IT]，在适当的位置分别输入需要的文字并选取文字，在属性栏中选择合适的字体并设置大小，效果如图8-151所示，在“图层”控制面板中生成新的文字图层。

图8-151

（9）按Ctrl＋O组合键，打开本书学习资源中的“Ch08 > 素材 > 制作立体书 > 05”文件，选择“移动”工具[▶+]，将图片拖曳到图像窗口中的适当位置并调整其大小，效果如图8-152所示，在“图层”控制面板中生成新的图层，并将其命名为“底线”。立体书制作完成。

图8-152

## 课堂练习——制作房地产广告

【练习知识要点】使用图层蒙版、渐变工具和画笔工具制作图片合成，使用色阶命令和色彩平衡命令调整图片颜色，最终效果如图8-153所示。

【效果所在位置】Ch08/效果/制作房地产广告.psd。

图8-153

## 课后习题——制作戒指广告

【习题知识要点】使用描边命令添加人物和戒指的描边，使用矩形工具和创建剪贴蒙版命令制作宣传主体，使用横排文字工具输入宣传文字，最终效果如图8-154所示。

【效果所在位置】Ch08/效果/制作戒指广告.psd。

图8-154

# 第 9 章

# 特效

## 本章介绍

Photoshop处理图像的功能十分强大，不同的工具和命令搭配，可以制作出具有视觉冲击力的图像，吸引人们的注意力。本章主要介绍使用Photoshop制作特殊效果的方法。通过对本章的学习，读者可以使普通图片更加具有想象力和魅力。

## 学习目标

- ◆ 了解特效的基础。
- ◆ 掌握不同特效的制作方法。
- ◆ 掌握综合特效实例的制作技巧。

## 技能目标

- ◆ 掌握特效字的制作方法。
- ◆ 掌握特殊效果的制作方法。
- ◆ 掌握汽车广告的制作方法。

# 9.1 特效基础

Photoshop提供了众多的特效工具和面板，用户可以根据自己无限的创作和想象空间，对文字、图像、照片、纹理和光照等进行特殊效果的制作，达到视觉与创意的完美结合，制作出极具品质和商业价值的作品，如图9-1所示。

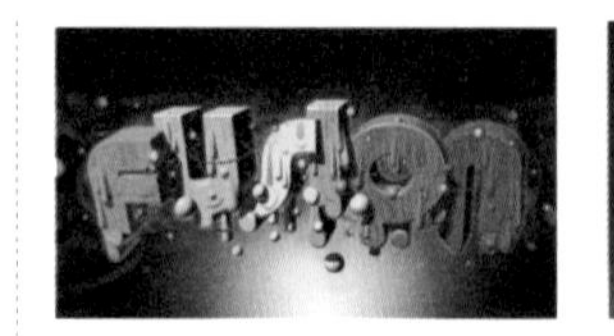

图9-1

# 9.2 特效实战

## 9.2.1 金属字

**【案例学习目标】**学习使用特效工具和面板制作金属字。

**【案例知识要点】**使用横排文字工具添加文字，使用添加图层样式命令和剪贴蒙版命令制作文字效果，最终效果如图9-2所示。

**【效果所在位置】**Ch09/效果/金属字. psd。

图9-2

（1）按Ctrl+O组合键，打开本书学习资源中的“Ch09 > 素材 > 金属字 > 01”文件，如图9-3所示。将前景色设为深灰色（其R、G、B的值分别为85、85、85）。选择“横排文字”工具T，输入需要的文字并选取文字，在属性栏中选择合适的字体并设置文字大小，效果如图9-4所示，在“图层”控制面板中生成新的文字图层。

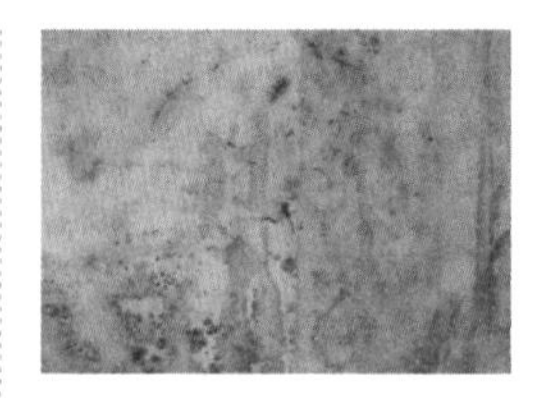

图9-3

图9-4

（2）单击“图层”控制面板下方的“添加图层样式”按钮fx，在弹出的菜单中选择“斜面和浮雕”命令，弹出对话框，选项的设置如图9-5所示。选择“等高线”选项，切换到相应的对话框，选项的设置如图9-6所示。

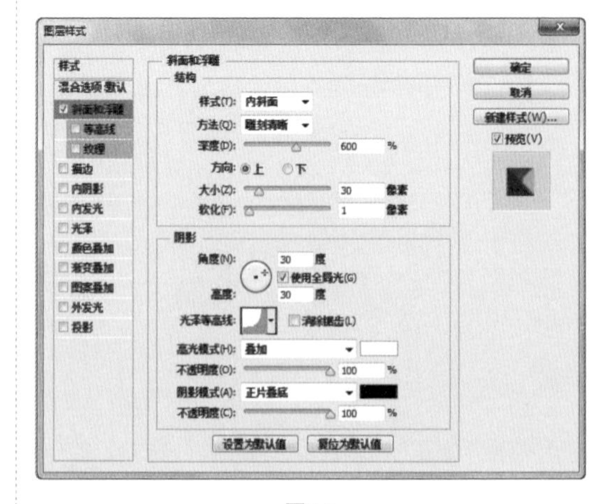


图9-5

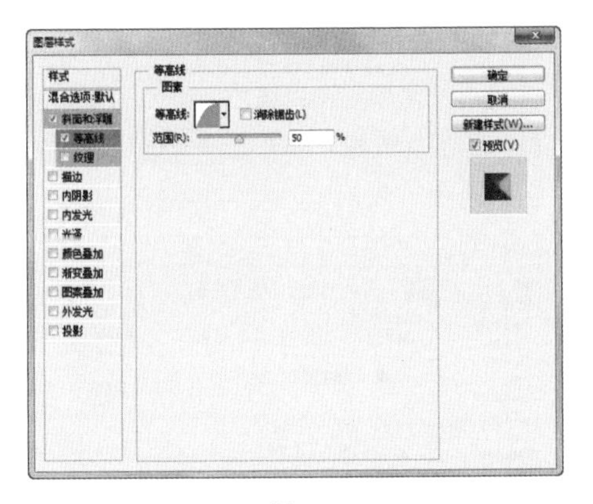

图9-6

（3）选择“内发光”选项，切换到相应的对话框，将内发光颜色设为黑色，其他选项的设置如图9-7所示。选择“渐变叠加”选项，切换到相应的对话框，选项的设置如图9-8所示。

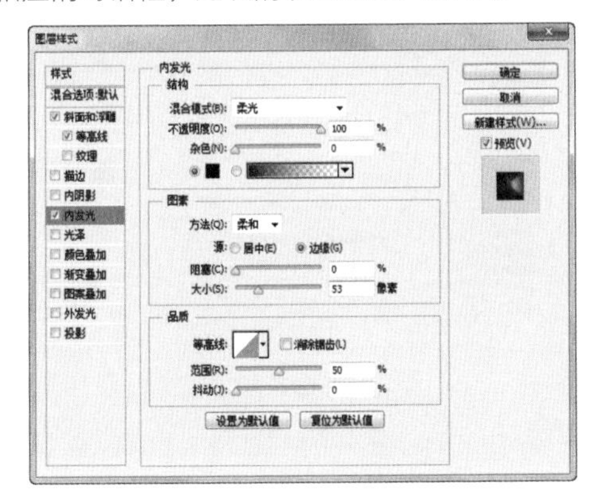

图9-7

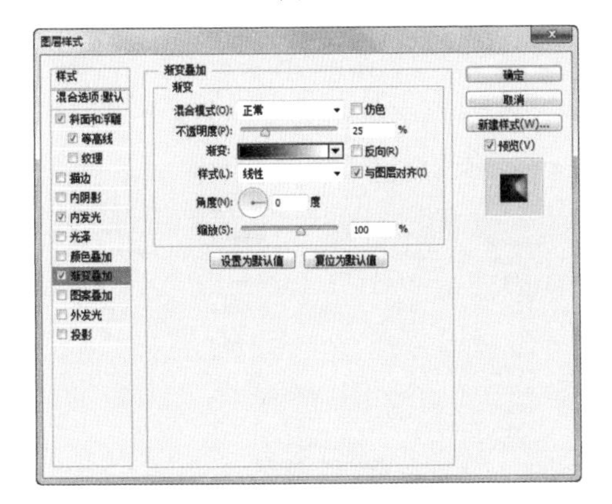

图9-8

（4）选择“投影”选项，切换到相应的对话框，选项的设置如图9-9所示。单击“确定”按钮，效果如图9-10所示。

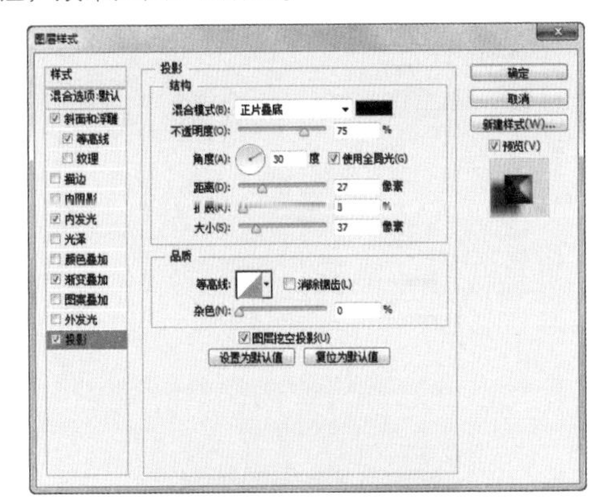

图9-9

图9-10

（5）按Ctrl+O组合键，打开本书学习资源中的“Ch09 > 素材 > 金属字 > 02”文件，选择“移动”工具，将02图片拖曳到图像窗口的适当位置，效果如图9-11所示，在“图层”控制面板中生成新的图层。按Alt+Ctrl+G组合键，创建剪贴蒙版，图像效果如图9-12所示。

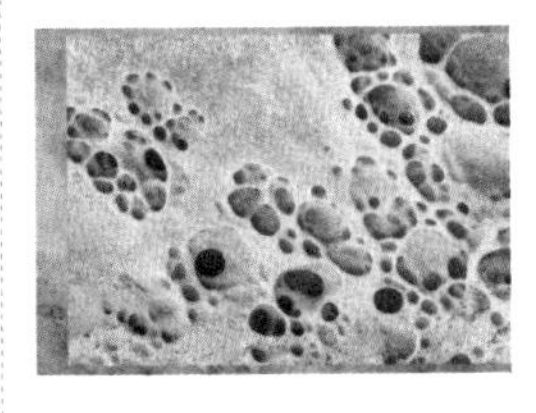

图9-11

图9-12

（6）单击“图层”面板下方的“添加图层样式”按钮，选择“混合选项”命令，弹出对话框，按住Alt键的同时，向左拖曳“本图层”下方的白色左侧滑块，如图9-13所示，单击“确定”按钮，调整混合选项，图像效果如图9-14所示。

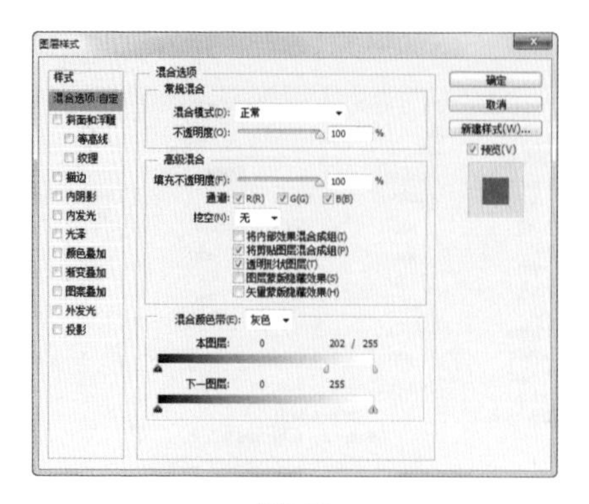

图9-13

图9-14

（7）将前景色设为深灰色（其R、G、B的值分别为85、85、85）。选择“横排文字”工具[T]，输入需要的文字并选取文字，在属性栏中选择合适的字体并设置文字大小，效果如图9-15所示，在“图层”控制面板中生成新的文字图层。

图9-15

（8）单击“图层”控制面板下方的“添加图层样式”按钮[fx]，在弹出的菜单中选择“斜面和浮雕”命令，在弹出的对话框中进行设置，如图9-16所示。

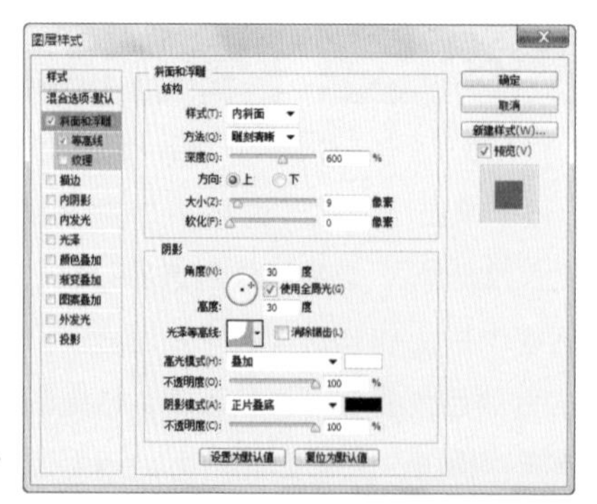

图9-16

（9）选择“内发光”选项，切换到相应的对话框，将内发光颜色设为黑色，其他选项的设置如图9-17所示。选择“渐变叠加”选项，切换到相应的对话框，选项的设置如图9-18所示。

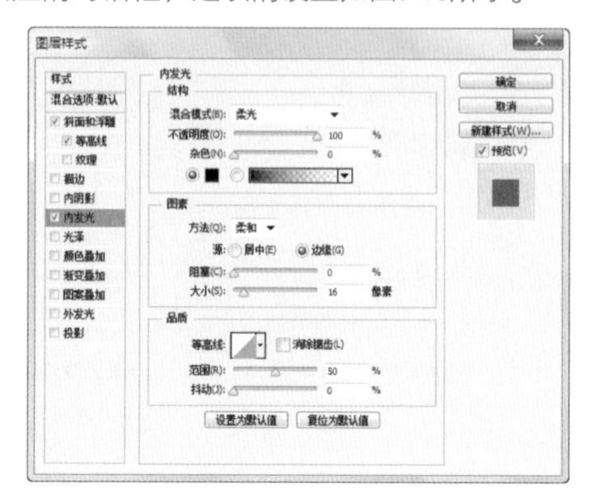

图9-17

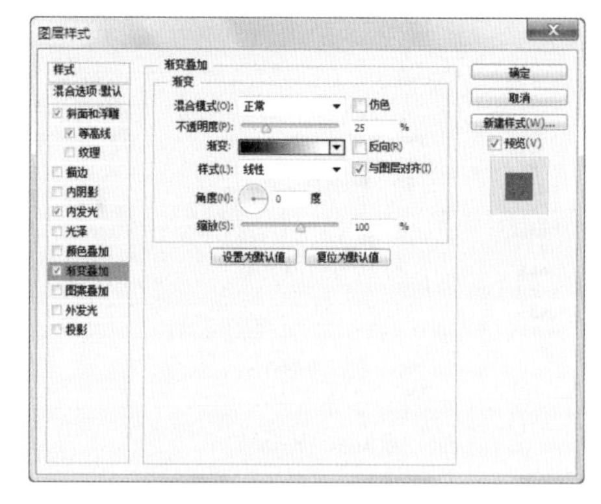

图9-18

（10）选择“投影”选项，切换到相应的对话框，选项的设置如图9-19所示，单击“确定”按钮，效果如图9-20所示。

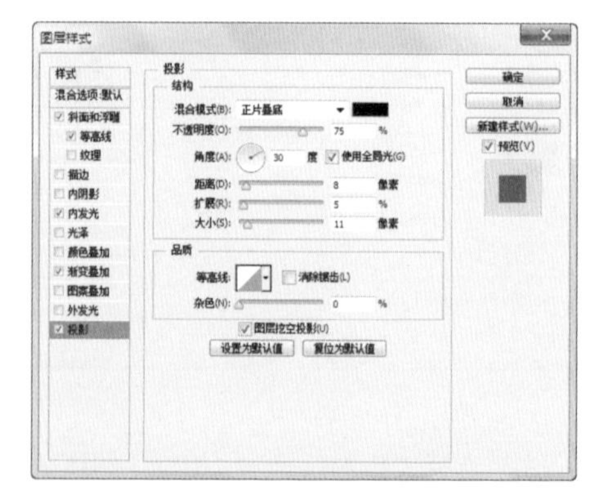

图9-19

图9-20

（11）将“图层1”拖曳到控制面板下方的“创建新图层”按钮上，生成新的副本图层并拖曳到所有图层的上方，如图9-21所示。按Alt+Ctrl+G组合键，创建剪贴蒙版。选择“移动”工具，将图片拖曳到适当的位置，图像效果如图9-22所示。

图9-21　　图9-22

（12）单击“图层”控制面板下方的“创建新的填充或调整图层”按钮，在弹出的菜单中选择“色阶”命令，在“图层”控制面板中生成“色阶1”图层，同时弹出“色阶”面板，设置如图9-23所示，按Enter键确认操作，效果如图9-24所示。

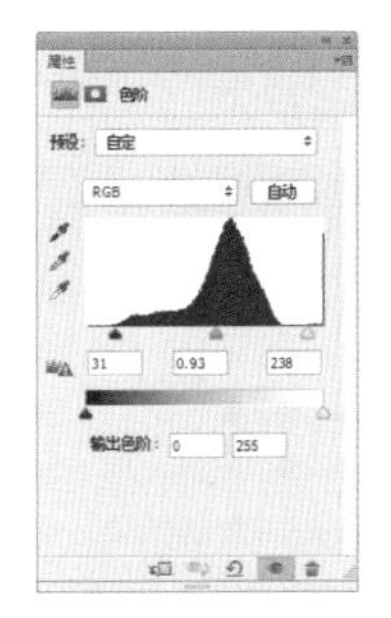

图9-23　　图9-24

（13）将前景色设为黑色。选择“横排文字”工具，输入需要的文字并选取文字，在属性栏中选择合适的字体并设置文字大小，效果如图9-25所示，在“图层”控制面板中生成新的文字图层。选择“窗口 > 字符”命令，弹出“字符”面板，选项的设置如图9-26所示，按Enter键确认操作，文字效果如图9-27所示。

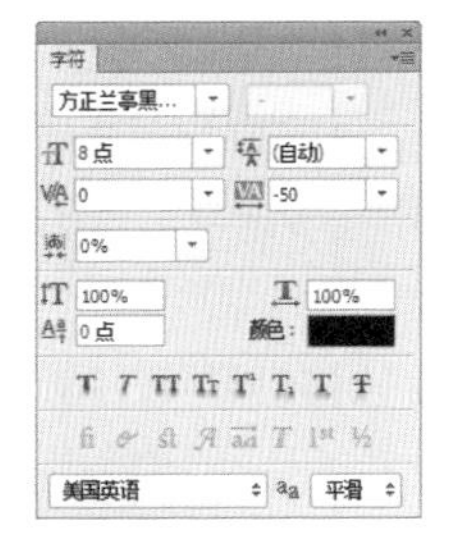


图9-25　　图9-26

图9-27

（14）选择“横排文字”工具，输入需要的文字并选取文字，在属性栏中选择合适的字体并设置文字大小，效果如图9-28所示，在“图层”控制面板中生成新的文字图层。在“字符”面板中，选项的设置如图9-29所示，按Enter键确认操作，效果如图9-30所示。金属字制作完成。

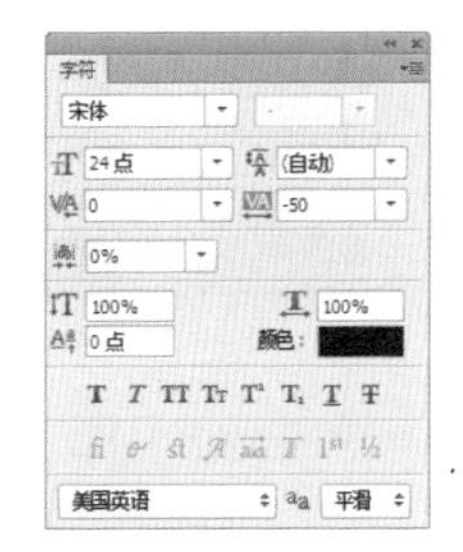


图9-28　　图9-29

图9-30

## 9.2.2　枫叶字

【案例学习目标】学习使用特效工具和面板

制作枫叶字。

**【案例知识要点】**使用文字工具、将选区转换为路径命令、画笔工具和从选区生成工作路径命令制作文字特效，最终效果如图9-31所示。

**【效果所在位置】**Ch09/效果/枫叶字. psd。

图9-31

（1）按Ctrl+O组合键，打开本书学习资源中的“Ch09>素材>枫叶字>01”文件，如图9-32所示。

（2）将前景色设为黑色。选择“横排文字”工具，在图像窗口中适当的位置输入需要的文字并选取文字，在属性栏中选择合适的字体并设置文字大小，效果如图9-33所示，在“图层”控制面板中生成新的文字图层。

图9-32

图9-33

（3）按住Ctrl键的同时，在“图层”控制面板中单击文字图层的缩览图，在图像窗口中生成选区，如图9-34所示。单击图层左侧的眼睛图标，隐藏该图层，图像效果如图9-35所示。

图9-34

图9-35

（4）选择“窗口 > 路径”命令，弹出“路径”控制面板，单击面板下方的“从选区生成工作路径”按钮，如图9-36所示，将选区转换为路径，效果如图9-37所示。

图9-36

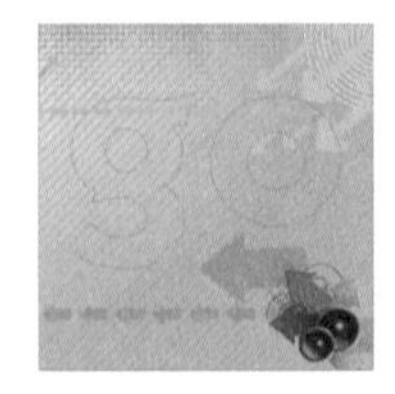

图9-37

（5）新建图层。将前景色设为红色（其R、G、B值分别为231、31、25）。选择“画笔”工具，在属性栏中单击“画笔”选项右侧的按钮，弹出画笔选择面板，选择需要的画笔，如图9-38所示。

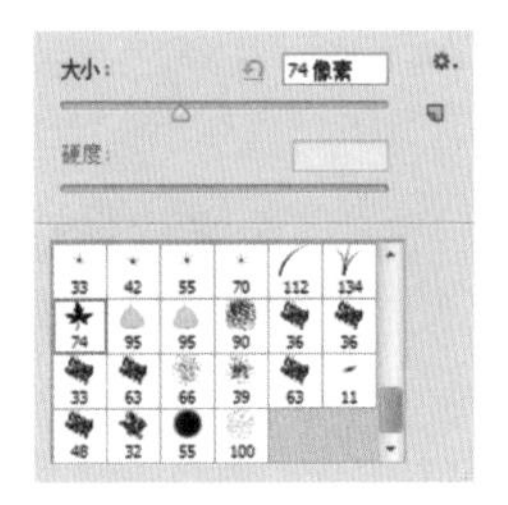


图9-38

（6）单击属性栏中的“切换画笔面板”按钮，弹出“画笔”控制面板，设置如图9-39所示。选择“形状动态”选项，切换到相应的面板，设置如图9-40所示。选择“散布”选项，切换到相应的面板，设置如图9-41所示。

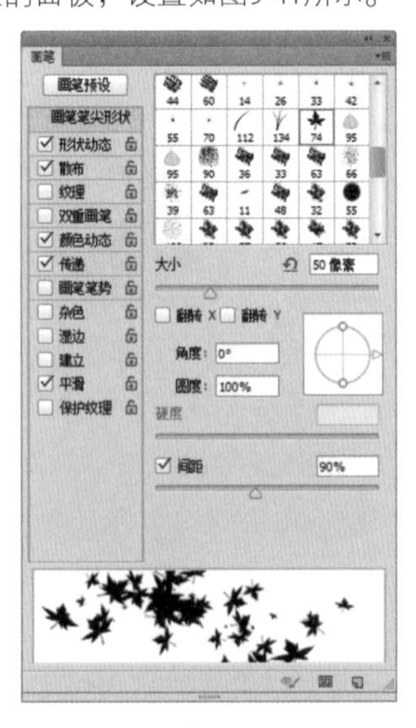


图9-39

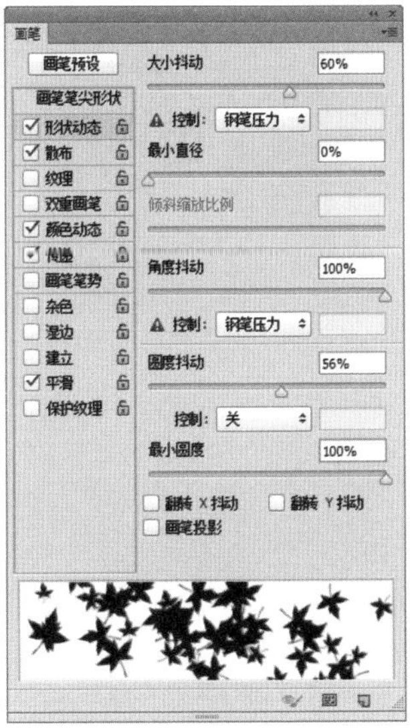

图9-40

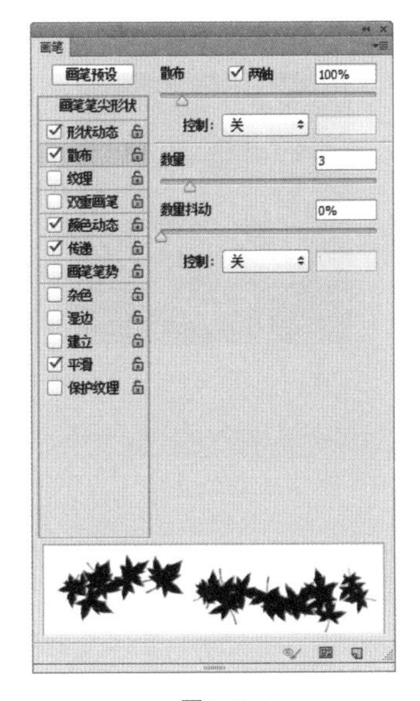


图9-41

（7）单击“路径”控制面板下方的“用画笔描边路径”按钮，用画笔描边路径。选择“路径选择”工具，按Enter键隐藏路径，效果如图9-42所示。单击“图层”控制面板下方的“添加图层样式”按钮fx，在弹出的菜单中选择“投影”命令，在弹出的对话框中进行设置，如图9-43所示。单击“确定”按钮，效果如图9-44所示。

图9-42

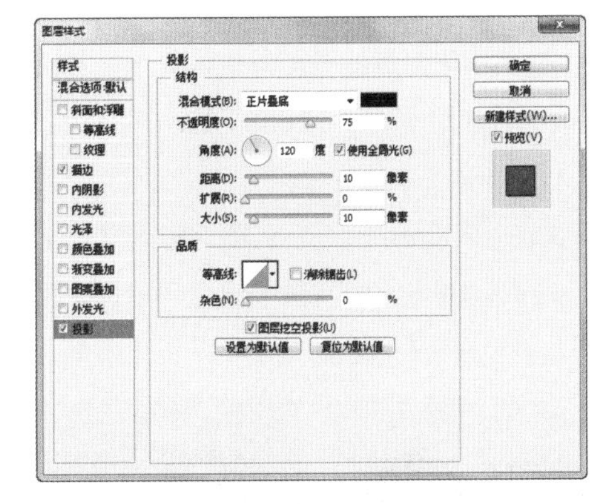


图9-43

图9-44

（8）单击“图层”控制面板下方的“添加图层样式”按钮fx，在弹出的菜单中选择“描边”命令，在弹出的对话框中进行设置，如图9-45所示。单击“确定”按钮，效果如图9-46所示。

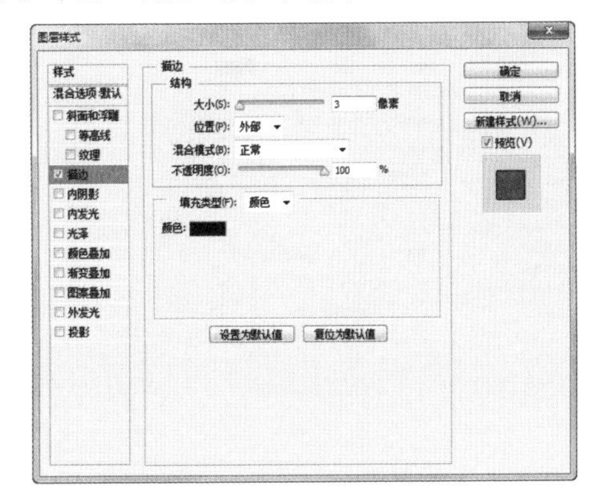


图9-45

图9-46

（9）新建图层。将前景色设为橘红色（其R、G、B值分别为231、31、15）。在“图层”控制面板中单击文字图层左侧的空白图标，显示该图层，效果如图9-47所示。选择“画笔”工具，沿着文字笔画拖曳鼠标绘制枫叶，再次隐藏文字图层，图像效果如图9-48所示。

图9-47

图9-48

（10）单击“图层”控制面板下方的“添加图层样式”按钮，在弹出的菜单中选择“投影”命令，在弹出的对话框中进行设置，如图9-49所示。单击“确定”按钮，效果如图9-50所示。枫叶字制作完成。

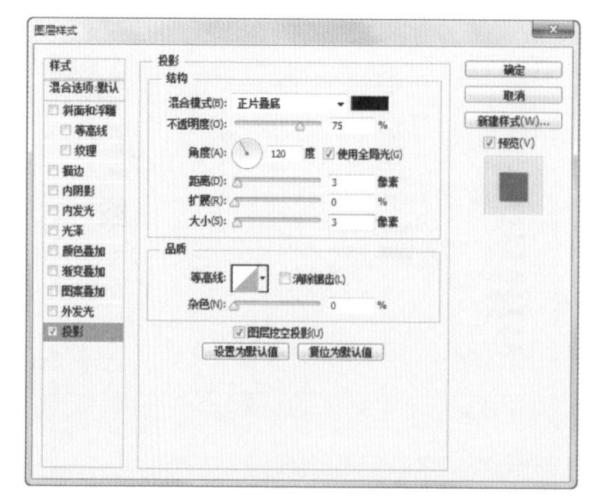


图9-49

图9-50

## 9.2.3 霓虹字

**【案例学习目标】**学习使用特效工具和面板制作霓虹字。

**【案例知识要点】**使用投影、内发光和外发光图层样式制作霓虹字，最终效果如图9-51所示。

**【效果所在位置】**Ch09/效果/霓虹字. psd。

图9-51

（1）按Ctrl＋O组合键，打开本书学习资源中的“Ch09 > 素材 > 霓虹字 > 01、02”文件，01文件如图9-52所示。选择“移动”工具，将02图片拖曳到01图像窗口中的适当位置，效果如图9-53所示。在“图层”控制面板中生成新的图层。

图9-52

图9-53

（2）单击“图层”控制面板下方的“添加图层样式”按钮，在弹出的菜单中选择“投影”命令，弹出对话框，将投影颜色设为黄色（其

R、G、B值分别为251、254、3），其他选项的设置如图9-54所示。选择“外发光”选项，弹出相应的对话框，将发光颜色设置为红色（其R、G、B值分别为252、0、0），其他选项的设置如图9-55所示。

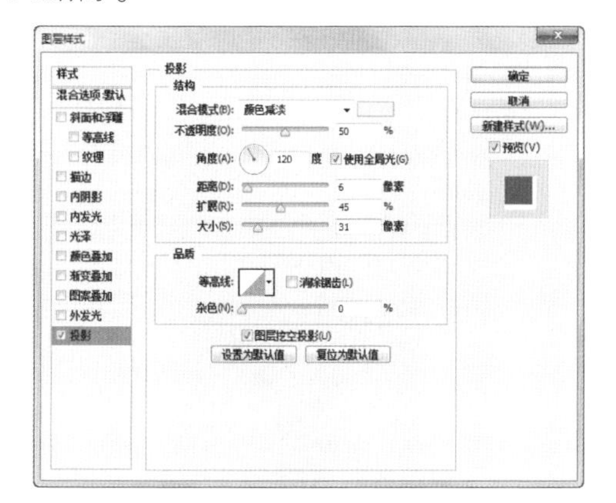

图9-54

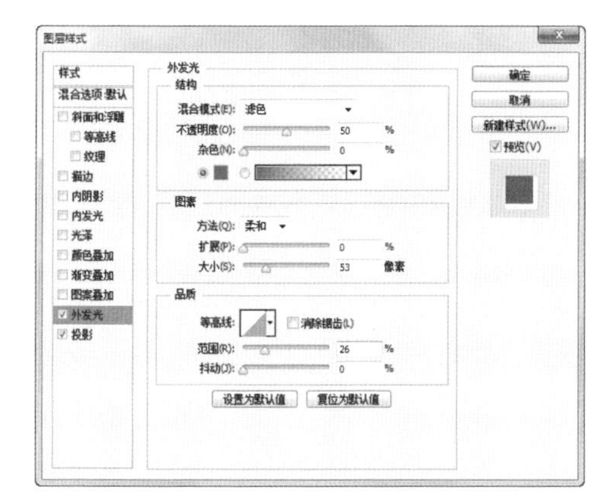

图9-55

（3）选择“内发光”选项，弹出相应的对话框，单击“点按可编辑渐变”按钮，弹出“渐变编辑器”对话框，在“位置”选项中分别输入0、37、68、100四个位置点，分别设置四个位置点颜色的R、G、B值为0（255、255、255）、37（238、253、2）、68（253、144、2）、100（253、2、14），如图9-56所示。单击“确定”按钮，返回到相应的对话框，其他选项的设置如图9-57所示。单击“确定”按钮，效果如图9-58所示。霓虹字制作完成。

图9-56

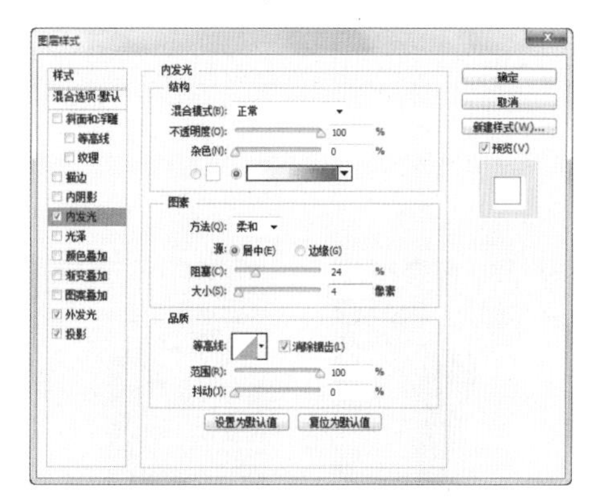

图9-57

图9-58

## 9.2.4　炫光

**【案例学习目标】**学习使用特效工具和面板制作炫光。

**【案例知识要点】**使用钢笔工具、将选区转换为路径命令和描边路径命令制作路径的特效，最终效果如图9-59所示。

**【效果所在位置】**Ch09/效果/炫光. psd。

图9-59

（1）按Ctrl＋O组合键，打开本书学习资源中的“Ch09 > 素材 > 炫光 > 01”文件，如图9-60所示。新建图层。选择“钢笔”工具，在属性栏的“选择工具模式”选项中选择“路径”，在图像窗口中绘制路径，如图9-61所示。

图9-60

图9-61

（2）选择“画笔”工具，在属性栏中单击“画笔”选项右侧的按钮，弹出画笔选择面板，单击面板右上方的按钮，在弹出的菜单中选择“书法画笔”选项，弹出提示对话框，单击“追加”按钮。在画笔选择面板中选择需要的画笔形状，如图9-62所示。

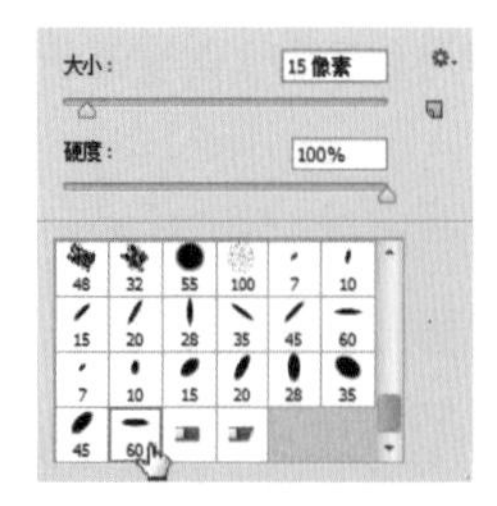


图9-62

（3）选择“路径选择”工具，选择路径。在路径上单击鼠标右键，在弹出的菜单中选择“描边路径”命令，弹出“描边路径”对话框，设置如图9-63所示，单击“确定”按钮。按Enter键确认操作，隐藏路径，效果如图9-64所示。

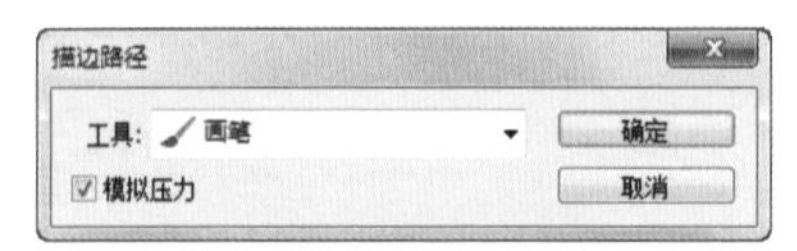


图9-63

图9-64

（4）单击“图层”控制面板下方的“添加图层样式”按钮，在弹出的菜单中选择“外发光”命令，弹出对话框，将发光颜色设为青色（其R、G、B的值分别为0、227、254），其他选项的设置如图9-65所示，单击“确定”按钮，效果如图9-66所示。用相同的方法制作其他特效，效果如图9-67所示。

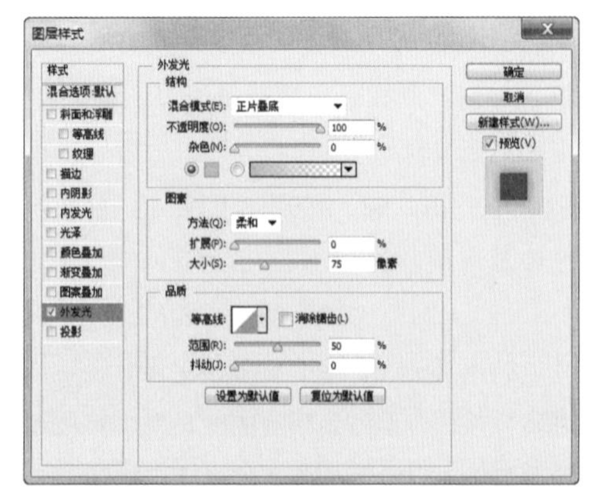


图9-65

图9-66

图9-67

（5）按两次Ctrl+E组合键，合并图层，如图9-68所示。选择“橡皮擦”工具，在属性栏中单击“画笔”选项右侧的按钮，弹出画笔选择面板，选择需要的画笔形状，如图9-69所示。在图像中的特效处进行涂抹，擦除不需要的图像，效果如图9-70所示。炫光制作完成。

图9-68

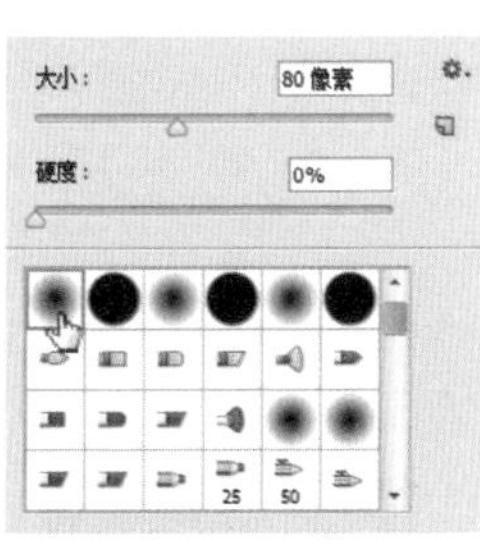


图9-69

图9-70

## 9.2.5　粒子光

**【案例学习目标】**学习使用特效工具和面板制作粒子光。

**【案例知识要点】**使用椭圆选框工具、描边命令、极坐标命令、风命令和动感模糊命令制作光效果，使用添加图层样式按钮为光添加多种特殊效果，使用椭圆工具、画笔工具和用画笔描边路径按钮制作外发光效果，最终效果如图9-71所示。

**【效果所在位置】**Ch09/效果/粒子光.psd。

图9-71

（1）按Ctrl＋N组合键，新建一个文件，宽度和高度均为6.8厘米，分辨率为300像素/英寸，颜色模式为RGB，背景内容为白色。新建图层。将前景色设为红色（其R、G、B的值分别为211、0、0）。按Alt+Delete组合键，用前景色填充图层，效果如图9-72所示。

图9-72

（2）单击“图层”控制面板下方的“添加图层样式”按钮，在弹出的菜单中选择“内阴影”命令，弹出对话框，设置如图9-73所示，单击“确定”按钮，效果如图9-74所示。

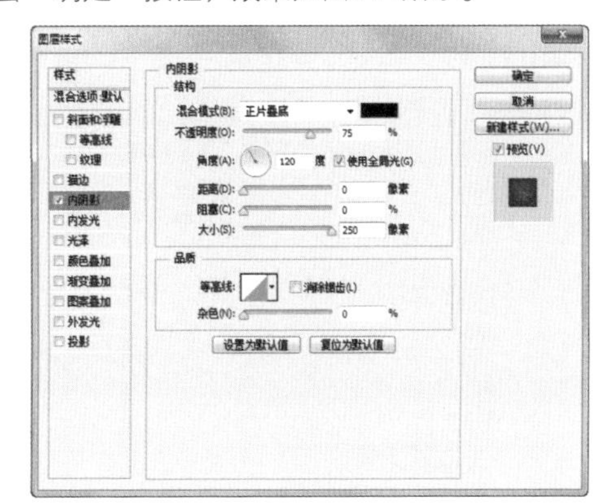


图9-73

图9-74

（3）新建图层。选择“椭圆选框”工具[◌]，按住Shift键的同时，在图像窗口中拖曳鼠标绘制圆形选区，如图9-75所示。选择“编辑 > 描边”命令，弹出对话框，将描边颜色设为白色，其他选项的设置如图9-76所示，单击“确定”按钮。按Ctrl+D组合键，取消选区，效果如图9-77所示。

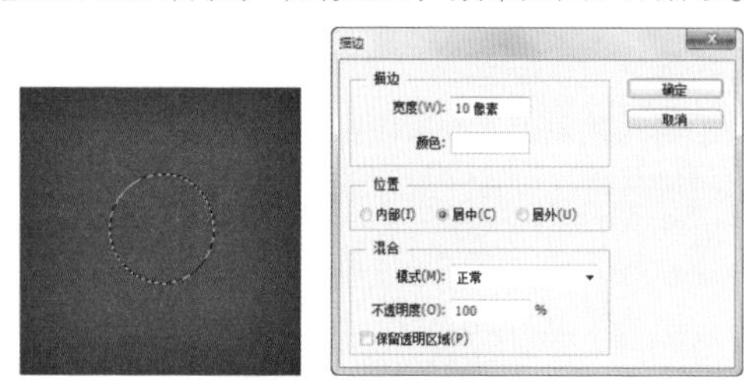


图9-75　　图9-76

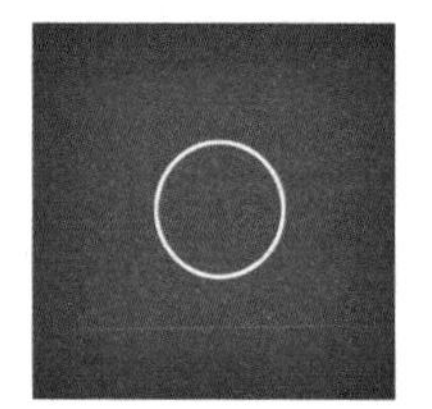

图9-77

（4）选择“滤镜 > 扭曲 > 极坐标”命令，在弹出的对话框中进行设置，如图9-78所示，单击“确定”按钮，效果如图9-79所示。选择“图像 > 图像旋转 > 90度（逆时针）”命令，旋转图像，效果如图9-80所示。

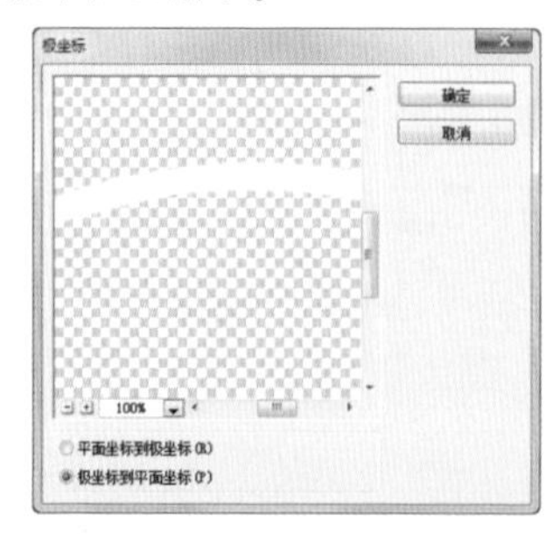


图9-78

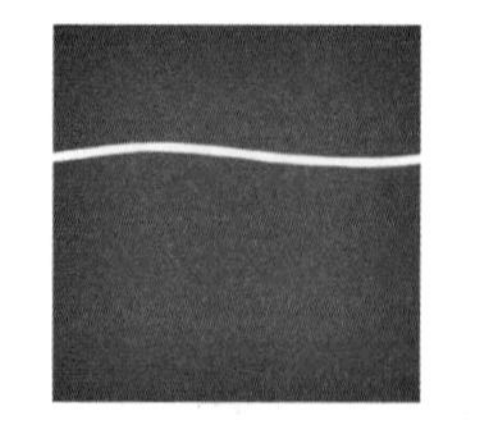

图9-79　　图9-80

（5）选择“滤镜 > 风格化 > 风”命令，在弹出的对话框中进行设置，如图9-81所示，单击“确定”按钮，效果如图9-82所示。多次重复按Ctrl+F组合键，重复使用“风”滤镜，效果如图9-83所示。

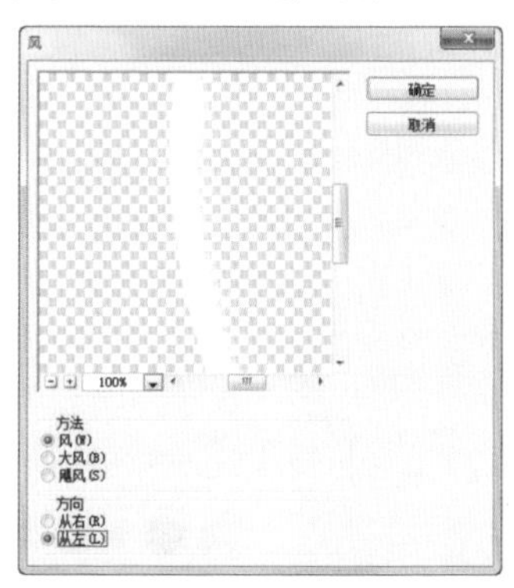


图9-81

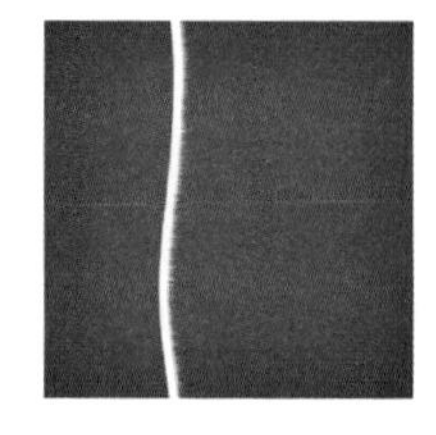

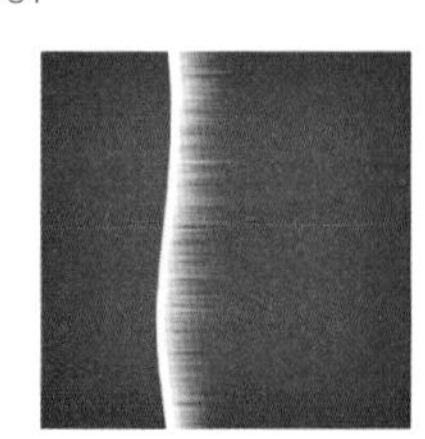

图9-82　　图9-83

（6）选择“图像 > 图像旋转 > 90度（顺时针）”命令，旋转图像，效果如图9-84所示。选择“滤镜 > 扭曲 > 极坐标”命令，在弹出的对话框中进行设置，如图9-85所示，单击“确定”按钮，效果如图9-86所示。

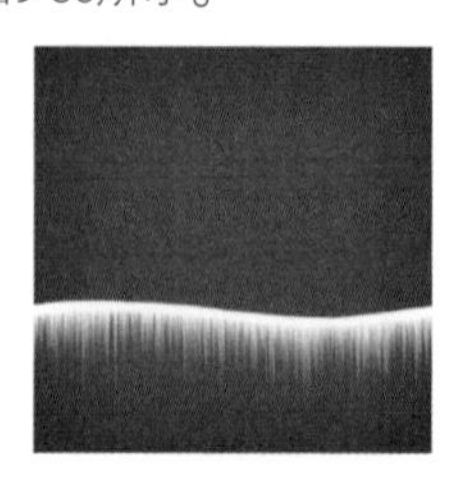

图9-84

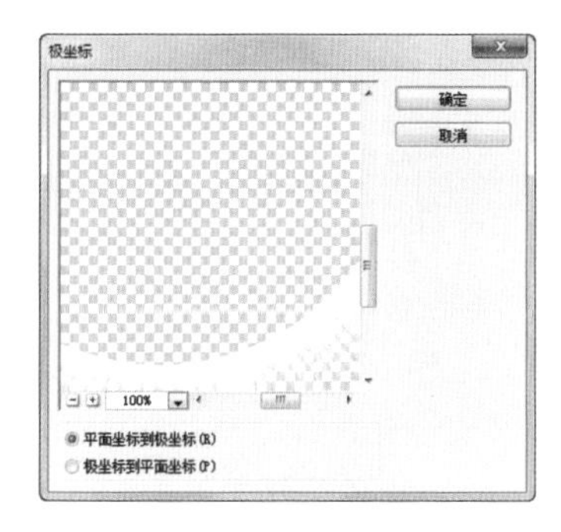


图9-85

图9-86

（7）按住Ctrl键的同时，在“图层2”下方新建图层。将前景色设为白色。选择“椭圆”工具，在属性栏的“选择工具模式”选项中选择“像素”，按住Shift键的同时，在适当的位置绘制圆形，效果如图9-87所示。

图9-87

（8）选中“图层2”，按Ctrl+J组合键，复制图层。选择“滤镜 > 模糊 > 径向模糊”命令，在弹出的对话框中进行设置，如图9-88所示，单击“确定”按钮，效果如图9-89所示。

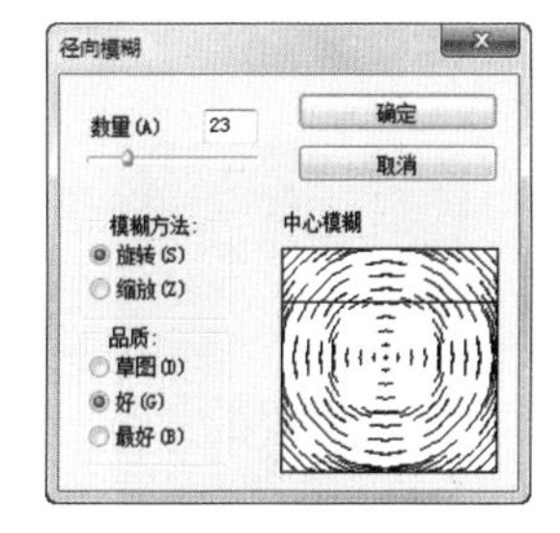


图9-88

图9-89

（9）在“图层”控制面板中，按住Shift键的同时，将“图层3”和“图层2副本”图层之间的所有图层同时选取。按Ctrl+E组合键，合并图层，如图9-90所示。单击“图层”控制面板下方的“添加图层样式”按钮，在弹出的菜单中选择“内发光”命令，弹出对话框，设置如图9-91所示。

图9-90

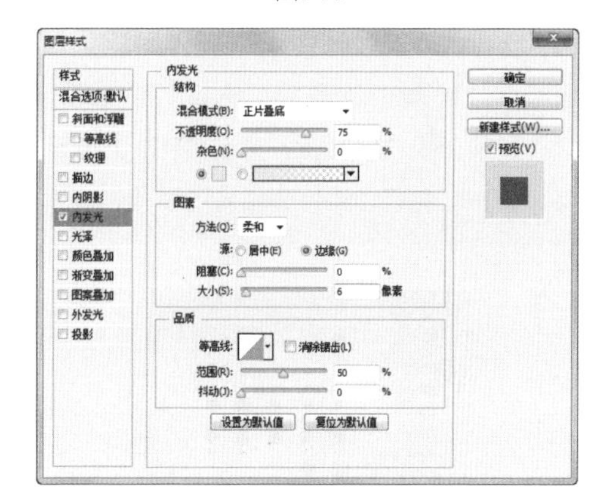


图9-91

（10）选择“外发光”选项，切换到相应的对话框，将发光颜色设为红色（其R、G、B的值分别为255、0、0），如图9-92所示，单击“确定”按钮，效果如图9-93所示。

（11）新建图层。选择“椭圆”工具，在属性栏的“选择工具模式”选项中选择“路径”，按住Shift键的同时，在适当的位置上绘制圆形路径，如图9-94所示。

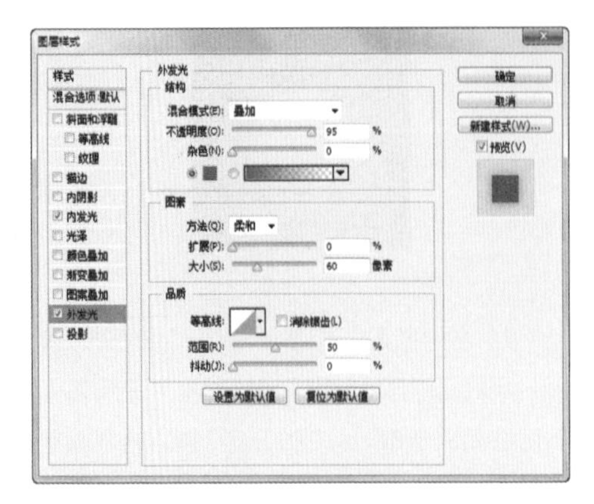


图9-92

图9-93

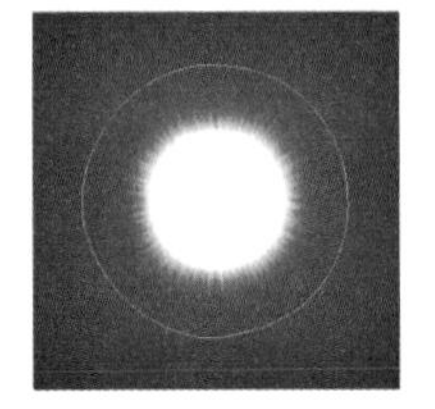

图9-94

（12）选择“画笔”工具，在属性栏中单击“切换画笔面板”按钮，弹出“画笔”控制面板，选择“画笔笔尖形状”选项，切换到相应的面板，设置如图9-95所示。选择“形状动态”选项，切换到相应的面板，设置如图9-96所示。选择“散布”选项，切换到相应的面板，设置如图9-97所示。

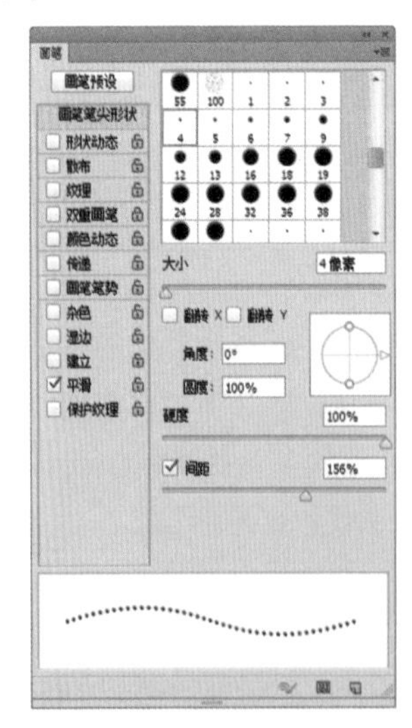


图9-95

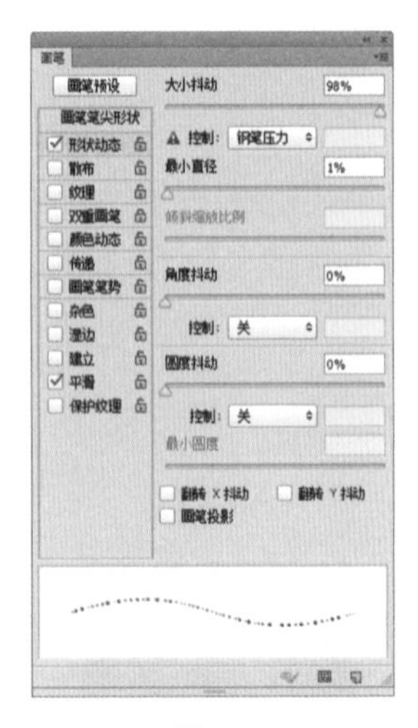


图9-96

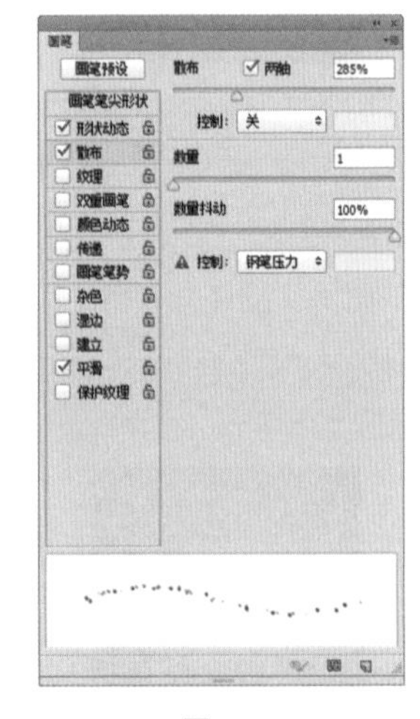


图9-97

（13）单击“路径”控制面板下方的“用画笔描边路径”按钮，描边路径。按Enter键，隐藏路径，效果如图9-98所示。单击“图层”控制面板下方的“添加图层样式”按钮，在弹出的菜单中选择“内发光”命令，弹出对话框，将发光颜色设为橘红色（其R、G、B的值分别为255、94、31），其他选项的设置如图9-99所示。

图9-98

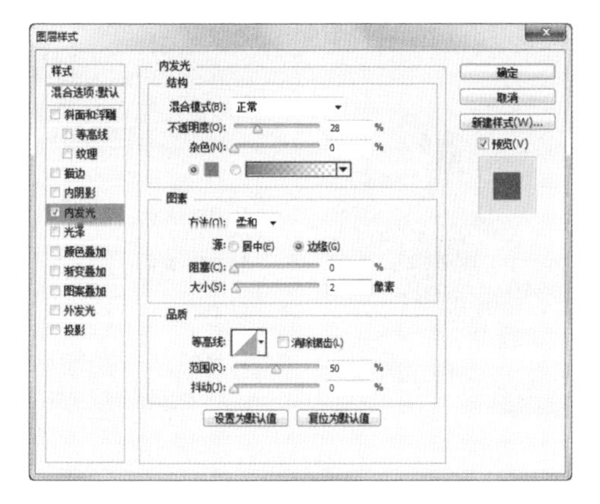


图9-99

（14）选择“外发光”选项，切换到相应的对话框，将发光颜色设为红色（其R、G、B的值分别为255、0、0），其他选项的设置如图9-100所示，单击“确定”按钮，效果如图9-101所示。按两次Ctrl+J组合键，复制图层，如图9-102所示。

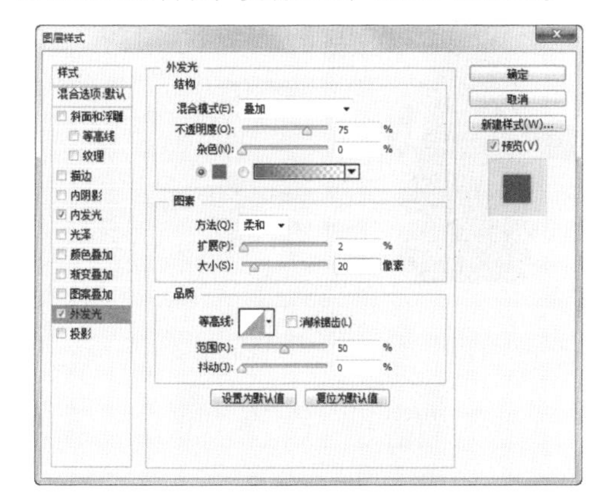


图9-100

图9-101

图9-102

（15）按Ctrl+T组合键，在图像周围出现变换框，按住Alt+Shift组合键的同时，拖曳右上角的控制手柄等比例缩小图形，按Enter键确认操作，效果如图9-103所示。使用相同的方法再制作出光，效果如图9-104所示。合并图层并将其命名为“图层4”，如图9-105所示。

图9-103

图9-104

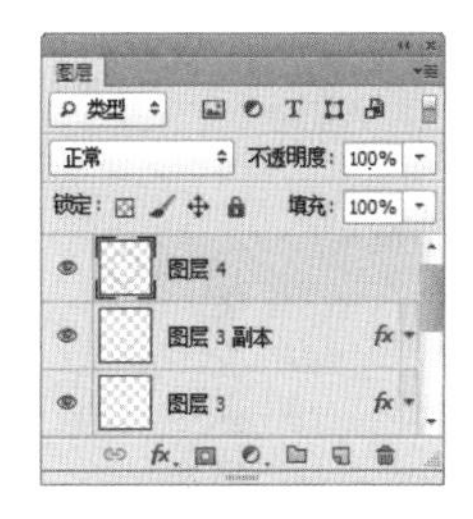


图9-105

（16）按Ctrl+J组合键，复制图层，如图9-106所示。选择“滤镜 > 模糊 > 高斯模糊”命令，在弹出的对话框中进行设置，如图9-107所示，单击“确定”按钮，效果如图9-108所示。

（17）按Ctrl+O组合键，打开本书学习资源中的“Ch09 > 素材 > 粒子光 > 01”文件，选择“移动”工具，将图片拖曳到图像窗口中的适当位置，效果如图9-109所示。粒子光效果制作完成。

图9-106

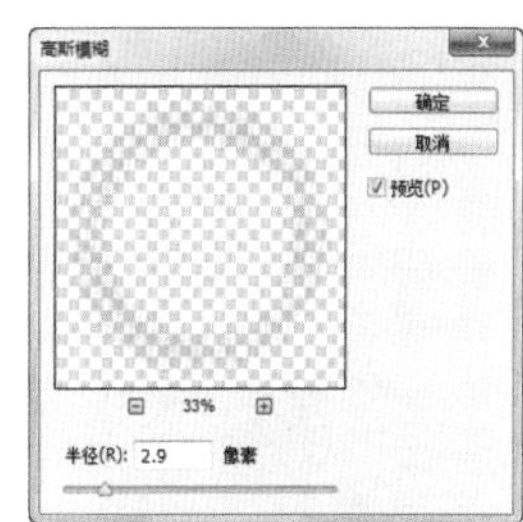


图9-107

图9-108

图9-109

## 9.2.6 冰冻

**【案例学习目标】**学习使用特效工具和面板制作冰冻效果。

**【案例知识要点】**使用水彩滤镜、照亮边缘滤镜和铬黄渐变滤镜制作冰的质感，使用色阶命令和图层混合模式命令调整和叠加图像，使用横排文字工具和变换文字命令添加文字，最终效果如图9-110所示。

**【效果所在位置】**Ch09/效果/冰冻. psd。

图9-110

（1）按Ctrl+O组合键，打开本书学习资源中的“Ch09 > 素材 > 冰冻 > 01”文件，如图9-111所示。选择“钢笔”工具，在属性栏的“选择工具模式”选项中选择“路径”，在图像窗口中沿着企鹅轮廓绘制路径，如图9-112所示。

图9-111

图9-112

（2）按Ctrl+Enter组合键，将路径转换为选区，如图9-113所示。连续按3次Ctrl+J组合键，对选区中的图像进行复制，生成新的图层，将其他两个图层隐藏，如图9-114所示。

图9-113

图9-114

（3）选中“图层1”。选择“滤镜 > 滤镜库”命令，在弹出的对话框中进行设置，如图9-115所示。单击“确定”按钮，效果如图9-116所示。

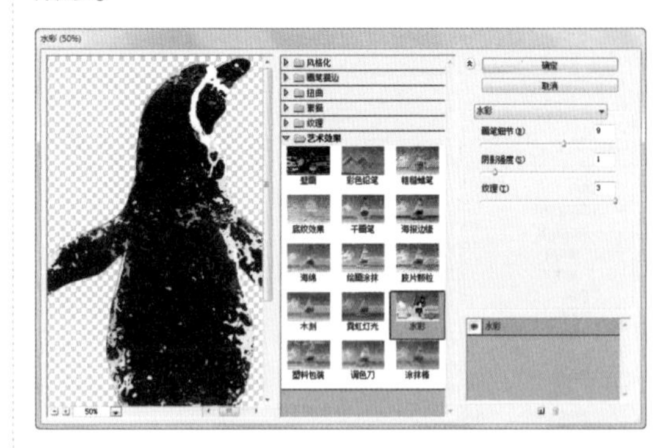


图9-115

图9-116

（4）双击图层，弹出“图层样式”对话框，按住Alt键的同时，向左拖曳“本图层”下方的白色左侧滑块，如图9-117所示，单击“确定”按钮，调整混合选项，效果如图9-118所示。

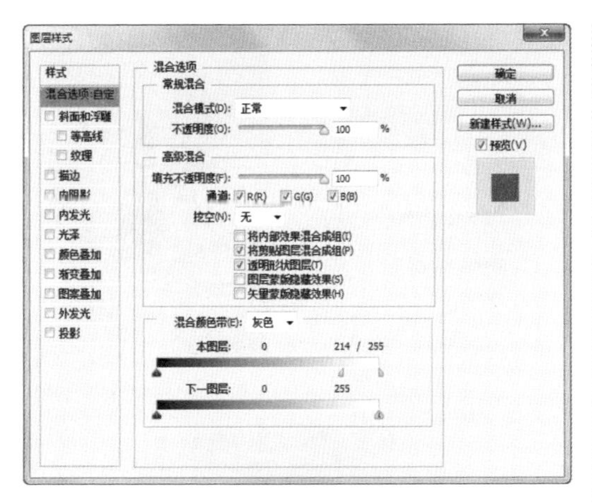


图9-117

图9-118

（5）选择并显示副本图层。选择“滤镜 > 滤镜库”命令，在弹出的对话框中进行设置，如图9-119所示。单击“确定”按钮，效果如图9-120所示。

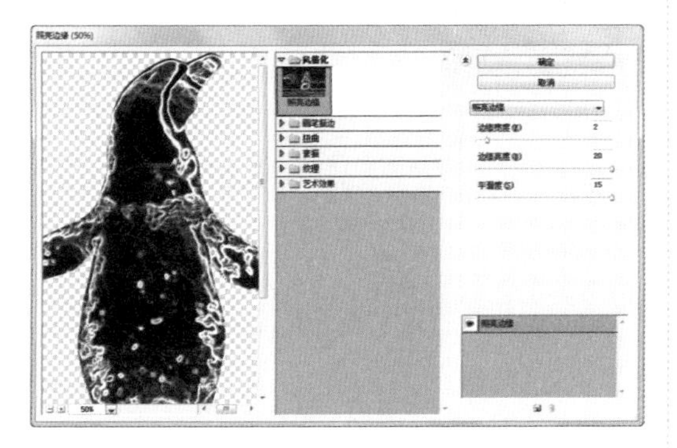

图9-119

图9-120

（6）选择“图像 > 调整 > 去色”命令，去除图像颜色，效果如图9-121所示。在“图层”控制面板上方，将该图层的混合模式选项设为“滤色”，如图9-122所示，图像效果如图9-123所示。

图9-121 图9-122

图9-123

（7）选择并显示副本2图层。选择“滤镜 > 滤镜库”命令，在弹出的对话框中进行设置，如图9-124所示。单击“确定”按钮，效果如图9-125所示。

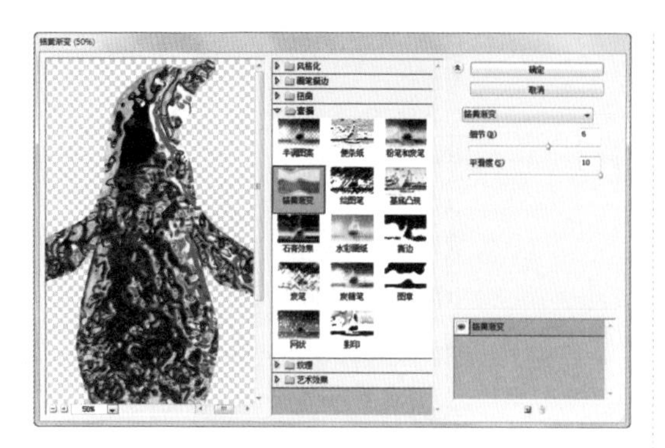

图9-124

图9-125

（8）在“图层”控制面板上方，将该图层的混合模式选项设为“滤色”，如图9-126所示，效果如图9-127所示。

图9-126

图9-127

（9）单击“图层”控制面板下方的“创建新的填充或调整图层”按钮，在弹出的菜单中选择“色阶”命令，在“图层”控制面板中生成“色阶1”，同时弹出“色阶”面板，单击按钮，设置如图9-128所示，按Enter键确认操作，效果如图9-129所示。新建图层。选择“滤镜 > 渲染 > 云彩”命令，制作云彩，效果如图9-130所示。

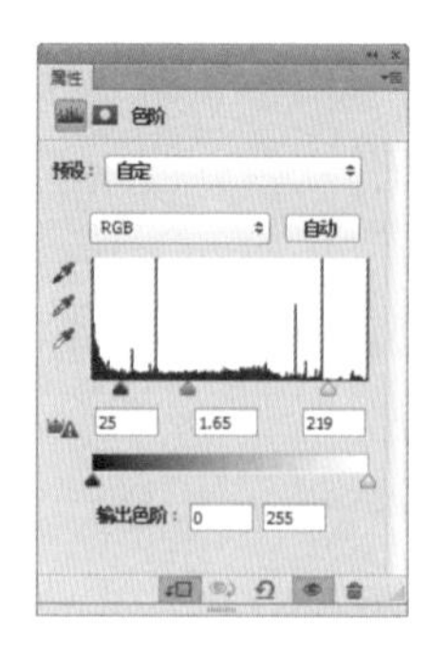

图9-128

图9-129

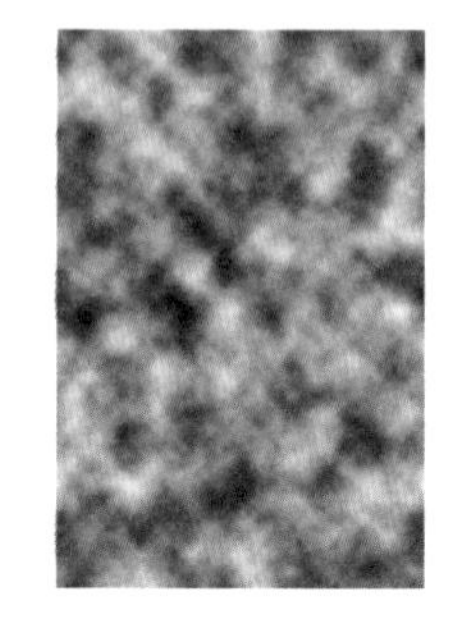

图9-130

（10）选择“滤镜 > 渲染 > 分层云彩”命令，制作分层云彩，效果如图9-131所示。选择“图像 > 调整 > 色阶”命令，在弹出的对话框中进行设置，如图9-132所示，单击“确定”按钮，效果如图9-133所示。

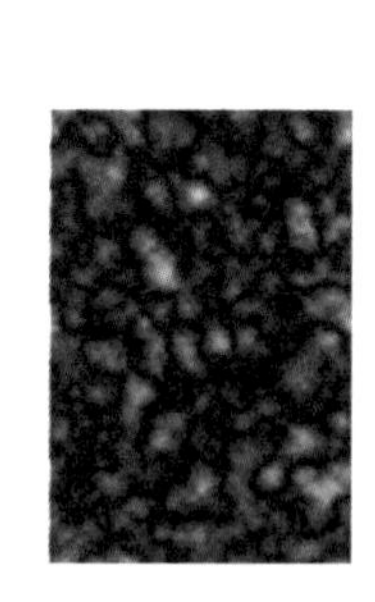

图9-131

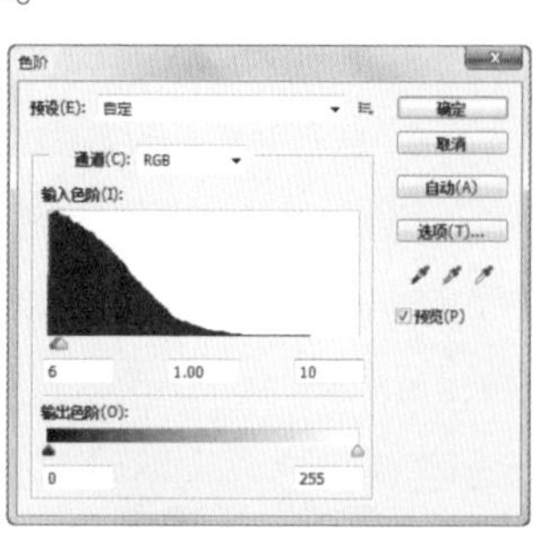


图9-132

图9-133

（11）选择“移动”工具[▸+]，将其拖曳到适当的位置，效果如图9-134所示。在“图层”控制面板上方，将该图层的混合模式选项设为“颜色加深”，如图9-135所示，图像效果如图9-136所示。按Alt+Ctrl+G组合键，创建剪贴蒙版，效果如图9-137所示。

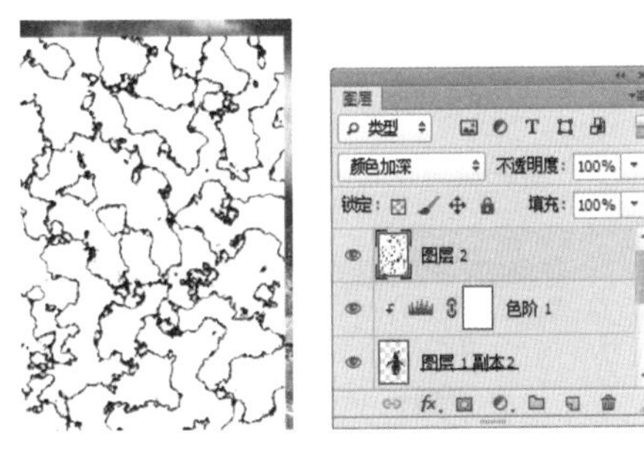


图9-134　　图9-135

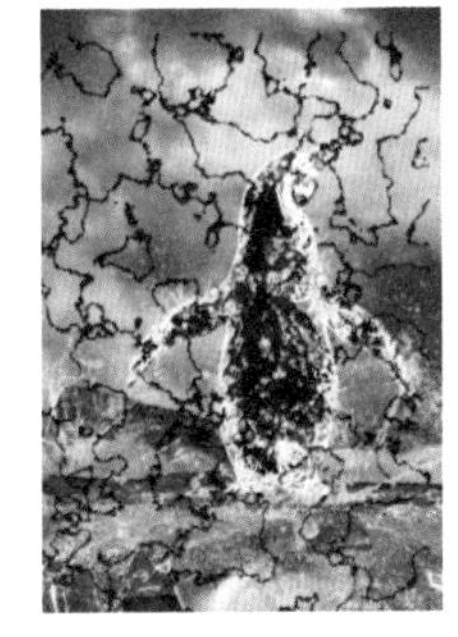

图9-136　　图9-137

（12）将前景色设为白色。选择“横排文字”工具[T]，在图像窗口中输入需要的文字并选取文字，在属性栏中选择合适的字体并设置文字大小，效果如图9-138所示。单击属性栏中的“创建变形文本”按钮[⌶]，在弹出的对话框中进行设置，如图9-139所示。单击“确定”按钮，效果如图9-140所示。

图9-138

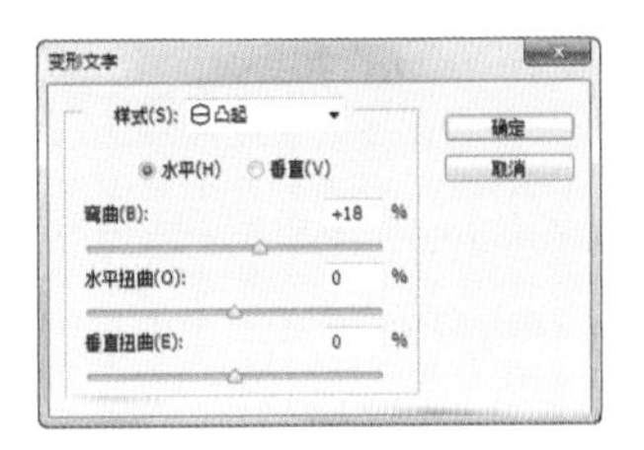


图9-139

图9-140

（13）在“图层”控制面板上方，将文字图层的混合模式选项设为“叠加”，如图9-141所示，图像效果如图9-142所示。冰冻效果制作完成。

图9-141

图9-142

# 9.3 综合实例——制作汽车广告

【**案例学习目标**】学习使用特效工具和面板制作汽车广告。

【**案例知识要点**】使用钢笔工具、图层蒙版、渐变工具和图层混合模式制作装饰渐变，使用直线工具绘制网状装饰线条，使用动感模糊、图层蒙版和画笔工具制作建筑物投影，使用画笔工具绘制星星，使用椭圆工具、图层样式和剪贴蒙版制作功能介绍图片，使用横排文字工具添加文字，最终效果如图9-143所示。

【**效果所在位置**】Ch09/效果/制作汽车广告. psd。

图9-143

## 1. 制作背景效果

（1）按Ctrl+N组合键，新建一个文件，宽度为29.7厘米，高度为21厘米，分辨率为150像素/英寸，颜色模式为RGB，背景内容为白色。

（2）选择“渐变”工具，单击属性栏中的“点按可编辑渐变”按钮，弹出“渐变编辑器”对话框，将渐变颜色设为从蓝色（其R、G、B的值分别为0、75、163）到蓝黑色（其R、G、B的值分别为0、19、37），如图9-144所示，单击“确定”按钮。选中属性栏中的“径向渐变”按钮，按住Shift键的同时，在图像窗口中从中心至右拖曳渐变色，效果如图9-145所示。

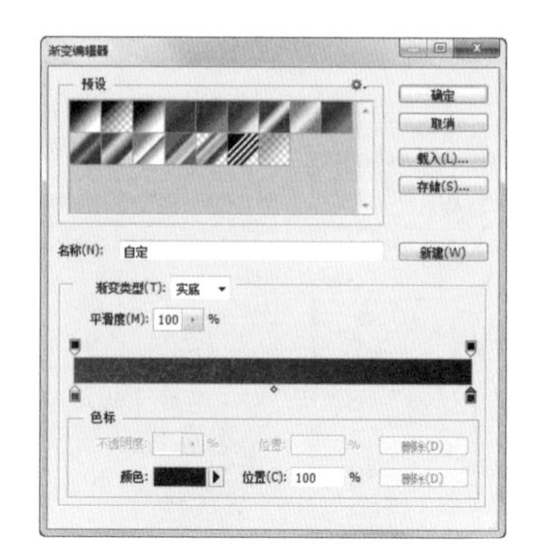


图9-144

图9-145

（3）新建图层组并新建图层。将前景色设为白色。选择“钢笔”工具，在属性栏的“选择工具模式”选项中选择“路径”，在图像窗口绘制路径，如图9-146所示。按Ctrl+Enter组合键，将路径转换为选区。用前景色填充选区，取消选区后，效果如图9-147所示。在“图层”控制面板上方，将该图层的混合模式选项设为“叠加”，“不透明度”选项设为40%，按Enter键确认操作，图像效果如图9-148所示。

图9-146

图9-147

图9-148

（4）单击“图层”控制面板下方的“添加图层蒙版”按钮，为图层添加蒙版。将前景色设为黑色。选择“画笔”工具，在属性栏中单击“画笔”选项右侧的按钮，在弹出的面板中选择需要的画笔形状，设置如图9-149所示。在图像窗口中拖曳鼠标擦除不需要的图像，效果如图9-150所示。连续按Ctrl+J组合键，复制图层，并调整图像大小，效果如图9-151所示。单击“组1”左侧的按钮，隐藏图层。

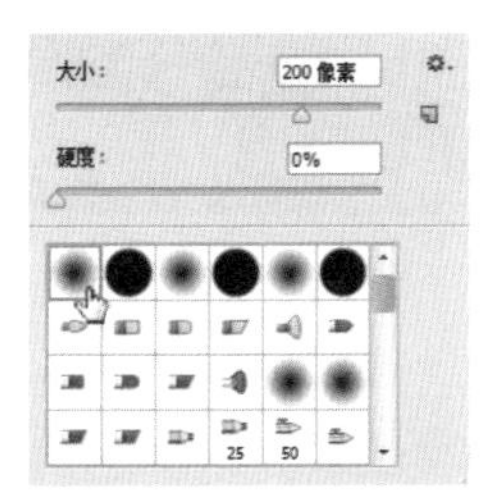

图9-149

图9-150

图9-151

（5）新建图层。将前景色设为白色。选择“直线”工具，在属性栏的“选择工具模式”选项中选择“像素”，将“粗细”选项设为3px，在图像窗口中多次拖曳鼠标绘制图像，效果如图9-152所示。在“图层”控制面板上方，将该图层的混合模式选项设为“叠加”，“不透明度”选项设为80%，按Enter键确认操作，图像效果如图9-153所示。

图9-152

图9-153

（6）单击“图层”控制面板下方的“添加图层蒙版”按钮，为图层添加蒙版。将前景色设为黑色。选择“画笔”工具，在属性栏中单击“画笔”选项右侧的按钮，在弹出的面板中选择需要的画笔形状，设置如图9-154所示，在图像窗口中擦除不需要的图像，效果如图9-155所示。

（7）按Ctrl+O组合键，打开本书学习资源中的“Ch09 > 素材 > 制作汽车广告 > 01、02”文件，选择“移动”工具，将01、02图片分别拖曳到图像窗口的适当位置，效果如图9-156所示。

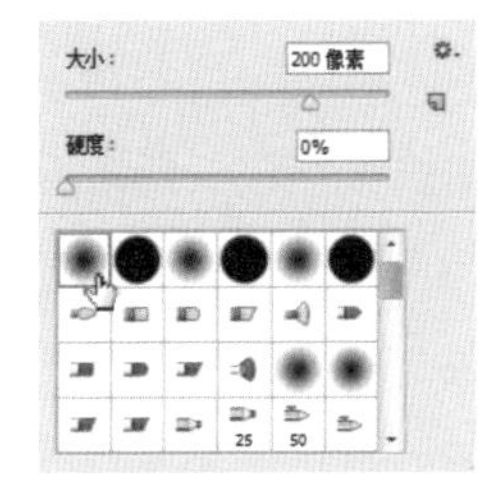

图9-154

图9-155

图9-156

（8）选择“图层3”。单击“图层”控制面板下方的“添加图层样式”按钮，在弹出的菜单中选择“颜色叠加”命令，弹出对话框，选项的设置如图9-157所示，单击“确定”按钮，效果如图9-158所示。

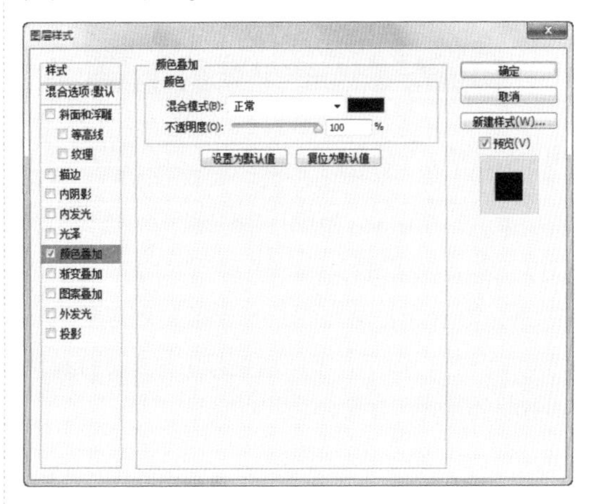

图9-157

图9-158

（9）选择“图层4”。按Ctrl+J组合键，复制图层，拖曳到“图层4”的下方。选择“滤镜 > 模糊 > 动感模糊”命令，在弹出的对话框中进行设置，如图9-159所示，单击“确定”按钮，效果如图9-160所示。

图9-159

图9-160

（10）单击“图层”控制面板下方的“添加图层蒙版”按钮，为图层添加蒙版。选择“画笔”工具，在属性栏中单击“画笔”选项右侧的按钮，在弹出的面板中选择需要的画笔形状，设置如图9-161所示，在图像窗口中拖曳鼠标擦除不需要的图像，效果如图9-162所示。

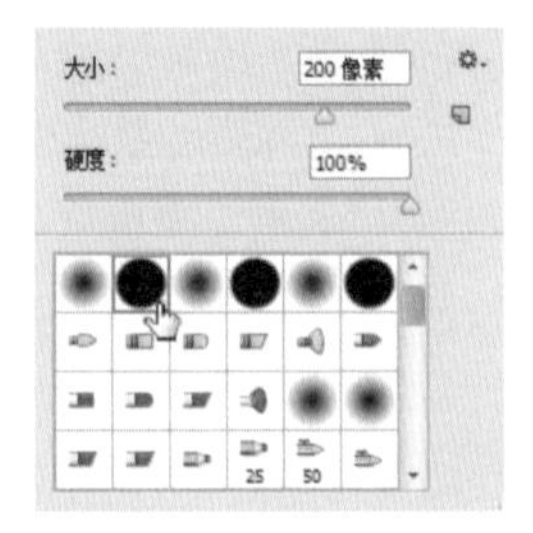


图9-161

图9-162

（11）选择“图层4”。按住Ctrl键的同时，单击该图层的缩览图，图像周围生成选区，如图9-163所示。单击“图层”控制面板下方的“创建新的填充或调整图层”按钮，在弹出的菜单中选择“色相/饱和度”命令，在“图层”控制面板中生成“色相/饱和度1”图层，同时弹出“色相/饱和度”对话框，设置如图9-164所示，按Enter键确认操作，图像效果如图9-165所示。

图9-163

图9-164

图9-165

## 2. 编辑图片效果

（1）按Ctrl＋O组合键，打开本书学习资源中的“Ch09 > 素材 > 制作汽车广告 > 03”文件，选择“移动”工具，将03图片拖曳到图像窗口的适当位置，效果如图9-166所示。

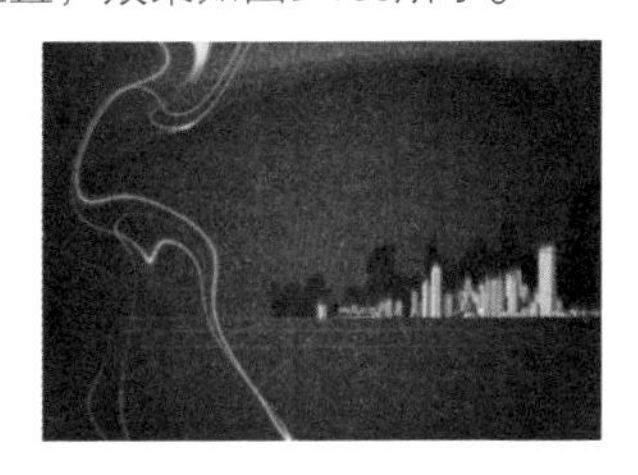

图9-166

（2）新建图层。将前景色设为白色。选择“画笔”工具，单击属性栏中的“切换画笔面板”按钮，弹出“画笔”控制面板，设置如图9-167所示。选择“形状动态”选项，切换到相应的面板，设置如图9-168所示。

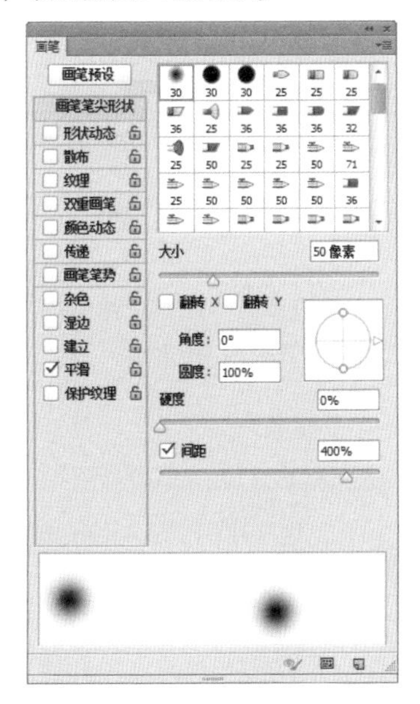


图9-167

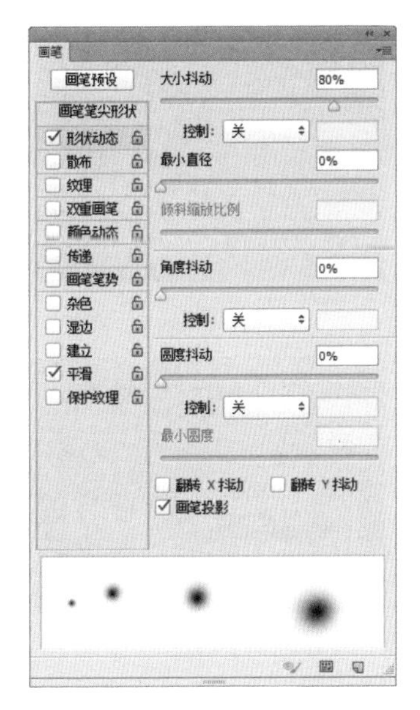


图9-168

（3）选择“散布”选项，切换到相应的面板，设置如图9-169所示。在图像窗口中拖曳鼠标绘制图形，效果如图9-170所示。按Ctrl＋O组合键，打开本书学习资源中的“Ch09 > 素材 > 制作汽车广告 > 04”文件，选择“移动”工具，将04图片拖曳到图像窗口的适当位置，效果如图9-171所示。

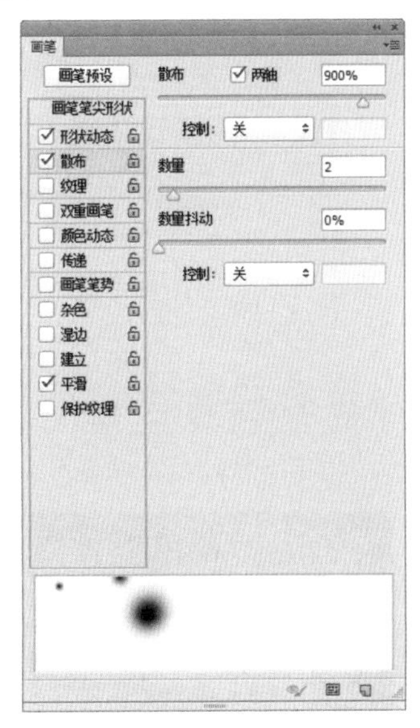


图9-169

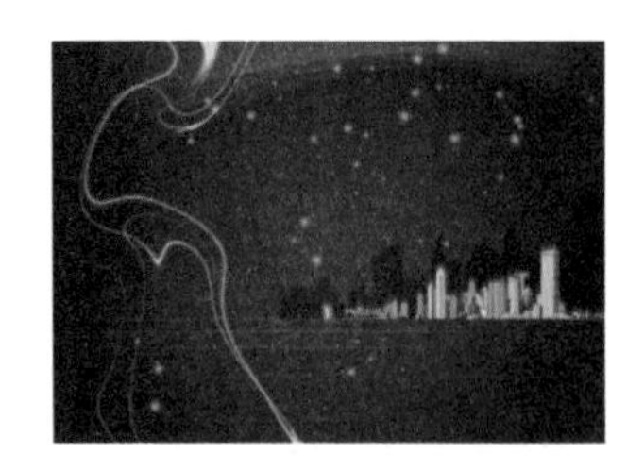

图9-170

图9-171

（4）在“图层”控制面板上方，将“图层7”的混合模式选项设为“强光”，图像效果如图9-172所示。按Ctrl+J组合键，复制图层。将副本图层的混合模式选项设为“正常”，“不透明度”选项设为30%，如图9-173所示，按Enter键确认操作，图像效果如图9-174所示。

图9-172

图9-173

图9-174

（5）新建图层。将前景色设为白色。选择“椭圆选框”工具，按住Shift键的同时，在图像窗口中拖曳鼠标绘制圆形选区，如图9-175所示。按Alt+Delete组合键，用前景色填充选区，取消选区后，效果如图9-176所示。

图9-175

图9-176

（6）单击“图层”控制面板下方的“添加图层样式”按钮，在弹出的菜单中选择“投影”命令，在弹出的对话框中进行设置，如图9-177所示。选择“外发光”选项，切换到相应的对话框，将发光颜色设为白色，单击“等高线”右侧按钮，在弹出的面板中选择需要的等高线，其他选项的设置如图9-178所示。

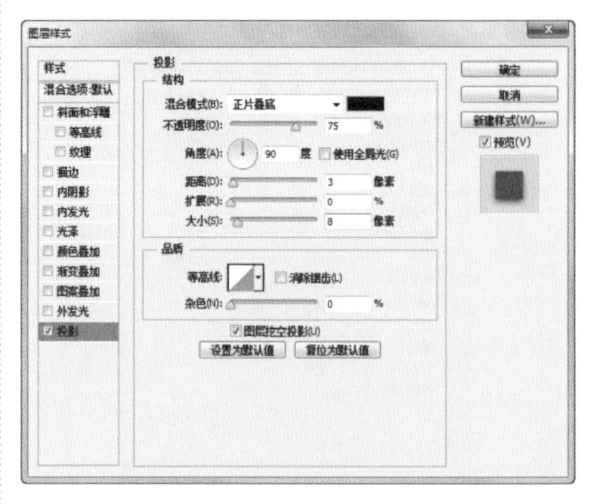


图9-177

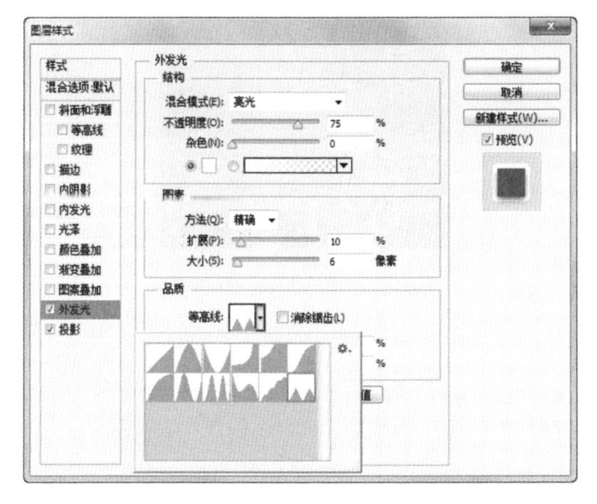


图9-178

（7）选择“描边”选项，切换到相应的对话框，将“填充类型”选项设为“渐变”，单击“渐变”选项右侧的“点按可编辑渐变”按钮，弹出“渐变编辑器”对话框，在“位置”选项中分别输入0、13、28、48、68五个位置点，分别设置五个位置点颜色的RGB值为0（78、110、50）、13（99、146、62）、28（128、170、63）、48（158、198、60）、68（201、223、135），单击“确定”按钮。返回相应的对话框，其他选项的设置如图9-179所示，单击“确定”按钮，效果如图9-180所示。

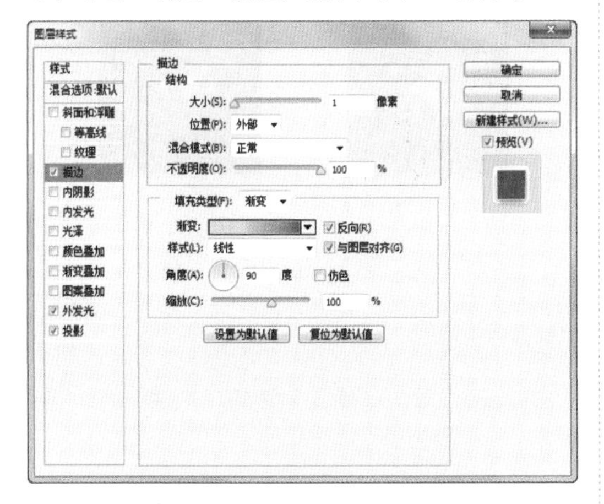


图9-179

图9-180

（8）选择“移动”工具，按住Alt键的同时，分别拖曳图像到适当的位置，复制图像，效果如图9-181所示。选择“图层8”。按Ctrl＋O组合键，打开本书学习资源中的“Ch09 > 素材 > 制作汽车广告 > 05”文件，选择“移动”工具，将05图片拖曳到图像窗口的适当位置，如图9-182所示。

图9-181

图9-182

（9）按Alt+Ctrl+G组合键，创建剪贴蒙版，图像效果如图9-183所示。用相同的方法制作其他图片效果，如图9-184所示。

图9-183

图9-184

### 3. 绘制装饰图形并添加文字

（1）新建图层组并新建图层。选择“自定形状”工具，单击属性栏中“形状”选项右侧的按钮，弹出形状面板，单击右上方的按钮，在弹出的菜单中选择“全部”命令，弹出提示对话框，单击“确定”按钮。在面板中选择需要的形状，如图9-185所示。按住Shift键的同时，在图像窗口中拖曳鼠标绘制图形，如图9-186所示。在“图层”控制面板上方，将该图层的“填充”选项设为0%，如图9-187所示。

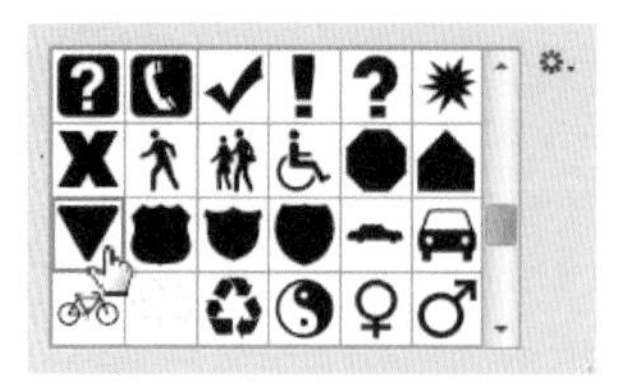

图9-185

图9-186　　图9-187

（2）单击“图层”控制面板下方的“添加图层样式”按钮fx，在弹出的菜单中选择“描边”命令，弹出对话框，将“填充类型”选项设为“渐变”，单击“渐变”选项右侧的“点按可编辑渐变”按钮，弹出“渐变编辑器”对话框，在“位置”选项中分别输入0、51、100三个位置点，分别设置三个位置点颜色的RGB值为0（167、167、167）、51（255、255、255）、100（167、167、167），单击“确定”按钮。返回相应的对话框，其他选项的设置如图9-188所示，单击“确定”按钮，效果如图9-189所示。

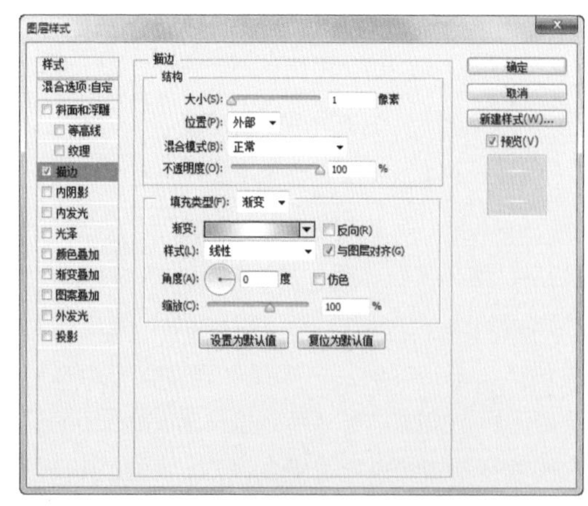


图9-188

图9-189

（3）新建图层。选择“自定形状”工具，单击“形状”选项右侧的按钮，弹出形状面板，在面板中选择需要的形状，如图9-190所示。按住Shift键的同时，在图像窗口中拖曳鼠标绘制图形，如图9-191所示。

（4）按Ctrl+T组合键，在图像周围出现变换框，在变换框中单击鼠标右键，在弹出的菜单中选择“旋转90度（顺时针）”命令，旋转图像，按Enter键确认操作，效果如图9-192所示。

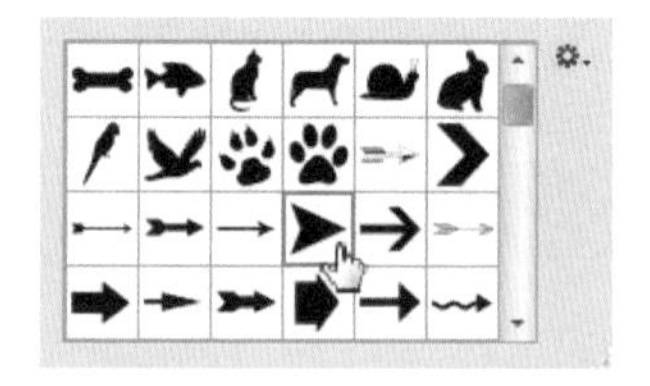

图9-190

图9-191　　图9-192

（5）单击“图层”控制面板下方的“添加图层样式”按钮fx，在弹出的菜单中选择“斜面和浮雕”命令，在弹出的对话框中进行设置，如图9-193所示，单击“确定”按钮，效果如图9-194所示。

（6）将前景色设为淡蓝色（其R、G、B值分别为203、216、232）。选择“横排文字”工具T，在图像窗口中输入需要的文字并选取文字，在属性栏中选择合适的字体并设置文字大小，如图9-195所示。

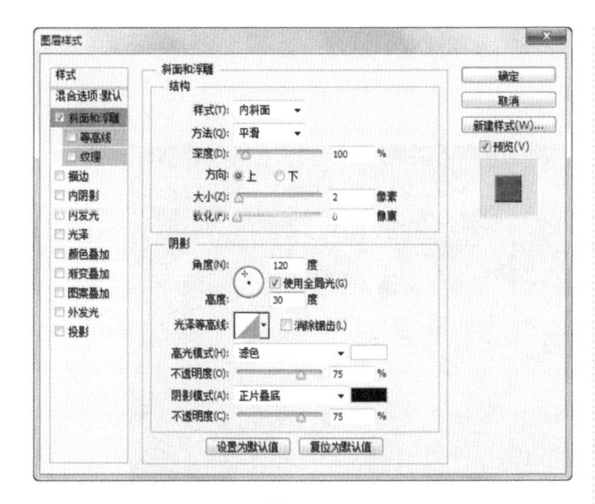


图9-193

图9-194　　图9-195

（7）单击“图层”控制面板下方的“添加图层样式”按钮，在弹出的菜单中选择“渐变叠加”命令，弹出对话框，单击“渐变”选项右侧的“点按可编辑渐变”按钮，弹出“渐变编辑器”对话框，将渐变颜色设为从灰色（其R、G、B的值分别为148、148、148）到白色，单击“确定”按钮。返回相应的对话框，其他选项的设置如图9-196所示，单击“确定”按钮，效果如图9-197所示。

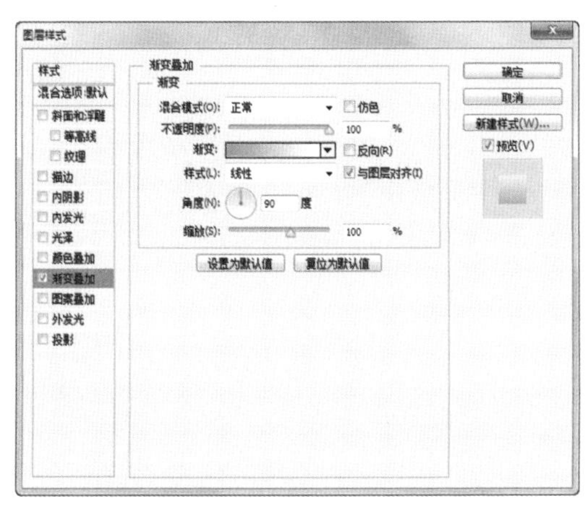


图9-196

图9-197

（8）将前景色设为蓝色（其R、G、B值分别为119、132、156）。选择“横排文字”工具，在图像窗口中输入需要的文字并选取文字，在属性栏中选择合适的字体并设置文字大小，如图9-198所示。

图9-198

（9）按Ctrl＋O组合键，打开本书学习资源中的“Ch09 > 素材 > 制作汽车广告 > 09”文件，选择“移动”工具，将09图片拖曳到图像窗口的适当位置，如图9-199所示。选择“横排文字”工具，在图像窗口中输入需要的文字并选取文字，在属性栏中选择合适的字体并设置大小，如图9-200所示。汽车广告制作完成。

图9-199

图9-200

## 课堂练习——制作运动宣传单

【练习知识要点】使用图层混合模式、填充选项、内发光命令和复制命令为背景和人物添加光感，使用载入选区命令、填充命令和波浪滤镜命令制作人物剪影，使用横排文字工具添加宣传文字，最终效果如图9-201所示。

【效果所在位置】Ch09/效果/制作运动宣传单.psd。

图 9-201

## 课后习题——制作酒吧海报

【习题知识要点】使用图层的不透明度、扩展选区命令和填充命令制作背景效果，使用复制图层、合并图层、图层蒙版和渐变工具添加宣传主体和投影，最终效果如图9-202所示。

【效果所在位置】Ch09/效果/制作酒吧海报.psd。

图9-202

# 第 10 章

# 商业案例实训

## 本章介绍

通过商业案例制作能够了解项目背景、要求及创意要点，熟练掌握使用软件制作案例的过程和与软件结合的相关知识。本章通过多个商业实战案例，进一步讲解Photoshop各大功能的特色和使用技巧，让读者能够快速地掌握软件功能和知识要点，制作出变化多样的设计作品。

## 学习目标

- ◆ 掌握软件功能的使用方法。
- ◆ 了解Photoshop的常用设计领域。
- ◆ 掌握Photoshop在不同设计领域的使用技巧。

## 技能目标

- ◆ 掌握宣传单和广告的设计方法。
- ◆ 掌握书籍封面的设计方法。
- ◆ 掌握包装的设计方法。
- ◆ 掌握UI的设计方法。
- ◆ 掌握网页的设计方法。

# 10.1 制作空调宣传单

## 10.1.1 项目背景及要求

### 1. 客户名称

海布尔电器有限责任公司。

### 2. 客户需求

海布尔电器有限责任公司是一家集研发、生产、销售、服务于一体的专业化电器制作企业。本例是为公司新生产的空调设计制作宣传单，要求形象生动地体现出此产品的特点，以简约直观的风格营造出健康舒适的氛围。

### 3. 设计要求

（1）画面要求以直观的形式表达出此产品的特点。

（2）广告语要点明主题，信息主次分明。

（3）画面色彩要充满清新感，颜色明快而富有张力。

（4）设计风格具有特色，版式布局相对集中紧凑、简洁清晰。

（5）设计规格为210mm（宽）×297mm（高），分辨率为150像素/英寸。

## 10.1.2 项目创意及要点

### 1. 素材资源

**图片素材所在位置：**本书学习资源中的“Ch10/素材/制作空调宣传单/01~07”。

### 2. 作品参考

**设计作品参考效果所在位置：**本书学习资源中的“Ch10/效果/制作空调宣传单.psd”，如图10-1所示。

### 3. 制作要点

使用渐变工具和图层混合模式制作背景底图，使用椭圆工具和图层样式制作装饰圆形，使用钢笔工具、图层蒙版和渐变工具制作图形渐隐效果，使用自定形状工具和图层样式制作装饰星形，使用横排文字工具和变换命令添加宣传性文字。

图10-1

## 10.1.3 案例制作及步骤

### 1. 制作背景并添加产品

（1）按Ctrl+N组合键，新建一个文件，宽度为21厘米，高度为29.7厘米，分辨率为150像素/英寸，颜色模式为RGB，背景内容为白色。

（2）选择“渐变”工具，单击属性栏中的“点按可编辑渐变”按钮，弹出“渐变编辑器”对话框，在“位置”选项中分别输入0、50、100三个位置点，分别设置三个位置点颜色的RGB值为0（212、241、255）、50（5、172、212）、100（0、96、157），如图10-2所示，单击“确定”按钮。选中属性栏中的“径向渐变”按钮，按住Shift键的同时，在图像窗口中由中心到右拖曳渐变色，效果如图10-3所示。

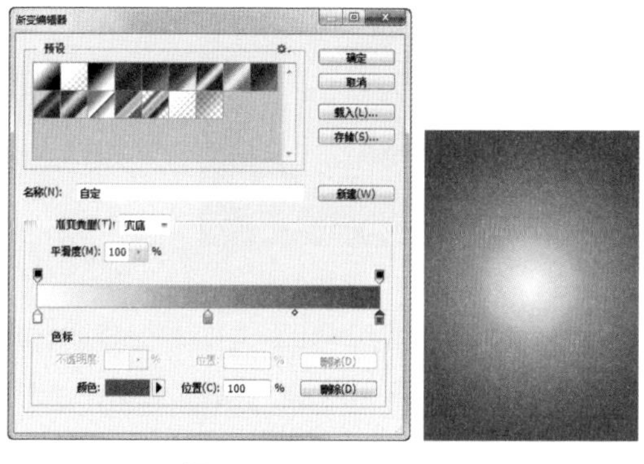


图10-2　　图10-3

（3）按Ctrl＋O组合键，打开本书学习资源中的“Ch10 > 素材 > 制作空调宣传单 > 01”文件，选择“移动”工具，将01图片拖曳到图像窗口的适当位置，效果如图10-4所示，在“图层”控制面板中生成新的图层并将其命名为“光源”。在“图层”控制面板上方，将该图层的混合模式选项设为“滤色”，如图10-5所示，图像效果如图10-6所示。

图10-4　　图10-5

图10-6

（4）按Ctrl＋O组合键，打开本书学习资源中的“Ch10 > 素材 > 制作空调宣传单 > 02”文件，选择“移动”工具，将02图片拖曳到图像窗口的适当位置，效果如图10-7所示，在“图层”控制面板中生成新的图层并将其命名为“云”。在“图层”控制面板上方，将该图层的“不透明度”选项设为10%，如图10-8所示，按Enter键确认操作，图像效果如图10-9所示。

图10-7　　图10-8

图10-9

（5）新建图层组并将其命名为“圆形组合”。新建图层并将其命名为“圆形”。将前景色设为淡蓝色（其R、G、B值分别为206、249、248）。选择“椭圆选框”工具，按住Shift键的同时，在图像窗口中绘制圆形选区，如图10-10所示。按Alt+Delete组合键，用前景色填充选区，取消选区后，效果如图10-11所示。

图10-10　　图10-11

（6）单击“图层”控制面板下方的“添加图层样式”按钮，在弹出的菜单中选择“外发光”命令，弹出对话框，将发光颜色设为白色，其他选项的设置如图10-12所示。选择“颜色叠加”选项，切换到相应的对话框，将叠加颜色设为白色，其他选项的设置如图10-13所示。选择“描边”选项，切换到相应的对话框，将描边颜色设为青色（其R、G、B值分别为8、203、255），其他选项的设置如图10-14所示。单击“确定”按钮，效果如图10-15所示。

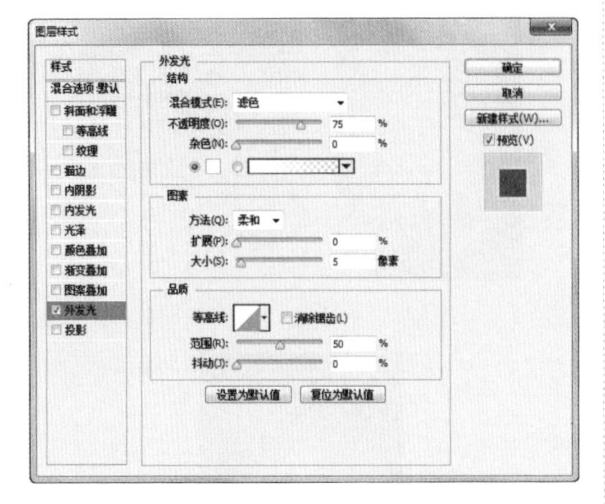

图10-12

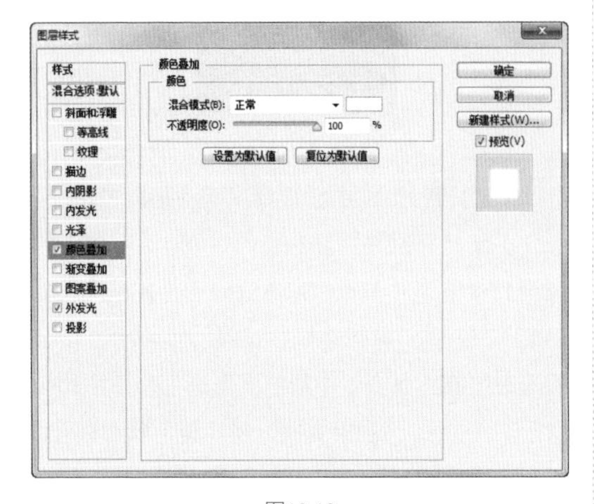

图10-13

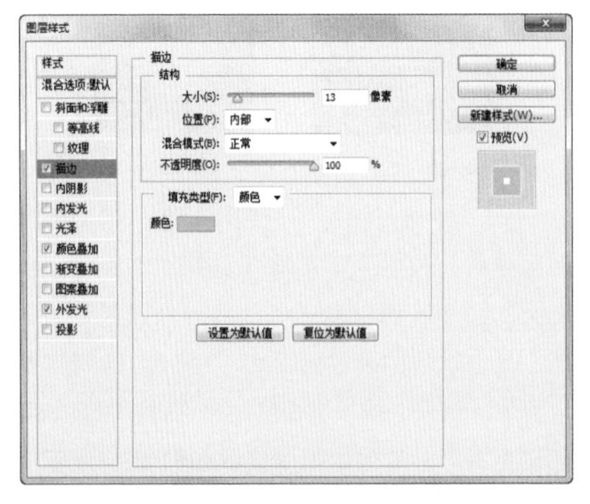

图10-14

图10-15

（7）选择“移动”工具，将圆形拖曳到适当位置，如图10-16所示。按住Alt键的同时，分别拖曳图形到适当位置，复制图像并调整其大小，效果如图10-17所示，在“图层”控制面板中分别生成新的副本图层。单击“圆形组合”图层组左侧的按钮，隐藏图层。

图10-16

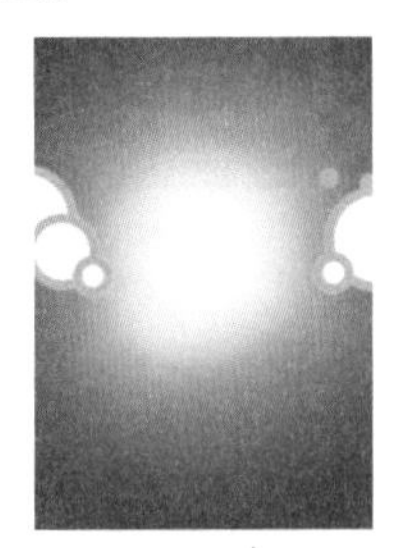
图10-17

（8）新建图层并将其命名为“蓝色渐变”。将前景色设为蓝色（其R、G、B值分别为0、201、255）。选择“钢笔”工具，在属性栏中将“选择工具模式”选项设为“路径”，在图像窗口绘制路径，如图10-18所示。按Ctrl+Enter组合键，将路径转换为选区。按Alt+Delete组合键，用前景色填充选区，取消选区后，效果如图10-19所示。

图10-18

图10-19

（9）单击“图层”控制面板下方的“添加图层蒙版”按钮，为图层添加蒙版。选择“渐变”工具，单击属性栏中的“点按可编辑渐变”按钮，弹出“渐变编辑器”对话框，将渐变色设为从黑色到白色，单击“确定”

按钮。在图形上由下向上拖曳渐变色，效果如图10-20所示。

（10）按Ctrl+J组合键，复制图层并将其命名为“白色渐变”。将前景色设为白色。按Ctrl+T组合键，在图像周围出现变换框，向下拖曳变换框的控制手柄，调整图像，按Enter键确认操作。按住Ctrl键的同时，单击“白色渐变”的图层缩览图，图像周围生成选区，如图10-21所示。按Alt+Delete组合键，用前景色填充选区，取消选区后，效果如图10-22所示。

图10-20

图10-21

图10-22

（11）按Ctrl+O组合键，打开本书学习资源中的“Ch10 > 素材 > 制作空调宣传单 > 03、04”文件，选择“移动”工具，将03、04图片分别拖曳到图像窗口的适当位置，效果如图10-23所示，在“图层”控制面板中分别生成新的图层并将其命名为“小菊花”和“小黄花”。

图10-23

（12）选择“小菊花”图层。单击“图层”控制面板下方的“添加图层样式”按钮，在弹出的菜单中选择“投影”命令，在弹出的对话框中进行设置，如图10-24所示，单击“确定”按钮，效果如图10-25所示。

（13）选择“小菊花”图层，单击鼠标右键，在弹出的菜单中选择“拷贝图层样式”命令，拷贝图层样式。选择“小黄花”图层，单击鼠标右键，在弹出的菜单中选择“粘贴图层样式”命令，粘贴图层样式，效果如图10-26所示。

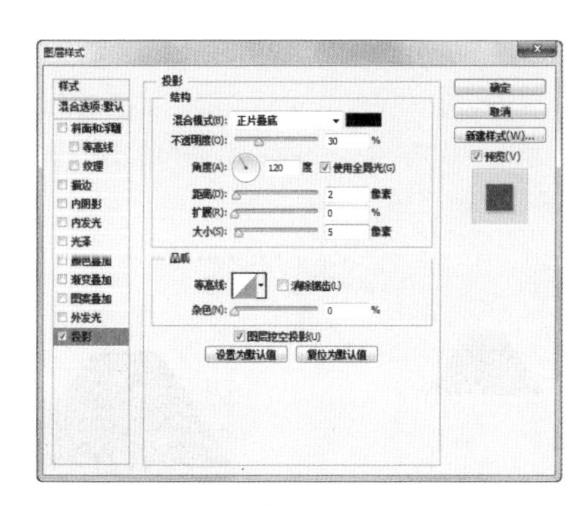


图10-24

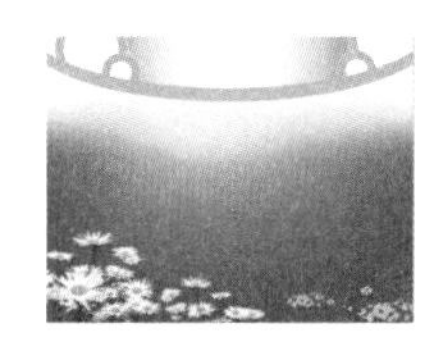

图10-25

图10-26

（14）按Ctrl+O组合键，打开本书学习资源中的“Ch10 > 素材 > 制作空调宣传单 > 05”文件，选择“移动”工具，将05图片拖曳到图像窗口的适当位置，效果如图10-27所示，在“图层”控制面板中生成新的图层并将其命名为“家电”。

图10-27

（15）新建图层并将其命名为“投影”。将前景色设为黑色。选择“钢笔”工具，在图像窗口绘制路径，如图10-28所示。按Ctrl+Enter组合键，将路径转换为选区。按Alt+Delete组合键，用前景色填充选区，取消选区后，效果如图10-29所示。

图10-28

图10-29

（16）选择“滤镜 > 模糊 > 高斯模糊”命令，在弹出的对话框中进行设置，如图10-30所示，单击“确定”按钮，效果如图10-31所示。

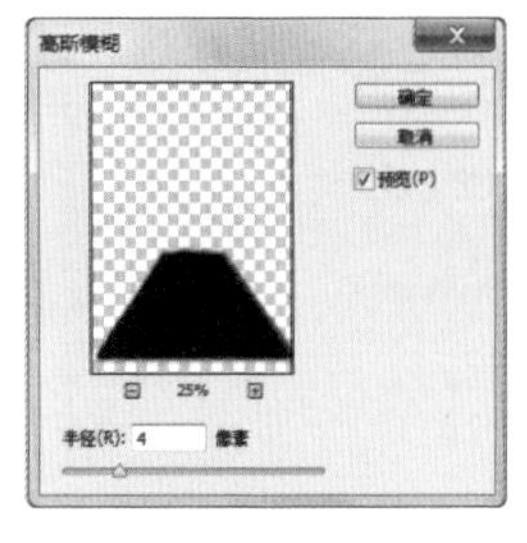


图10-30

图10-31

（17）单击“图层”控制面板下方的“添加图层蒙版”按钮，为图层添加蒙版。选择“渐变”工具，在图形上由下向上拖曳渐变色，效果如图10-32所示。将“投影”图层拖曳到“家电”图层的下方，图像效果如图10-33所示。

图10-32

图10-33

## 2. 添加文字和宣传信息

（1）按Ctrl+O组合键，打开本书学习资源中的“Ch10 > 素材 > 制作空调宣传单 > 06”文件，选择“移动”工具，将06图片拖曳到图像窗口的适当位置，效果如图10-34所示，在“图层”控制面板中生成新的图层并将其命名为“海布尔”。按Ctrl+J组合键，复制图层并将其命名为“白边”。将“白边”图层拖曳到“海布尔”图层的下方。按住Ctrl键的同时，单击“白边”图层缩览图，图像周围生成选区，如图10-35所示。

图10-34

图10-35

（2）选择“选择 > 修改 > 扩展”命令，在弹出的对话框中进行设置，如图10-36所示，单击“确定”按钮。按Alt+Delete组合键，用前景色填充选区，取消选区后，效果如图10-37所示。

图10-36

图10-37

（3）单击“图层”控制面板下方的“添加图层样式”按钮，在弹出的菜单中选择“投影”命令，在弹出的对话框中进行设置，如图10-38所示，单击“确定”按钮，效果如图10-39所示。

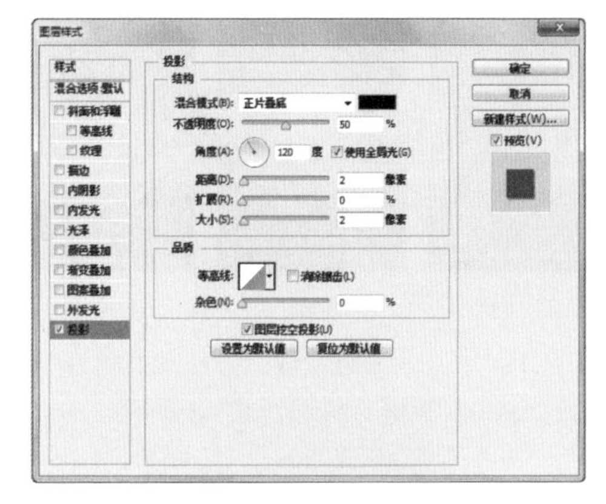


图10-38

图10-39

（4）选择“海布尔”图层。单击“图层”控制面板下方的“添加图层样式”按钮，在弹出的菜单中选择“渐变叠加”命令，弹出对话框，单击“渐变”选项右侧的“点按可编辑渐变”按钮，弹出“渐变编辑器”对话框，将渐变颜色设为从红色（其R、G、B值分别为185、30、0）到黄色（其R、G、B值分别为249、223、0），如图10-40所示，单击“确定”按钮。返回相应的对话框，其他选项的设置如图10-41所示。

图10-40

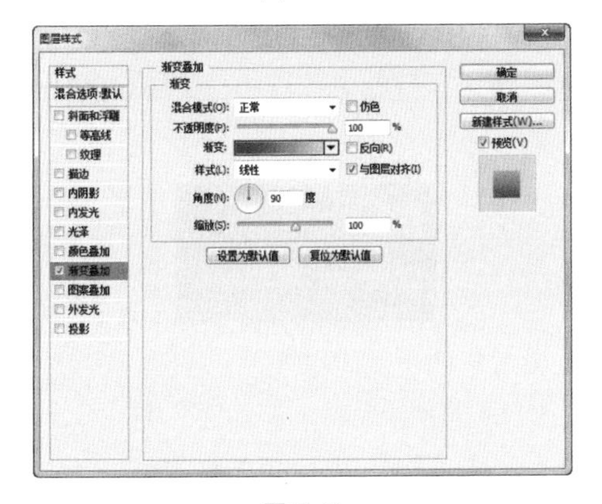

图10-41

（5）选择“描边”选项，切换到相应的对话框，将描边颜色设为白色，其他选项的设置如图10-42所示，单击“确定”按钮，效果如图10-43所示。选择“横排文字”工具T，在属性栏中选择合适的字体并设置文字大小，输入需要的文字，如图10-44所示，在“图层”控制面板中生成新的文字图层。单击“标志”图层组左侧的按钮，隐藏图层。

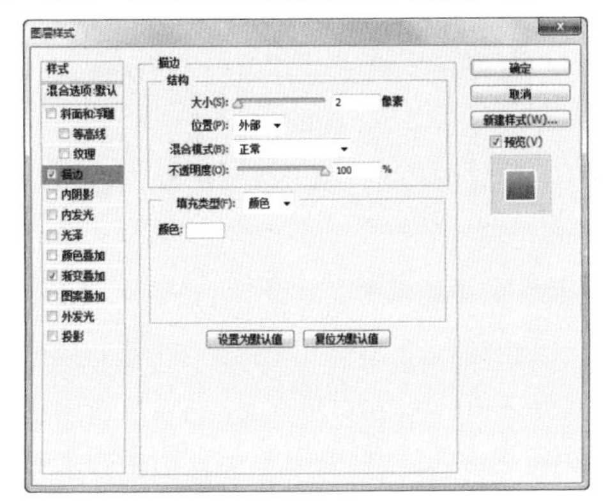

图10-42

图10-43　　图10-44

（6）新建图层组并将其命名为“文字1”。选择“横排文字”工具T，在属性栏中选择合适的字体并设置文字大小，输入需要的文字，如图10-45所示。选取文字，单击鼠标右键，在弹出的菜单中选择“仿斜体”命令，效果如图10-46所示。分别选取需要的文字，并调整其大小，文字效果如图10-47所示。

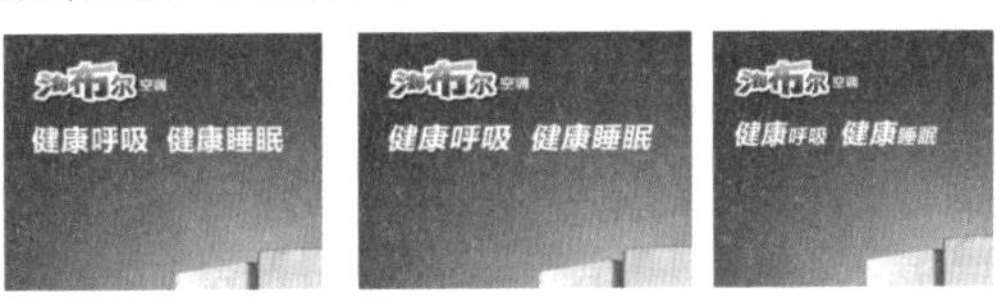


图10-45　　图10-46　　图10-47

（7）单击“图层”控制面板下方的“添加图层样式”按钮fx，在弹出的菜单中选择“投影”命令，在弹出的对话框中进行设置，如图10-48所示。选择“渐变叠加”选项，切换到相应的对话框，单击“渐变”选项右侧的“点按可编辑渐变”按钮，弹出“渐变编辑器”对话框，将渐变颜色设为从绿色（其R、G、B的值分别为84、22、86）到白色，如图10-49所示，单击“确定”按钮。返回相应的对话框，其他选项的设置如图10-50所示，单击“确定”按钮，效果如图10-51所示。

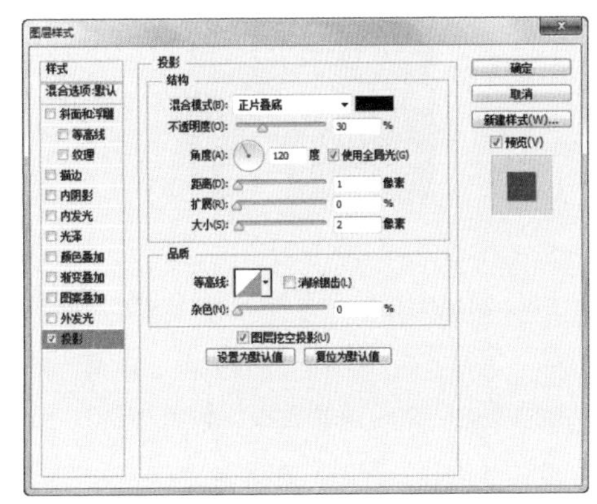

图10-48

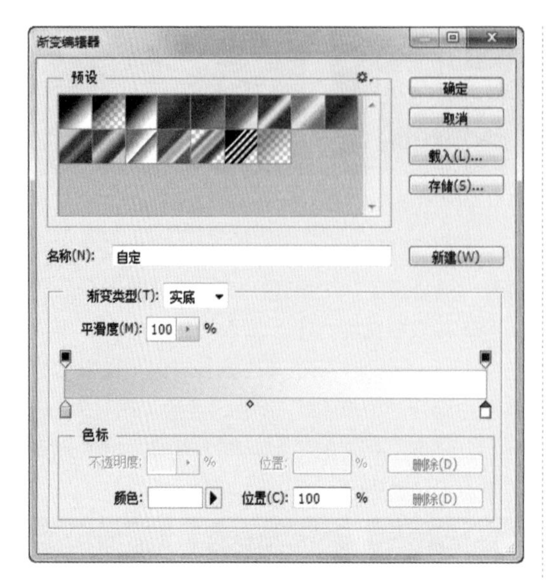


图10-49

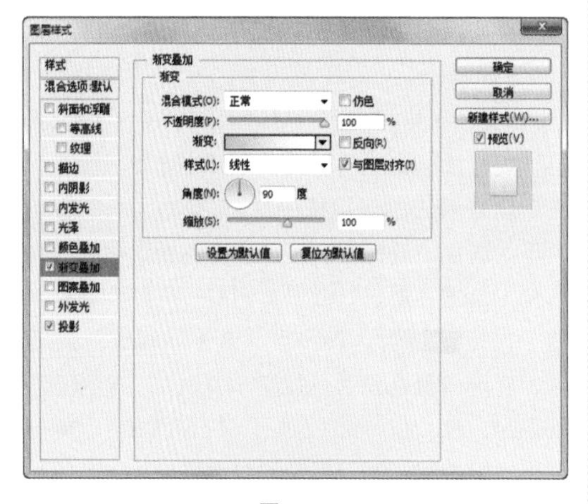


图10-50

图10-51

（8）新建图层并将其命名为“线条”。选择“铅笔”工具，在属性栏中单击“画笔”选项右侧的按钮，弹出画笔面板，设置如图10-52所示。按住Shift键的同时，在图像窗口中拖曳鼠标绘制直线，效果如图10-53所示。

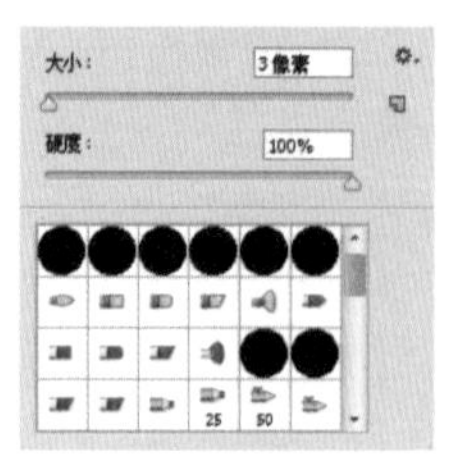


图10-52

图10-53

（9）选择“健康呼吸”图层，单击鼠标右键，在弹出的菜单中选择“拷贝图层样式”命令，拷贝图层样式。选择“线条”图层，单击鼠标右键，在弹出的菜单中选择“粘贴图层样式”命令，粘贴图层样式，效果如图10-54所示。

图10-54

（10）将前景色设为浅青色（其R、G、B的值分别为202、240、255）。选择“横排文字”工具，分别输入需要的文字并选取文字，在属性栏中设置适当的字体和文字大小，效果如图10-55所示，在“图层”控制面板中生成新的文字图层。单击“文字1”图层组左侧的按钮，隐藏图层。

图10-55

（11）新建图层组并将其命名为“文字2”。将前景色设为黑色。选择“横排文字”工具，在图像窗口中输入需要的文字并选取文字，在属性栏中选择合适的字体并设置文字大小，效果如图10-56所示。按Ctrl+T组合键，在文字周围出现变换框，将鼠标光标放在变换框的控制手柄外边，光标变为旋转图标，拖曳鼠标将文字旋转到适当的角度，按Enter键确认操作，效果如图10-57所示。

图10-56

图10-57

（12）单击“图层”控制面板下方的“添加图层样式”按钮fx，在弹出的菜单中选择“投影”命令，在弹出的对话框中进行设置，如图10-58所示。选择“描边”选项，切换到相应的对话框，将描边颜色设为白色，其他选项的设置如图10-59所示。

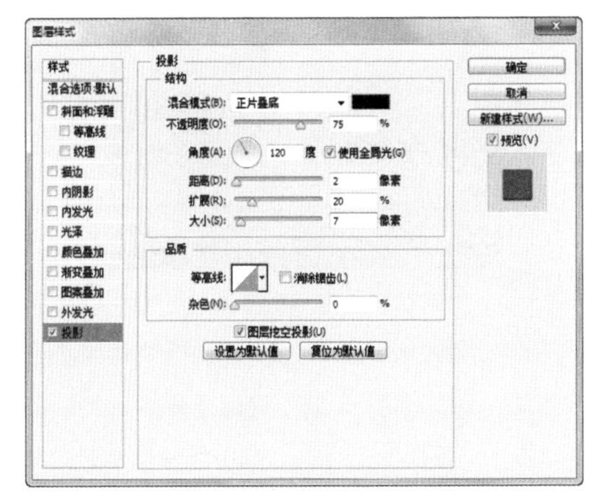

图10-58

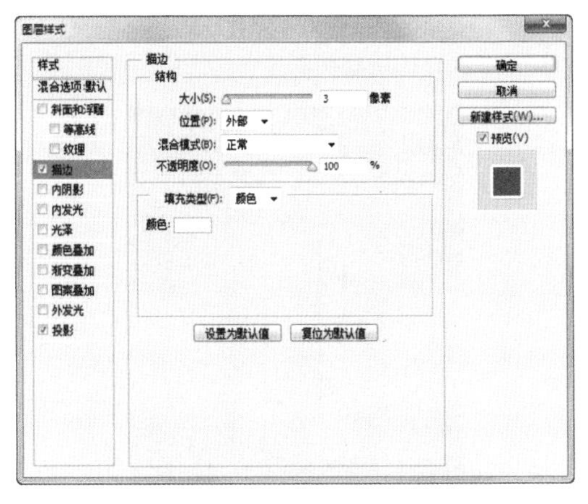

图10-59

（13）选择“渐变叠加”选项，切换到相应的对话框，单击“渐变”选项右侧的“点按可编辑渐变”按钮，弹出“渐变编辑器”对话框，在“位置”选项中分别输入0、50、100三个位置点，分别设置三个位置点颜色的RGB值为0（185、30、0）、50（255、240、0）、100（185、30、0），如图10-60所示，单击“确定”按钮。返回相应的对话框，其他选项的设置如图10-61所示。单击“确定”按钮，效果如图10-62所示。

（14）将前景色设为白色。选择“横排文字”工具T，在属性栏中选择合适的字体并设置大小，在图像窗口中输入需要的文字，在“图层”控制面板中生成新的文字图层。使用上述方法调整文字角度，效果如图10-63所示。

图10-60

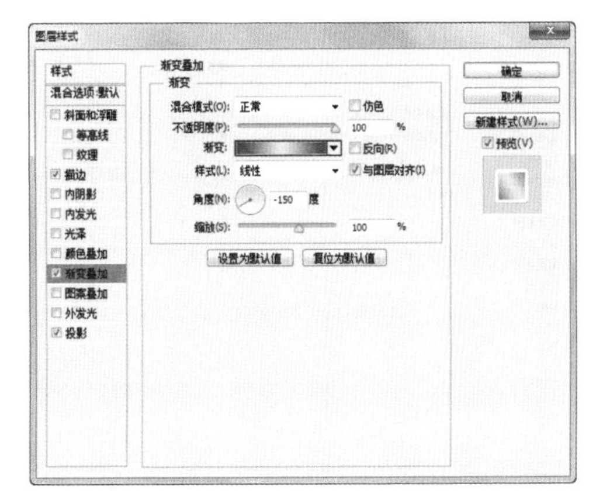

图10-61

图10-62

图10-63

（15）新建图层并将其命名为“星星”。将前景色设为红色（其R、G、B的值分别为185、30、0）。选择“自定形状”工具，单击“形状”选项右侧的按钮，弹出形状面板，单击右上方的按钮，在弹出的菜单中选择“形状”命令，弹出提示对话框，单击“确定”按钮。在形状面板中选择需要的形状，如图10-64所示。在属性栏中将“选择工具模式”选项设为“像素”，在图像窗口中绘制图形，效果如图10-65所示。

图10-64

图10-65

（16）单击“图层”控制面板下方的“添加图层样式”按钮，在弹出的菜单中选择“描边”命令，弹出对话框，将描边颜色设为白色，其他选项的设置如图10-66所示，单击“确定”按钮，效果如图10-67所示。

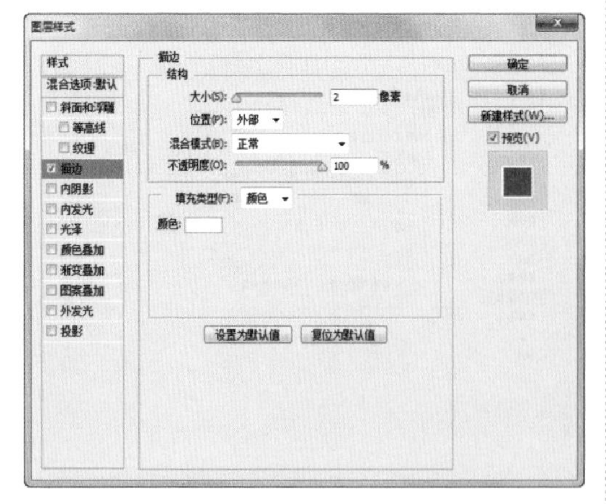


图10-66

图10-67

（17）选择“移动”工具，按住Alt键的同时，拖曳图像到适当位置，复制图像，并调整其大小，效果如图10-68所示，在“图层”控制面板中生成新的副本图层。单击“文字2”图层组左侧的按钮，隐藏图层。

图10-68

（18）按Ctrl+O组合键，打开本书学习资源中的“Ch10 > 素材 > 制作空调宣传单 > 07”文件，选择“移动”工具，将07图片拖曳到图像窗口的适当位置，效果如图10-69所示，在“图层”控制面板中生成新的图层并将其命名为“气泡”。空调宣传单制作完成。

图10-69

# 课堂练习1——制作结婚戒指广告

## 练习1.1　项目背景及要求

### 1. 客户名称

金玉宝石设计公司。

### 2. 客户需求

金玉宝石设计公司是一家集宝石玉石工艺品、时尚配饰、珠宝玉器首饰等工艺礼品的设计、生产、加工、推广、销售于一体的专业珠宝企业。公司近期新设计了一款复古钻石婚戒，需要设计戒指广告，展现复古钻戒的魅力。

### 3. 设计要求

（1）使用蓝、绿、黄的渐变搭配，营造出优雅浪漫的氛围。

（2）使用时尚的模特，使画面丰富活跃。

（3）文字设计要简单独特，让整体设计深入人心。

（4）设计要求体现时尚的奢华之感。

（5）设计规格为108mm（宽）×72mm（高），分辨率为300像素/英寸。

## 练习1.2　项目创意及制作

### 1. 设计素材

**图片素材所在位置：**本书学习资源中的“Ch10/素材/制作结婚戒指广告/01～03”。

### 2. 设计作品

**设计作品效果所在位置：**本书学习资源中的“Ch10/效果/制作结婚戒指广告.psd”，如图10-70所示。

### 3. 制作要点

使用移动工具添加模特图像和钻戒产品，使用图层样式和变换工具编辑图像，使用横排文字工具添加说明文字。

图10-70

## 课堂练习2——制作美食广告

### 练习2.1 项目背景及要求

1. 客户名称

玉石龙餐厅。

2. 客户需求

玉石龙餐厅是一家规模庞大、菜系众多的餐饮经营公司，现阶段餐厅需要设计一个关于酸辣鸡杂饭的美食广告，起到宣传的效果。广告不仅要展现酸辣鸡杂饭的配菜和吃法，还要强调酸辣鸡杂饭对人们身心健康的益处。

3. 设计要求

（1）设计风格要求高端大气，制作精良。

（2）体现出酸辣鸡杂饭独有的特色。

（3）画面色彩以红色和黄色为主，增强食欲感。

（4）以真实简洁的方式向用户传达信息内容。

（5）设计规格为119mm（宽）×59mm（高），分辨率为300像素/英寸。

### 练习2.2 项目创意及制作

1. 设计素材

**图片素材所在位置：**本书学习资源中的“Ch10/素材/制作美食广告/ 01～10”。

2. 设计作品

**设计作品效果所在位置：**本书学习资源中的“Ch10/效果/制作美食广告.psd”，如图10-71所示。

3. 制作要点

使用图层的混合模式制作背景图片的混合，使用图层样式和矢量蒙版制作宣传主体，使用横排文字工具和钢笔工具添加路径文字。

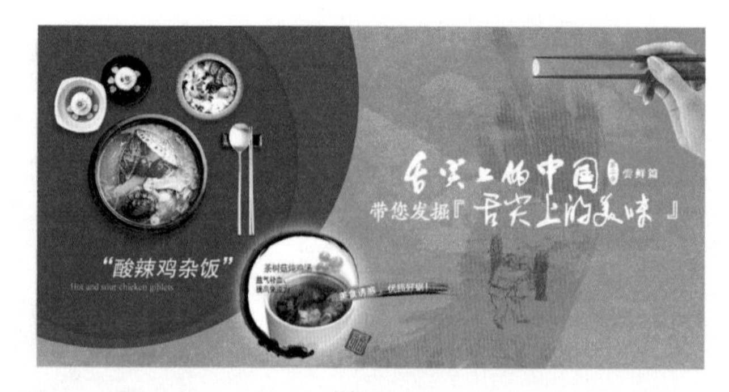


图10-71

## 课后习题1——制作啤酒节广告

### 习题1.1　项目背景及要求

#### 1. 客户名称

果冰饮品公司。

#### 2. 客户需求

果冰饮品公司是一家规模庞大、饮品种类众多的饮料经营公司，现阶段公司新研发了一款适合在夏季饮用的新品啤酒，需要设计一个关于啤酒节的广告，不仅起到宣传新品啤酒的作用，还能够吸引顾客关注啤酒节，也能直观地表现出这款啤酒很适合这个炎热的夏季。

#### 3. 设计要求

（1）设计风格要求冰爽可口，突出品牌和卖点。

（2）清新的色彩能够触动顾客的味蕾，要求色彩明快，夺人眼球。

（3）画面简洁大方，以冰块为设计元素，文字效果突出显示。

（4）整体效果具有动感和活力。

（5）设计规格为297mm（宽）×210mm（高），分辨率为300像素/英寸。

### 习题1.2　项目创意及制作

#### 1. 设计素材

**图片素材所在位置：**本书学习资源中的“Ch10/素材/制作啤酒节广告/ 01～08”。

#### 2. 设计作品

**设计作品效果所在位置：**本书学习资源中的“Ch10/效果/制作啤酒节广告.psd”，如图10-72所示。

#### 3. 制作要点

使用渐变工具、图层蒙版和移动工具制作背景效果，使用移动工具添加商品主体和标题文字。

图10-72

## 课后习题2——制作购物广告

### 习题2.1 项目背景及要求

#### 1. 客户名称

悦优乐商场。

#### 2. 客户需求

悦优乐是一家经营各类商品出售的公司，有食品、家电和服装等。在夏季来临之际，商场服装部想要针对新款服装制作购物广告进行宣传，以促销的手段吸引顾客的光临。

#### 3. 设计要求

（1）广告产品以服装为主要元素，凸显季节变化。

（2）设计要求简洁大方，增加一些优惠礼品，达到促销效果。

（3）图文合理搭配，能够清晰地表明广告信息。

（4）设计风格符合公司品牌特色，能够凸显服装品质。

（5）设计规格为297mm（宽）×210mm（高），分辨率为300像素/英寸。

### 习题2.2 项目创意及制作

#### 1. 设计素材

**图片素材所在位置：**本书学习资源中的“Ch10/素材/制作购物广告/01~08”。

#### 2. 设计作品

**设计作品效果所在位置：**本书学习资源中的“Ch10/效果/制作购物广告.psd”，如图10-73所示。

#### 3. 制作要点

使用魔棒工具和色相/饱和度命令修改字母和礼物的颜色，使用图层的混合模式调整高光。

图10-73

# 10.2 制作杂志封面

## 10.2.1　项目背景及要求

### 1. 客户名称

时尚风格杂志社。

### 2. 客户需求

时尚风格杂志是为走在时尚前沿的人们准备的资讯类杂志。杂志主要介绍完美彩妆、流行影视、时尚发型、服饰等信息，获得了广大新新人类的喜爱。本例是为杂志设计封面，用于杂志的出版及发售，在设计上要营造出时尚和现代感。

### 3. 设计要求

（1）画面要求以极具现代气息的女性照片为内容。

（2）栏目标题的设计能诠释杂志内容，表现杂志特色。

（3）画面色彩要充满时尚和现代感。

（4）设计风格要有特色，版式布局相对集中紧凑、合理有序。

（5）设计规格为205mm（宽）×275mm（高），分辨率为300像素/英寸。

## 10.2.2　项目创意及要点

### 1. 素材资源

**图片素材所在位置：**本书学习资源中的“Ch10/素材/制作杂志封面/01、02”。

### 2. 作品参考

**设计作品参考效果所在位置：**本书学习资源中的“Ch10/效果/制作杂志封面.psd”，如图10-74所示。

### 3. 制作要点

使用污点修复画笔工具修复人物肩部污点，使用仿制图章工具修复碎发，使用修补工具修复脖子褶皱，使用液化命令修复脸部和肩部，使用套索工具、羽化命令和变换命令调整人物形体，使用横排文字工具添加文字，使用绘图工具绘制需要的图形。

图10-74

## 10.2.3　案例制作及步骤

### 1. 调整人物图像

（1）按Ctrl+O组合键，打开本书学习资源中的“Ch10 > 素材 > 制作杂志封面 > 01”文件，如图10-75所示。按Ctrl+J组合键，复制图层，如图10-76所示。

图10-75

图10-76

（2）选择“污点修复画笔”工具，在肩部污点上单击修复图像，效果如图10-77所示。用相同的方法去除其他污点，如图10-78所示。选择“修补”工具，在图像窗口中圈选脖子褶皱，如图10-79所示，拖曳到适当的位置修复图像，如图10-80所示。

图10-77

图10-78

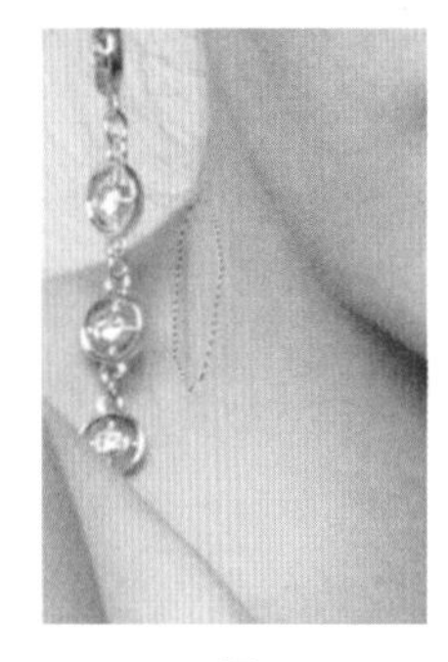

图10-79

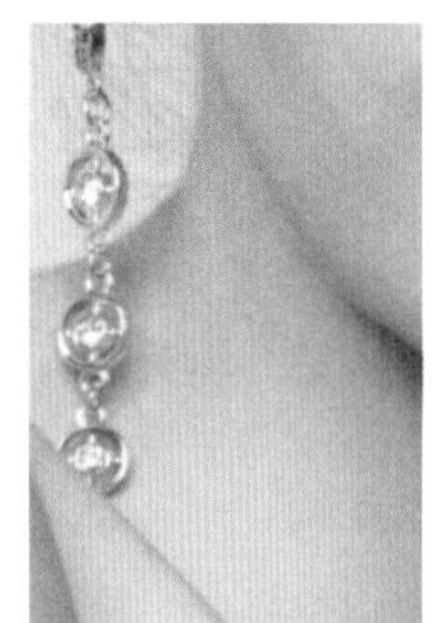

图10-80

（3）选择“加深”工具，在眉毛上拖曳鼠标加深眉毛，如图10-81所示。选择“钢笔”工具，在属性栏中将“选择工具模式”选项设为“路径”，在图像窗口绘制路径，如图10-82所示。按Ctrl+Enter组合键，将路径转换为选区，如图10-83所示。

图10-81

图10-82

图10-83

（4）选择“仿制图章”工具，在属性栏中单击“画笔”选项右侧的按钮，弹出画笔面板，设置如图10-84所示。按住Alt键的同时，在适当的位置单击取样，在选区中拖曳修复碎发，如图10-85所示。用相同的方法修复其他碎发，如图10-86所示。

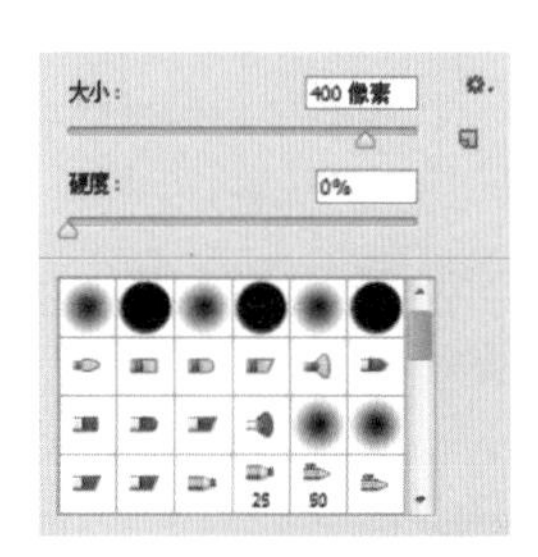


图10-84

图10-85

图10-86

（5）选择“滤镜 > 液化”命令，在弹出的对话框中进行设置，如图10-87所示，在脸部和肩部拖曳鼠标调整图像，单击“确定”按钮，效果如图10-88所示。

图10-87

图10-88

（6）选择“套索”工具，在适当的位置绘制选区，如图10-89所示。选择“选择 > 修改 > 羽化”命令，在弹出的对话框中进行设置，如图10-90所示，单击“确定”按钮，羽化选区。选择“编辑 > 变换 > 变形”命令，在图像周围出现变换框，拖曳鼠标调整图像，按Enter键确认操作，效果如图10-91所示。

图10-89

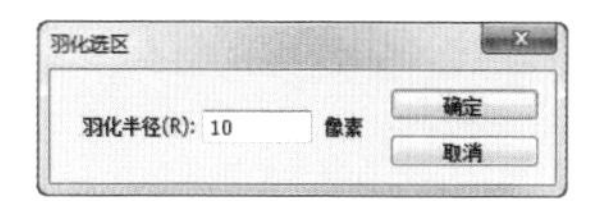


图10-90

图10-91

（7）按Ctrl+E组合键，合并图层，如图10-92所示。选择“磁性套索”工具，选中属性栏中的“添加到选区”按钮，在图像窗口中绘制选区，如图10-93所示。按Shift+Ctrl+I组合键，反选选区，如图10-94所示。

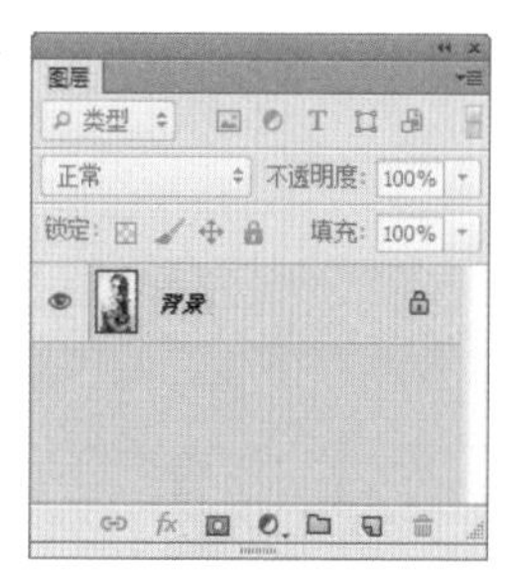


图10-92

图10-93

图10-94

## 2. 添加杂志内容

（1）按Ctrl+N组合键，弹出对话框，新建一个宽度为20.5厘米、高度为27.5厘米、分辨率为300像素/英寸的文件。按Ctrl＋O组合键，打开本书学习资源中的“Ch10 > 素材 > 制作杂志封面 > 02”文件，选择“移动”工具[icon]，将02图片拖曳到新建窗口的适当位置，并调整其大小，效果如图10-95所示，在“图层”控制面板中生成新的图层并将其命名为“底图”。

图10-95

（2）选择“滤镜 > 模糊 > 高斯模糊”命令，在弹出的对话框中进行设置，如图10-96所示，单击“确定”按钮，效果如图10-97所示。

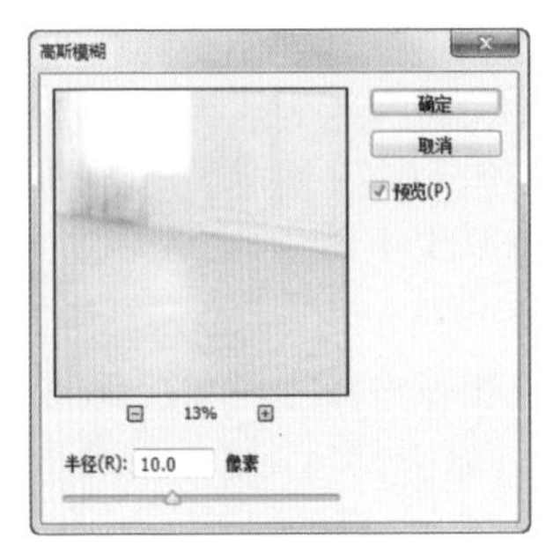


图10-96

图10-97

（3）选择01文件，将选区中的图像拖曳到新建的图像窗口中，如图10-98所示，在“图层”控制面板中生成新的图层并将其命名为“人物”。

（4）选择“横排文字”工具[icon]和“直排文字”工具[icon]，设置适当的字体和文字大小，分别输入需要的绿色（其R、G、B的值分别为2、99、31）文字，如图10-99所示，在“图层”控制面板中生成新的文字图层。

图10-98　　图10-99

（5）按住Shift键的同时，选取两个文字图层。单击属性栏中的“切换字符和段落面板”按钮[icon]，在弹出的面板中进行设置，如图10-100所示，按Enter键确认操作，图像效果如图10-101所示。

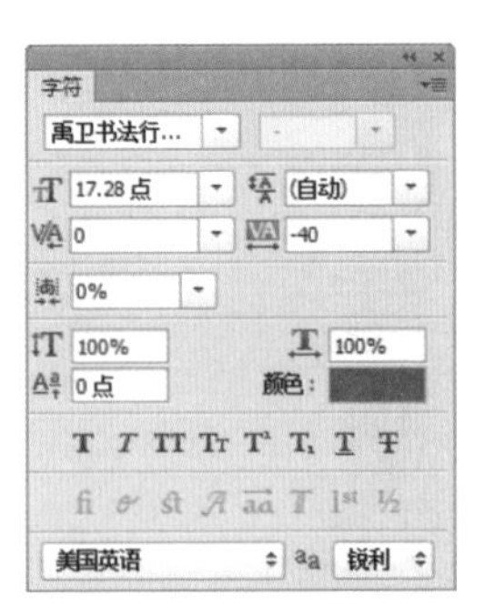

图10-100　　图10-101

（6）将选取的两个图层拖曳到“人物”图层的下方，图像效果如图10-102所示。选择“人物”图层，用相同的方法输入其他文字并调整其字距和行距，效果如图10-103所示。杂志封面制作完成。

图10-102　　图10-103

# 课堂练习1——制作青年读物书籍封面

## 练习1.1　项目背景及要求

### 1. 客户名称

安氏图书文化有限公司。

### 2. 客户需求

《那年我们的秘密有多美》是一本青春爱情故事书，以颠覆传统的形式诠释青春的悲喜。现要求为该书籍设计封面，设计元素要符合青春的特点，还要突出颠覆传统的书籍特色，避免出现其他书籍成人化的现象。

### 3. 设计要求

（1）书籍封面的设计要有青年书籍的风格和特色。

（2）设计要具有时代感，体现出怀旧、青春、美好的特点。

（3）画面色彩要符合青年人的喜好，用色恬淡舒适，在视觉上能吸引人们的眼光。

（4）要留给人想象的空间，使人产生向往之情。

（5）设计规格为225mm（宽）×148mm（高），分辨率为300像素/英寸。

## 练习1.2　项目创意及制作

### 1. 设计素材

**图片素材所在位置：**本书学习资源中的“Ch10/素材/制作青年读物书籍封面/01~04”。

### 2. 设计作品

**设计作品效果所在位置：**本书学习资源中的“Ch10/效果/制作青年读物书籍封面.psd”，如图10-104所示。

### 3. 制作要点

使用移动工具添加背景图片和人物，使用直排文字工具和横排文字工具添加书名、作者信息和出版信息，使用直线工具和椭圆工具绘制分隔线和文字底图，使用圆角矩形工具和移动工具制作标志。

图10-104

## 课堂练习2——制作儿童教育书籍封面

### 练习2.1 项目背景及要求

#### 1. 客户名称

易峰青少年出版社。

#### 2. 客户需求

《青少年的成长日记》是一本讲解青少年成长的教育类书籍，以经典故事的形式解读童心，书写最快乐的童年。现要求为本书设计书籍封面，设计元素要符合青少年的特点，也要突出快乐、明快的书籍特色，避免出现成人化的现象。

#### 3. 设计要求

（1）书籍封面的设计要有青少年书籍的风格和特色。

（2）设计要求将学习、快乐和成长3种要素进行完美结合。

（3）画面色彩要符合青少年的喜好，用色活泼明快。

（4）要符合青少年充满好奇、自由、快乐的特点。

（5）设计规格为110mm（宽）×73mm（高），分辨率为300像素/英寸。

### 练习2.2 项目创意及制作

#### 1. 设计素材

**图片素材所在位置：**本书学习资源中的“Ch10/素材/制作儿童教育书籍封面/01～09”。

#### 2. 设计作品

**设计作品效果所在位置：**本书学习资源中的“Ch10/效果/制作儿童教育书籍封面.psd”，如图10-105所示。

#### 3. 制作要点

使用新建参考线命令添加参考线，使用钢笔工具和描边命令制作背景底图，使用横排文字工具和图层样式制作标题文字，使用移动工具添加素材图片，使用自定形状工具绘制装饰图形。

图10-105

# 课后习题1——制作旅游杂志封面

## 习题1.1　项目背景及要求

### 1. 客户名称

《游走天下》杂志。

### 2. 客户需求

《游走天下》杂志是一本面向全国发行的专业旅游杂志，主要介绍时尚的资讯信息、实用的旅行计划、迷人的风景等，兼具时尚生活和旅游休闲。本案例是为杂志设计制作封面，在设计上要层次分明、主题突出，能引发人们的共鸣。

### 3. 设计要求

（1）设计风格要具有震撼感，能瞬间抓住人们的视线。

（2）颜色直观地反映出书籍内容，引发人们的阅读欲望。

（3）画面醒目直观，突出表达书籍的主题。

（4）整体以亮暗色的对比形成具有冲击力的画面，让人印象深刻。

（5）设计规格为338mm（宽）×239mm（高），分辨率为300像素/英寸。

## 习题1.2　项目创意及制作

### 1. 设计素材

**图片素材所在位置：**本书学习资源中的“Ch10/素材/制作旅游杂志封面/01～02”。

### 2. 设计作品

**设计作品效果所在位置：**本书学习资源中的“Ch10/效果/制作旅游杂志封面.psd”，如图10-106所示。

### 3. 制作要点

使用新建参考线命令添加参考线，使用图层蒙版、渐变工具和亮度/对比度调整层制作背景效果，使用横排文字工具、直线工具和多边形工具制作书名，使用横排文字工具和图层样式制作栏目，使用直排文字工具、矩形工具和图层样式制作封底和书脊。

图10-106

## 课后习题2——制作少儿读物书籍封面

### 习题2.1 项目背景及要求

#### 1. 客户名称

佳趣图书文化有限公司。

#### 2. 客户需求

《快乐大冒险》是一本少儿科普漫画，以漫画的形式在趣味中使儿童学到知识。现要求为《快乐大冒险》设计书籍封面，设计元素要符合儿童的特点，也要突出将漫画与知识相结合的书籍特色，避免出现儿童书籍成人化的现象。

#### 3. 设计要求

（1）书籍封面的设计要有儿童书籍的风格和特色。

（2）设计要求将漫画、科学、儿童3种要素进行完美结合。

（3）画面色彩要符合儿童的喜好，用色大胆鲜艳，在视觉上吸引儿童的注意。

（4）要色调明快符合儿童充满好奇、阳光向上的特点。

（5）设计规格为310mm（宽）×210mm（高），分辨率为300像素/英寸。

### 习题2.2 项目创意及制作

#### 1. 设计素材

**图片素材所在位置：**本书学习资源中的“Ch10/素材/制作少儿读物书籍封面/01~04”。

**文字素材所在位置：**本书学习资源中的“Ch10/素材/制作少儿读物书籍封面/文字文档”。

#### 2. 设计作品

**设计作品效果所在位置：**本书学习资源中的“Ch10/效果/制作少儿读物书籍封面.psd”，如图10-107所示。

#### 3. 制作要点

使用图层样式制作图片的投影效果，使用图层样式和描边命令制作书籍名称，使用圆角矩形工具制作小动物图案背景，使用钢笔工具和横排文字工具制作区域文字，使用椭圆工具制作文字底图。

图10-107

# 10.3 制作方便面包装

## 10.3.1　项目背景及要求

### 1. 客户名称

旺师傅食品有限公司。

### 2. 客户需求

旺师傅食品有限公司是一家以经营方便面为主的食品公司，目前其经典品牌的红烧牛肉面需要更换包装全新上市，要求制作一款方便面外包装。方便面因其方便味美得到广泛认可，所以包装设计要抓住产品特点，达到宣传效果。

### 3. 设计要求

（1）包装风格要求使用红色，体现中国传统特色。

（2）字体要求使用书法字体，配合整体的包装风格，使包装更具文化气息。

（3）设计要求简洁大气，图文搭配编排合理，视觉效果强烈。

（4）以真实的产品图片展示，向观者传达信息内容。

（5）设计规格为210mm（宽）×285mm（高），分辨率为72像素/英寸。

## 10.3.2　项目创意及要点

### 1. 素材资源

**图片素材所在位置：**本书学习资源中的"Ch10/素材/制作方便面包装/01~06"。

**文字素材所在位置：**本书学习资源中的"Ch10/素材/制作方便面包装/文字文档"。

### 2. 作品参考

**设计作品参考效果所在位置：**本书学习资源中的"Ch10/效果/制作方便面包装.psd"，效果如图10-108所示。

### 3. 制作要点

使用钢笔工具和创建剪贴蒙版命令制作背景效果，使用载入选区命令和渐变工具添加亮光，使用文字工具和描边命令添加宣传文字，使用椭圆选框工具和羽化命令制作阴影，使用创建文字变形工具制作文字变形，使用矩形选框工具和羽化命令制作封口。

图10-108

## 10.3.3　案例制作及步骤

### 1. 添加包装文字

（1）按Ctrl+N组合键，新建一个文件，宽度为16厘米，高度为15厘米，分辨率为300像素/英寸，颜色模式为RGB，背景内容为白色。按Ctrl+O组合键，打开本书学习资源中的"Ch10 > 素材 > 制作方便面包装 > 01、02"文件，选择"移动"工具，分别将01、02图片拖曳到新建文件的适当位置并调整其大小，效果如图10-109所示，在"图层"控制面板中生成新的图层并将其命名为"底图"和"飘带"。

（2）单击"图层"控制面板下方的"添加图层样式"按钮，在弹出的菜单中选择"投影"命令，弹出对话框，设置如图10-110所示，单击"确定"按钮，效果如图10-111所示。

图10-109

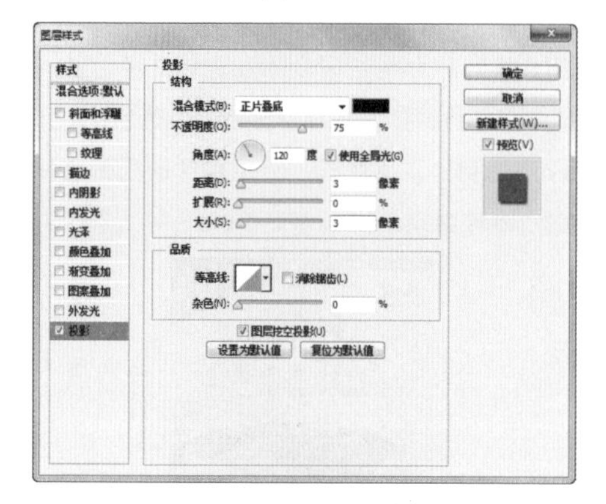

图10-110

图10-111

（3）按Alt+Ctrl+G组合键，创建剪切蒙版，如图10-112所示。单击“图层”控制面板下方的“创建新的填充或调整图层”按钮，在弹出的菜单中选择“色阶”命令，在“图层”控制面板中生成“色阶1”图层，同时弹出“色阶”控制面板，选项的设置如图10-113所示，按Enter键确认操作，效果如图10-114所示。

图10-112

图10-113

图10-114

（4）将前景色设为深棕色（其R、G、B的值分别为51、0、0）。选择“横排文字”工具，分别在适当的位置输入需要的文字并选取文字，在属性栏中选择合适的字体和文字大小，在“图层”控制面板中生成新的文字图层。分别调整其角度，效果如图10-115所示。

图10-115

（5）选择“经典美味”文字图层。单击“图层”控制面板下方的“添加图层样式”按钮，在弹出的菜单中选择“描边”命令，弹出对话框，将描边颜色设为白色，其他选项的设置如图10-116所示，单击“确定”按钮，效果如图10-117所示。

（6）在“经典美味”文字图层上单击鼠标右键，在弹出的菜单中选择“拷贝图层样式”命令，拷贝图层样式。在“The classic Taste”文字图层上单击鼠标右键，在弹出的菜单中选择“粘贴图层样式”命令，粘贴图层样式，效果如图10-118所示。

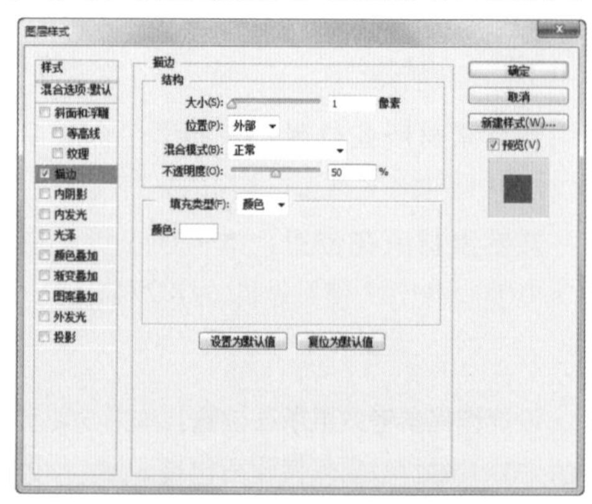

图10-116

图10-117

图10-118

（7）选择“横排文字”工具[T]，在适当的位置分别输入需要的文字并选取文字，在属性栏中选择合适的字体和文字大小，适当调整文字间距，填充文字为白色，如图10-119所示，在“图层”控制面板中分别生成新的文字图层。

图10-119

（8）单击“图层”控制面板下方的“添加图层样式”按钮[fx]，在弹出的菜单中选择“内阴影”命令，在弹出的对话框中进行设置，如图10-120所示。选择“描边”选项，弹出相应的对话框，将“描边”颜色设为土黄色（其R、G、B的值分别为204、153、0），其他选项的设置如图10-121所示，单击“确定”按钮，效果如图10-122所示。

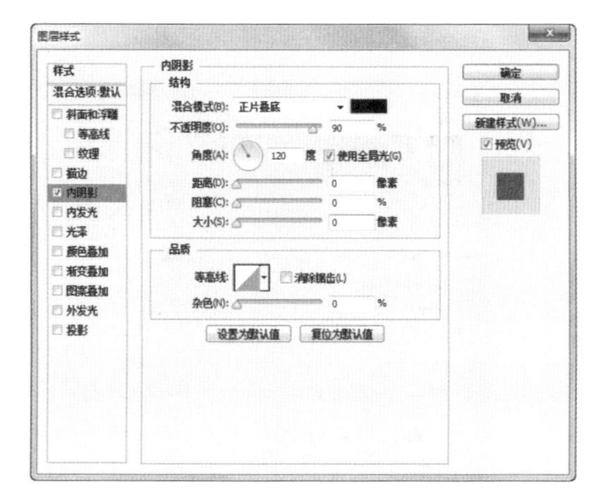


图10-120

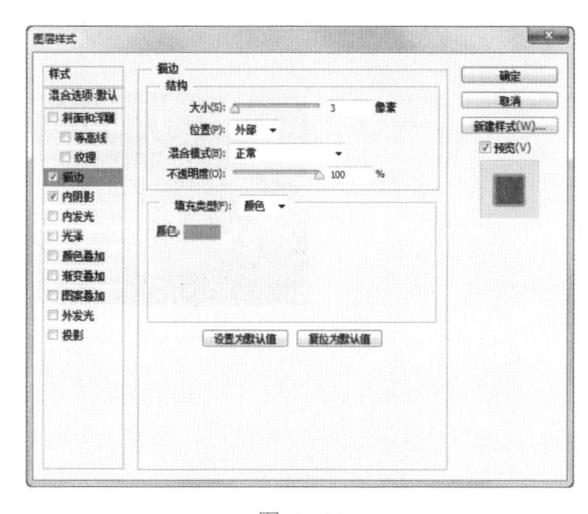


图10-121

图10-122

（9）按Ctrl+O组合键，打开本书学习资源中的“Ch10 > 素材 > 制作方便面包装 > 03”文件，选择“移动”工具[移动]，将03图片拖曳到图像窗口中的适当位置并调整其大小，效果如图10-123所示，在“图层”控制面板中生成新的图层并将其命名为“标志”。

（10）选择“横排文字”工具[T]，在适当的位置输入需要的文字并选取文字，在属性栏中选择合适的字体和文字大小，填充文字为白色，在“图层”控制面板中生成新的文字图层。旋转文字，效果如图10-124所示。

图10-123

图10-124

（11）选取文字，按Ctrl+T组合键，弹出“字符”面板，选项的设置如图10-125所示，按Enter键确认操作，效果如图10-126所示。

图10-125

图10-126

（12）单击属性栏中的“创建文字变形”按钮，弹出“变形文字”对话框，选项的设置如图10-127所示，单击“确定”按钮，效果如图10-128所示。

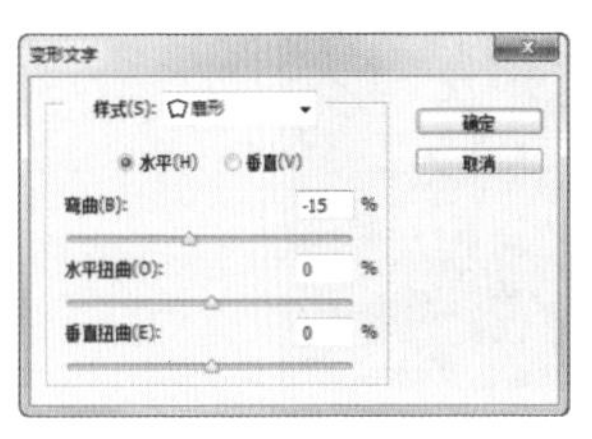

图10-127

图10-128

（13）单击“图层”控制面板下方的“添加图层样式”按钮，在弹出的菜单中选择“投影”命令，在弹出的对话框中进行设置，如图10-129所示，单击“确定”按钮，效果如图10-130所示。

（14）选择“横排文字”工具，在适当的位置输入需要的文字，在属性栏中选择合适的字体和文字大小，适当调整文字间距，填充文字为土黄色（其R、G、B值分别为204、153、0），如图10-131所示，在“图层”控制面板中生成新的文字图层。

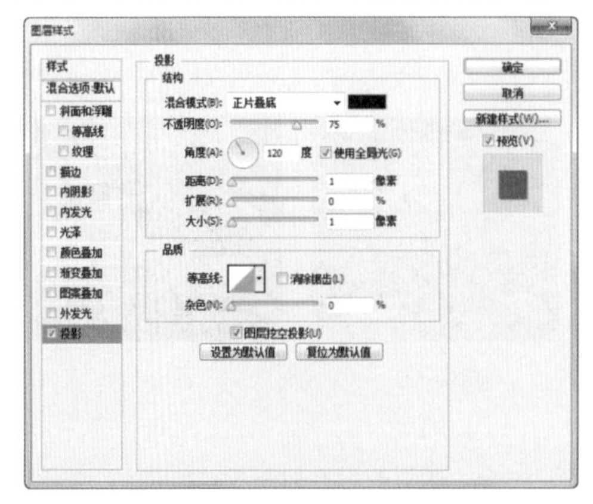

图10-129

图10-130

图10-131

## 2. 制作包装高光

（1）新建图层并将其命名为“形状”。按住Ctrl键的同时，单击“底图”图层的缩览图，载入选区。选择“矩形选框”工具，在选区上单击鼠标右键，在弹出的菜单中选择“变换选区”命令，在选区周围出现变换框，按住Alt键的同时，缩小选区，效果如图10-132所示。

图10-132

（2）选择“渐变”工具，单击属性栏中的“点按可编辑渐变”按钮，弹出“渐变编辑器”对话框，将渐变色设为从白色到白色，在渐变色带上方选中右侧的不透明度色标，将“不透明度”选项设为0，如图10-133所示，单击“确定”按钮。按住Shift键的同时，在选区中从上向下拖曳渐变色。按Ctrl+D组合键，取消选区，效果如图10-134所示。

图10-133

图10-134

（3）按Ctrl+J组合键，复制“形状”图层，隐藏复制的副本图层。在“图层”控制面板上方，将“形状”图层的“不透明度”选项设为15%，按Enter键确认操作，图像效果如图10-135所示。

（4）选取并显示“形状 副本”图层。按Ctrl+T组合键，在图像周围出现变换框，在变换框中单击鼠标右键，在弹出的菜单中选择“垂直翻转”命令，垂直翻转图像，按Enter键确认操作，效果如图10-136所示。

图10-135　　图10-136

（5）单击“图层”控制面板下方的“添加图层蒙版”按钮，为图层添加蒙版。选择“渐变”工具，单击属性栏中的“点按可编辑渐变”按钮，弹出“渐变编辑器”对话框，将渐变色设为从黑色到白色，单击“确定”按钮。单击属性栏中的“径向渐变”按钮，在图像窗口中从下向上拖曳渐变色，效果如图10-137所示。

（6）在“图层”控制面板上方，将“形状 副本”图层的“不透明度”选项设为20%，按Enter键确认操作，图像效果如图10-138所示。

图10-137　　图10-138

（7）新建图层并将其命名为“形状2”。按住Ctrl键的同时，单击“底图”图层的缩览图，载入选区，变换并缩小选区。选择“渐变”工具，将渐变色设为从白色到透明，在图像窗口中从左上方向中间拖曳渐变色。按Ctrl+D组合键，取消选区，效果如图10-139所示。在“图层”控制面板上方，将“形状2”图层的“不透明度”选项设为30%，按Enter键确认操作，效果如图10-140所示。

图10-139　　图10-140

（8）新建图层并将其命名为“模糊高光”。选择“椭圆选框”工具，在图像窗口中适当的位置绘制椭圆选区，如图10-141所示。按Shift+F6组合键，弹出“羽化选区”对话框，选项的设置如图10-142所示，单击“确定”按钮。用白色填充选区并取消选区，效果如图10-143所示。

图10-141　　图10-142

图10-143

（9）选择“移动”工具，按住Alt键的同时，拖曳图形到包装袋的右侧，复制图形，效果如图10-144所示，在“图层”控制面板中生成副本图层。按Ctrl+O组合键，打开本书学习资源中的“Ch10 > 素材 > 制作方便面包装 > 04、05”文件，分别将04、05图片拖曳到图像窗口中的适当位置并调整其大小，效果如图10-145所示。

图10-144

图10-145

（10）选中“背景”图层，按Delete键，将其删除。按Shift+Ctrl+E组合键，将所有的图层合并。按Ctrl+S组合键，弹出“存储为”对话框，将其命名为“方便面包装”，保存图像为PNG格式，单击“保存”按钮，保存图像。

### 3. 包装展示效果

（1）按Ctrl+O组合键，打开本书学习资源中的“Ch10 > 素材 > 制作方便面包装 > 06”文件和“CH10 > 效果 > 方便面包装.png”文件，选择“移动”工具，将方便面包装拖曳到06图像窗口中的适当位置并调整其大小，效果如图10-146所示，在“图层”控制面板中生成新的图层并将其命名为“方便面包装”。

（2）按Ctrl+T组合键，在图像周围出现变换框，按住Ctrl键的同时，分别拖曳变换框的右上方和右下方的控制手柄，将图像扭曲变形，按Enter键确认操作，效果如图10-147所示。

图10-146

图10-147

（3）新建图层并将其命名为“阴影”。将前景色设置为黑色。按住Ctrl键的同时，单击“方便面包装”图层的缩览图，图像周围生成选区。

（4）按Shift+F6组合键，在弹出的“羽化选区”对话框中进行设置，如图10-148所示，单击“确定”按钮，羽化选区。用前景色填充选区，并取消选区，效果如图10-149所示。将“阴影”图层拖曳到“方便面包装”图层的下方，效果如图10-150所示。

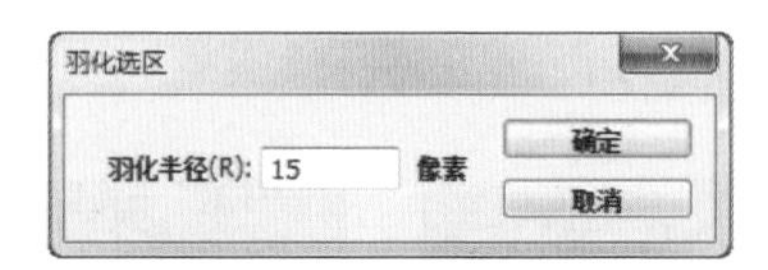


图10-148

图10-149

图10-150

（5）按住Shift键的同时，单击“方便面包装”图层，将两个图层同时选取。选择“移动”工具，按住Alt键的同时，将图像拖曳到适当的位置并调整其大小，复制图像，效果如图10-151所示。方便面包装制作完成，如图10-152所示。

图10-151

图10-152

# 课堂练习1——制作咖啡包装

## 练习1.1 项目背景及要求

### 1. 客户名称

云夫咖啡。

### 2. 客户需求

云夫咖啡是一家生产、经营各种咖啡的食品公司。目前该公司的经典畅销品牌卡布利诺咖啡需要更换新包装全新上市，要求设计一款咖啡外包装，抓住产品特点，达到宣传效果。

### 3. 设计要求

（1）整体色彩使用棕色和红色，体现咖啡的质感。

（2）设计要求简洁，图文搭配合理。

（3）以真实的产品图片展示，向观众传达真实的信息内容。

（4）设计规格为150mm（宽）×98mm（高），分辨率为300像素/英寸。

## 练习1.2 项目创意及制作

### 1. 设计素材

**图片素材所在位置：**本书学习资源中的“Ch10/素材/制作咖啡包装/ 01～08”。

### 2. 设计作品

**设计作品效果所在位置：**本书学习资源中的“Ch10/效果/制作咖啡包装.psd”，如图10-153所示。

### 3. 制作要点

使用新建参考线命令添加参考线，使用钢笔工具和渐变工具制作平面效果图，使用选区工具和变换命令制作包装立体效果，使用滤镜命令和文字工具制作包装广告效果。

图10-153

## 课堂练习2——制作CD唱片包装

### 练习2.1 项目背景及要求

#### 1. 客户名称

星星唱片。

#### 2. 客户需求

星星唱片是一家从事唱片印刷、唱片出版、音乐制作、版权代理及无线运营等业务的唱片公司，公司即将推出一张名叫《天籁之音》的音乐专辑，需要制作专辑封面。封面设计要围绕专辑主题，注重专辑内涵的表现。

#### 3. 设计要求

（1）包装封面使用自然美景的摄影照片，使画面看起来清新自然。

（2）将主题图片放在画面的主要位置，突出主题。

（3）整体风格贴近自然，通过包装的独特风格来吸引消费者的注意。

（4）整体风格能够体现艺术与音乐的特色。

（5）设计规格为210mm（宽）×297mm（高），分辨率为72像素/英寸。

### 练习2.2 项目创意及制作

#### 1. 设计素材

**图片素材所在位置：**本书学习资源中的“Ch10/素材/制作CD唱片包装/01～11”。

#### 2. 设计作品

**设计作品效果所在位置：**本书学习资源中的“Ch10/效果/制作CD唱片包装.psd”，如图10-154所示。

#### 3. 制作要点

使用图层蒙版和渐变工具制作背景图片的叠加效果，使用描边命令和自由变换命令制作背景装饰框，使用钢笔工具绘制CD侧面图形，使用图层样式为图形添加斜面和浮雕效果。

图10-154

# 课后习题1——制作汉字辞典包装

## 习题1.1　项目背景及要求

### 1. 客户名称

易峰青少年出版社。

### 2. 客户需求

《汉字词典》是易峰青少年出版社策划的一本给高中生的汉字词典。现要求为汉字词典设计包装，以在图书发售时能够吸引用户的眼光。设计要符合青少年的喜好，整体包装具有艺术感。

### 3. 设计要求

（1）书籍封面具有艺术感，表达出知识的魅力。

（2）设计要求使用暗色调的颜色，显得沉稳大气。

（3）添加一些装饰元素，能够丰富画面效果。

（4）包装展示真实可信，规格符合书籍要求。

（5）设计规格为297mm（宽）×210mm（高），分辨率为72像素/英寸。

## 习题1.2　项目创意及制作

### 1. 设计素材

**图片素材所在位置：**本书学习资源中的“Ch10/素材/制作汉字辞典包装/ 01～06”。

### 2. 设计作品

**设计作品效果所在位置：**本书学习资源中的“Ch10/效果/制作汉字辞典包装.psd”，如图10-155所示。

### 3. 制作要点

使用选框工具、滤镜命令、画笔工具、扩展命令和描边命令制作书面效果，使用色彩平衡命令调整图片的颜色，使用套索工具、添加杂色滤镜命令和图层样式制作卷页效果，使用矩形选框工具和拼缀图滤镜命令制作书页。

图10-155

## 课后习题2——制作饮料包装

### 习题2.1 项目背景及要求

1. 客户名称

玉石龙饮品公司。

2. 客户需求

玉石龙饮品公司是一家规模庞大、饮品种类众多的饮料经营公司。现阶段公司新研发了一款适合在夏季饮用的新品饮料，需要设计一个关于该款饮料的罐装包装，起到宣传和吸引顾客注意力的效果，也能直观地表现出这款饮料适合这个炎热的夏季。

3. 设计要求

（1）设计风格要求冰爽可口，突出品牌和卖点。

（2）清新的色彩能够触动顾客的味蕾，要求色彩明快，夺人眼球。

（3）画面简洁大方，以冰块为设计元素，文字效果突出显示。

（4）整体效果具有动感和活力。

（5）设计规格为100mm（宽）×100mm（高），分辨率为150像素/英寸。

### 习题2.2 项目创意及制作

1. 设计素材

**图片素材所在位置：**本书学习资源中的“Ch10/素材/制作饮料包装/01～04”。

2. 设计作品

**设计作品效果所在位置：**本书学习资源中的“Ch10/效果/制作饮料包装.psd”，如图10-156所示。

3. 制作要点

使用渐变工具和图层混合模式命令制作背景效果，使用图层蒙版制作水滴和冰块效果，使用剪贴蒙版命令制作饮料包装立体效果。

图10-156

# 10.4 制作旅游APP

## 10.4.1 项目背景及要求

### 1. 客户名称

旅游APP开发有限责任公司。

### 2. 客户需求

旅游APP开发有限责任公司是一家集开发、研究、营销、服务于一体的旅游APP设计制作企业。目前推出了一款新型的旅游APP，要求能简洁直观地展示产品特色，让消费者一目了然，能表现出APP的新技术及特色。

### 3. 设计要求

（1）风格要求以白和蓝为主，体现出舒适、科技和现代感。

（2）画面要求简洁精练，配合整体的设计风格，让人印象深刻。

（3）设计以展示产品为主，醒目直观，视觉效果强烈。

（4）以真实简洁的方式向观者传达信息内容。

（5）设计规格为163mm（宽）×42mm（高），分辨率为300像素/英寸。

## 10.4.2 项目创意及要点

### 1. 素材资源

**图片素材所在位置：**本书学习资源中的“Ch10/素材/制作旅游APP/01~03”。

### 2. 作品参考

**设计作品参考效果所在位置：**本书学习资源中的“Ch10/效果/制作旅游APP.psd”，如图10-157所示。

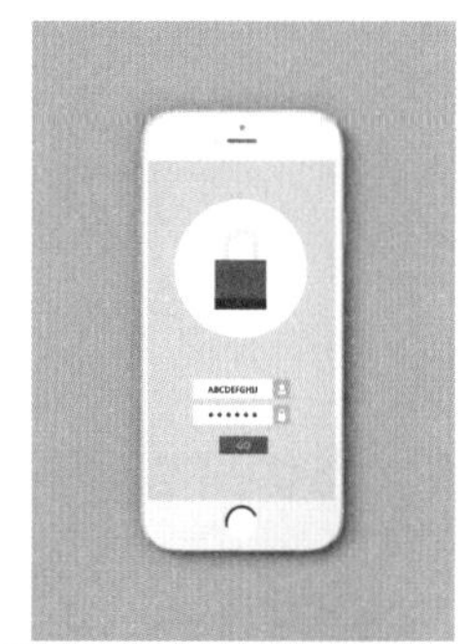

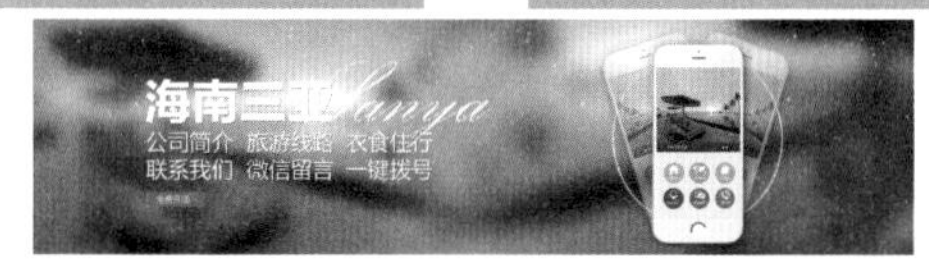


图10-157

### 3. 制作要点

使用圆角矩形工具、矩形工具和椭圆工具绘制相机图标，使用圆角矩形工具和图层样式命令制作手机外形，使用多边形套索工具、图层面板和剪贴蒙版制作高光，使用图层蒙版和渐变工具制作投影效果，使用横排文字工具添加文字。

## 10.4.3 案例制作及步骤

### 1. 制作APP旅游界面

（1）按Ctrl+N组合键，新建一个文件，宽度为21厘米，高度为29.7厘米，分辨率为300像素/英寸，颜色模式为RGB，背景内容为白色。将前景色设为蓝色（其R、G、B的值分别为117、200、212）。按Alt+Delete组合键，用前景色填充图层，效果如图10-158所示。

（2）按Ctrl+O组合键，打开本书学习资源中的“Ch10 > 素材 > 制作旅游APP > 01”文件，选择“移动”工具，将01图片拖曳到图像窗口中的适当位置并调整其大小，效果如图10-159所示，在“图层”控制面板中生成新的图层并将其命名为“手机”。

图10-158

图10-159

（3）将前景色设为浅灰色（其R、G、B的值分别为239、239、239）。选择“矩形”工具，在属性栏的“选择工具模式”选项中选择“形状”，在适当的位置上绘制矩形，效果如图10-160所示。

（4）按Ctrl+O组合键，打开本书学习资源中的“Ch10 > 素材 > 制作旅游APP > 02”文件，选择“移动”工具，将02图片拖曳到图像窗口中的适当位置并调整其大小，效果如图10-161所示，在“图层”控制面板中生成新的图层并将其命名为“照片”。

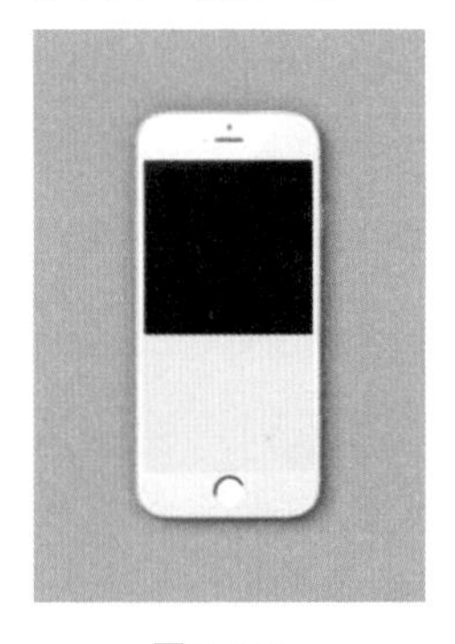

图10-160

图10-161

（5）将前景色设为灰蓝色（其R、G、B的值分别为70、78、89）。选择“矩形”工具，在适当的位置绘制矩形，如图10-162所示。在“图层”控制面板上方，将该图层的“不透明度”选项设为70%，按Enter键确认操作，图像效果如图10-163所示。

图10-162

图10-163

（6）将前景色设为白色。选择“横排文字”工具，在适当的位置输入需要的文字并选取文字，在属性栏中分别选择合适的字体和文字大小，效果如图10-164所示，在“图层”控制面板中生成新的文字图层。

（7）新建图层并将其命名为“圆形”。选择“椭圆”工具，在属性栏的“选择工具模式”选项中选择“像素”，按住Shift键的同时，在适当的位置上绘制圆形，效果如图10-165所示。

图10-164　　图10-165

（8）选择“移动”工具，按住Alt键的同时，拖曳2次圆形到适当的位置，复制2个圆形。填充副本2圆形为黑色，效果如图10-166所示。

（9）按Ctrl+O组合键，打开本书学习资源中的“Ch10 > 素材 > 制作旅游APP > 03”文件，选择“移动”工具，将03图片拖曳到图像窗口中的适当位置并调整其大小，效果如图10-167所示，在“图层”控制面板中生成新的图层并将其命名为“图标”。

海南三亚风景

图10-166

图10-167

（10）按Ctrl+S组合键，弹出“存储为”对话框，将其命名为“APP旅游界面”，保存为PSD格式，单击“保存”按钮，保存文件。

## 2. 制作APP登录界面

（1）按Ctrl+O组合键，打开本书学习资源中的“Ch10 > 效果 > APP旅游界面”文件，如图10-168所示。按住Shift键的同时，选取不需要的图层，按Delete键将其删除，效果如图10-169所示。

图10-168

图10-169

（2）将前景色设为淡蓝色（其R、G、B的值分别为173、222、248）。选择“矩形”工具，在属性栏的“选择工具模式”选项中选择“形状”，在适当的位置上绘制矩形，效果如图10-170所示。

图10-170

（3）将前景色设为白色。选择“椭圆”工具，在属性栏的“选择工具模式”选项中选择“形状”，按住Shift键的同时，在适当的位置绘制圆形，效果如图10-171所示。选择“矩形”工具，在适当的位置绘制红色（其R、G、B的值分别为232、56、40）和蓝灰色（其R、G、B的值分别为54、62、72）两个矩形，效果如图10-172所示。

图10-171

图10-172

（4）将前景色设为浅灰色（其R、G、B的值分别为239、239、239）。选择“圆角矩形”工具，在属性栏的“选择工具模式”选项中选择“形状”，将“半径”选项设为100像素，单击属性栏中的路径操作按钮，在弹出的面板中选择“减去顶层形状”，在适当的位置绘制圆角矩形，效果如图10-173所示。

图10-173

（5）在“图层”控制面板中，将“圆角矩形1”图层拖曳到“矩形2”图层的下方，如图10-174所示，图像效果如图10-175所示。

（6）选择“矩形3”。选择“矩形”工具，在适当的位置绘制白色和淡蓝色（其R、G、B的值分别为117、200、212）两个矩形，效果如图10-176所示。选择“椭圆”工具，在适当的位置绘制两个白色的椭圆形，如图10-177所示。

图10-174

图10-175

图10-176

图10-177

（7）选择“直接选择”工具“直接选择”工具，选取下方的锚点，按Delete键删除，如图10-178所示。单击属性栏中的路径操作按钮，在弹出的面板中选择“减去顶层形状”，在适当的位置绘制椭圆形，效果如图10-179所示。

图10-178

图10-179

（8）将前景色设为黑色。选择“横排文字”工具，在适当的位置输入需要的文字并选取文字，在属性栏中选择合适的字体和文字大小，按Alt+ →组合键，调整字距，如图10-180所示，在“图层”控制面板中生成新的文字图层。

图10-180

（9）按住Shift键的同时，选取“矩形4”和“矩形5”。按Ctrl+J组合键，复制图层。按Shift+Ctrl+]组合键，将副本图层置于顶层，如图10-181所示。选择“移动”工具，将副本图形拖曳到适当的位置，效果如图10-182所示。

图10-181

图10-182

（10）将前景色设为深灰色（其R、G、B的值分别为76、73、72）。选择“椭圆”工具，按住Shift键的同时，在适当的位置绘制圆形，效果如图10-183所示。选择“移动”工具，按住Shift+Alt组合键的同时，将圆形多次拖曳到适当的位置，复制多个圆形，如图10-184所示。

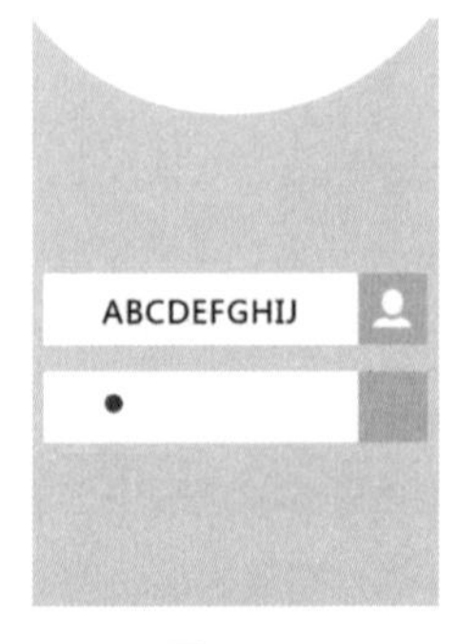


图10-183

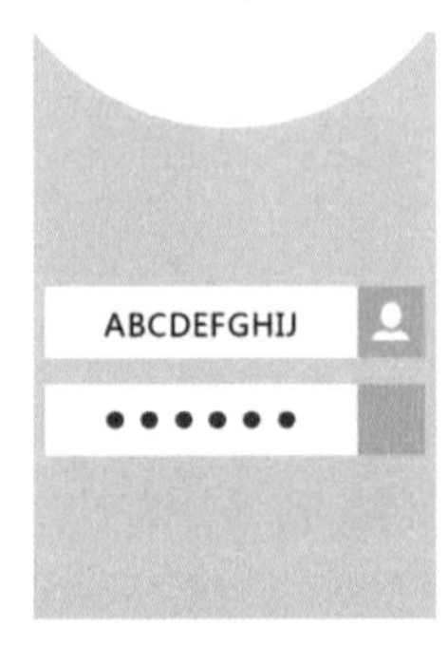


图10-184

（11）按住Shift键的同时，选取需要的图层。按Ctrl+J组合键，复制图层。按Shift+Ctrl+]组合键，将副本图层置于顶层，如图10-185所示。选择“移动”工具，将副本图形拖曳到适当的位置，并调整其大小，效果如图10-186所示。填充图形为白色，效果如图10-187所示。

图10-185

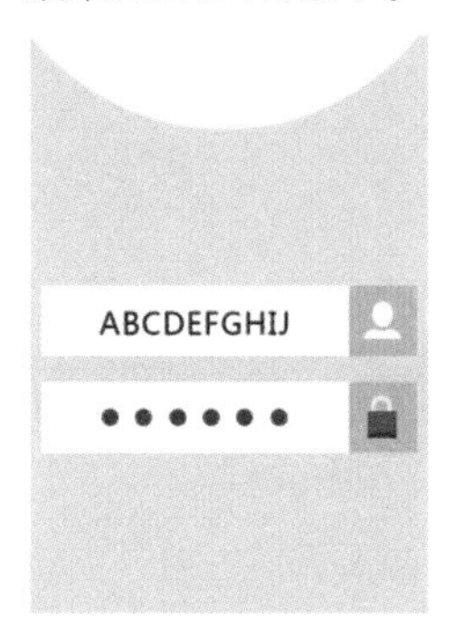


图10-186

图10-187

（12）选择“矩形”工具，在适当的位置绘制红色（其R、G、B的值分别为232、56、40）矩形，如图10-188所示。将前景色设为白色。选择“横排文字”工具，在适当的位置输入需要的文字并选取文字，在属性栏中选择合适的字体和文字大小，按Alt+ →组合键，调整字距，如图10-189所示，在“图层”控制面板中生成新的文字图层。APP登录界面制作完成，如图10-190所示。

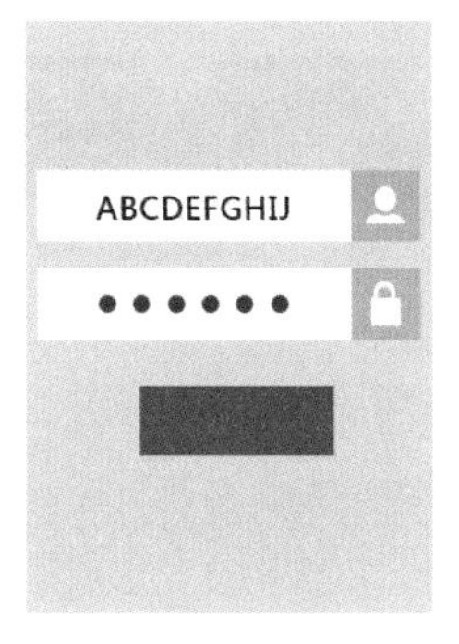


图10-188

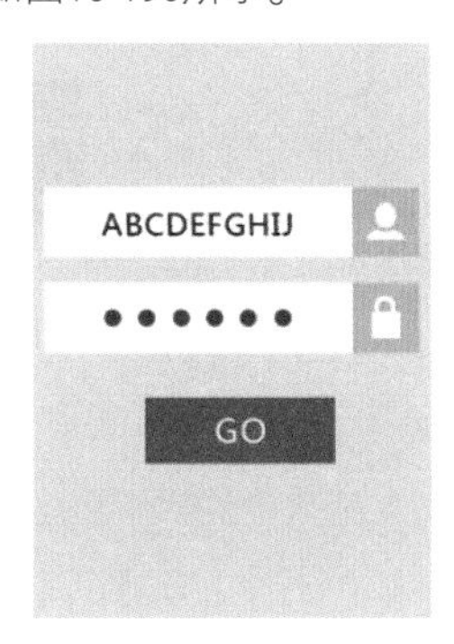


图10-189

图10-190

（13）按Shift+Ctrl+S组合键，弹出“存储为”对话框，将其命名为“APP旅游登录界面”，保存为PSD格式，单击“保存”按钮，保存文件。

### 3. 制作APP旅游广告

（1）按Ctrl＋N组合键，新建一个文件，宽度为67.7厘米，高度为17.6厘米，分辨率为300像素/英寸，颜色模式为RGB，背景内容为白色。将前景色设为粉色（其R、G、B的值分别为232、182、198）。按Alt+Delete组合键，用前景色填充“背景”图层，效果如图10-191所示。

图10-191

（2）按Ctrl＋O组合键，打开本书学习资源中的“Ch10 > 素材 > 制作旅游APP > 02”文件，选择“移动”工具，将图片拖曳到图像窗口中的适当位置，并调整其大小，效果如图10-192所示，在“图层”控制面板中生成新的图层并将其命名为“图片”。

图10-192

（3）选择“滤镜 > 模糊 > 高斯模糊”命令，在弹出的对话框中进行设置，如图10-193所示，单击“确定”按钮，效果如图10-194所示。

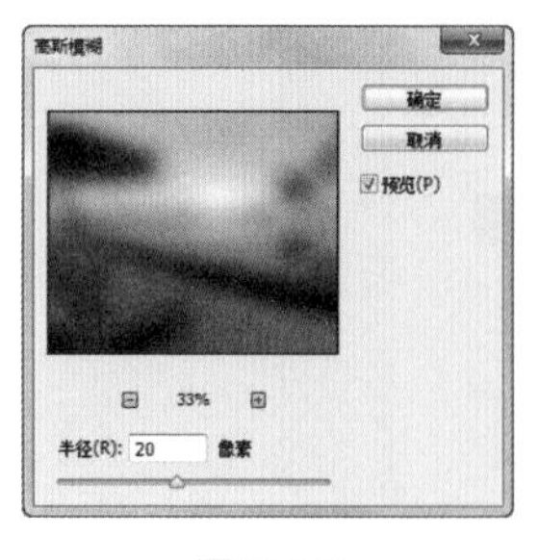


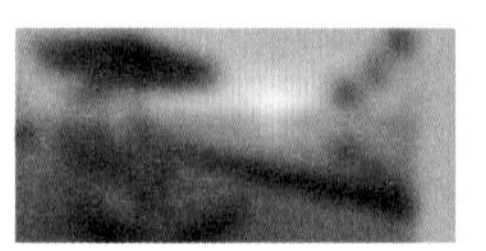

图10-193　　图10-194

（4）选择“图像 > 调整 > 亮度/对比度”命令，在弹出的对话框中进行设置，如图10-195所示，单击“确定”按钮，效果如图10-196所示。

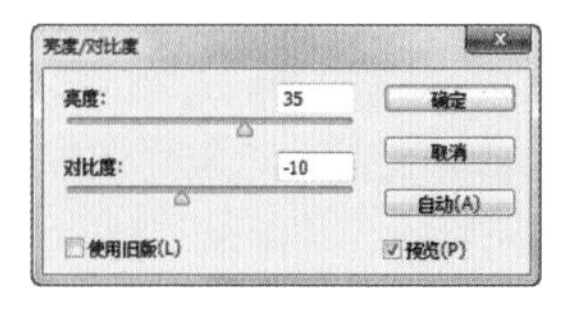


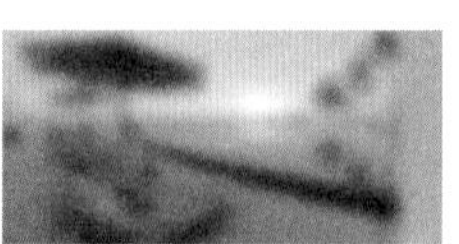

图10-195　　图10-196

（5）单击“图层”控制面板下方的“添加图层蒙版”按钮，为图层添加蒙版。选择“渐变”工具，将渐变色设为从黑色到白色，在图像窗口中从右向左拖曳渐变色，松开鼠标左键，效果如图10-197所示。按Ctrl+J组合键，复制图层，如图10-198所示。

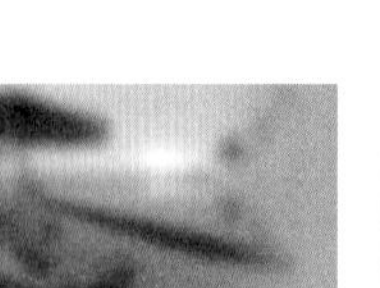

图10-197　　图10-198

（6）按Ctrl+T组合键，在图像周围出现变换框，在变换框中单击鼠标右键，在弹出的菜单中选择“水平翻转”命令，水平翻转图像，拖曳到适当的位置并调整其大小，按Enter键确认操作，效果如图10-199所示。

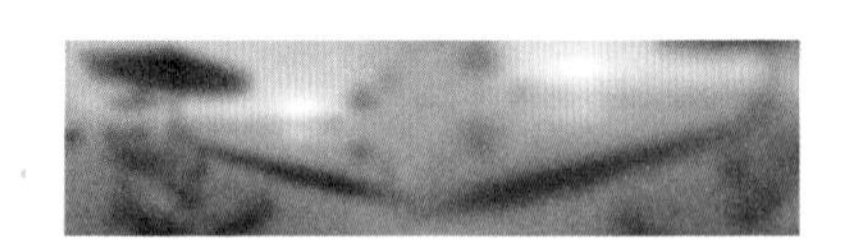

图10-199

（7）单击“图层”控制面板下方的“创建新的填充或调整图层”按钮，在弹出的菜单中选择“色彩平衡”命令，在“图层”控制面板中生成“色彩平衡1”图层，同时弹出“色彩平衡”面板，设置如图10-200所示，按Enter键确认操作，效果如图10-201所示。

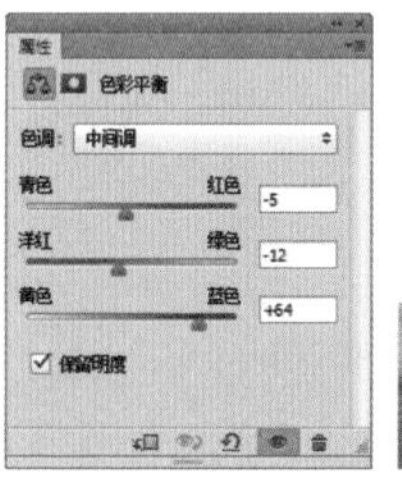


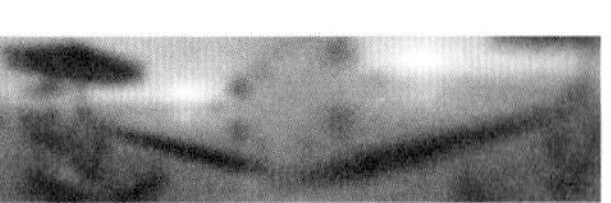

图10-200　　图10-201

（8）单击“图层”控制面板下方的“创建新的填充或调整图层”按钮，在弹出的菜单中选择“曲线”命令，在“图层”控制面板中生成“曲线 1”图层，同时弹出“曲线”面板，设置如图10-202所示，按Enter键确认操作，效果如图10-203所示。

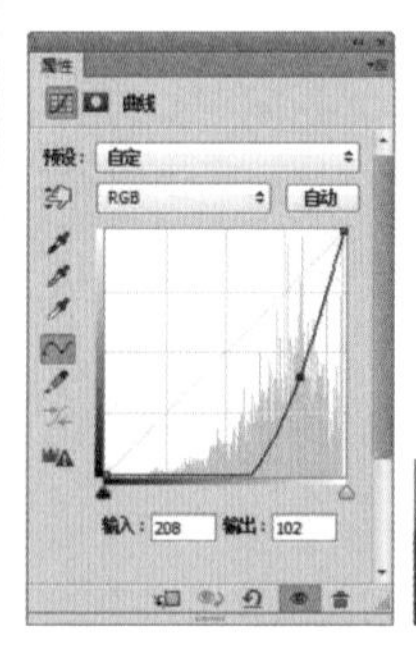


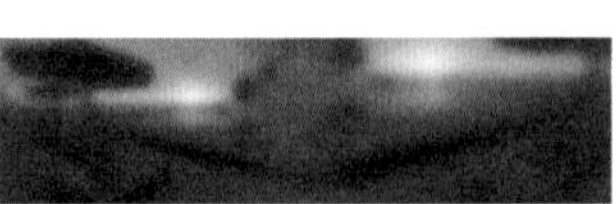

图10-202　　图10-203

（9）将前景色设为黑色。选择“画笔”工具，在属性栏中单击“画笔”选项右侧的按钮，在弹出的面板中选择需要的画笔形状，如图10-204所示，在属性栏中将“不透明度”选项设为60%，在图像窗口中拖曳鼠标擦除不需要的图像，效果如图10-205所示。

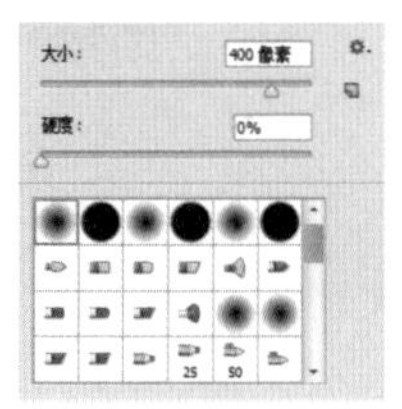


图10-204

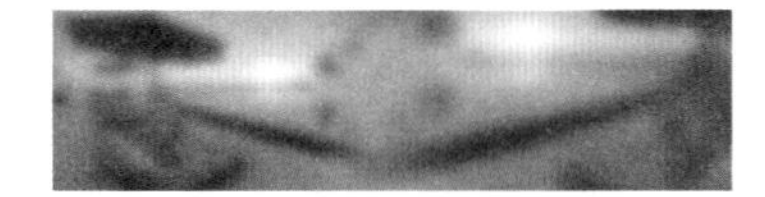

图10-205

（10）单击“图层”控制面板下方的“创建新的填充或调整图层”按钮，在弹出的菜单中选择“色阶”命令，在“图层”控制面板中生成“色阶1”图层，同时弹出“色阶”面板，设置如图10-206所示，按Enter键确认操作，效果如图10-207所示。

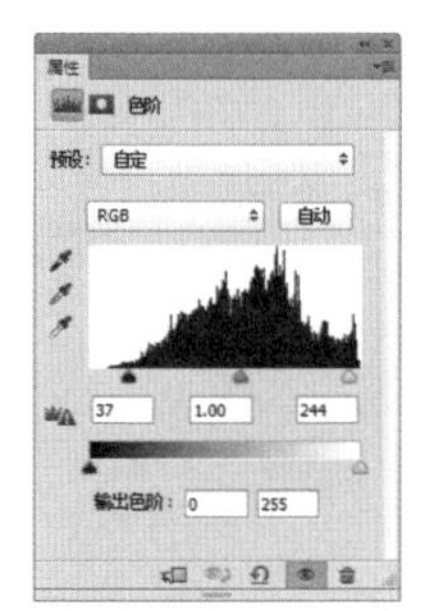


图10-206

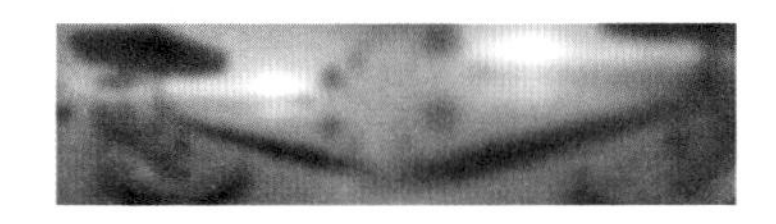

图10-207

（11）新建图层并将其命名为“星星”。将前景色设为深灰色（其R、G、B的值分别为186、195、210）。选择“画笔”工具，在属性栏中单击“切换画笔面板”按钮，弹出“画笔”控制面板，选择“画笔笔尖形状”选项，切换到相应的面板，设置如图10-208所示；选择“形状动态”选项，切换到相应的面板，设置如图10-209所示；选择“散布”选项，切换到相应的面板，设置如图10-210所示。在图像窗口中拖曳鼠标绘制星形，效果如图10-211所示。

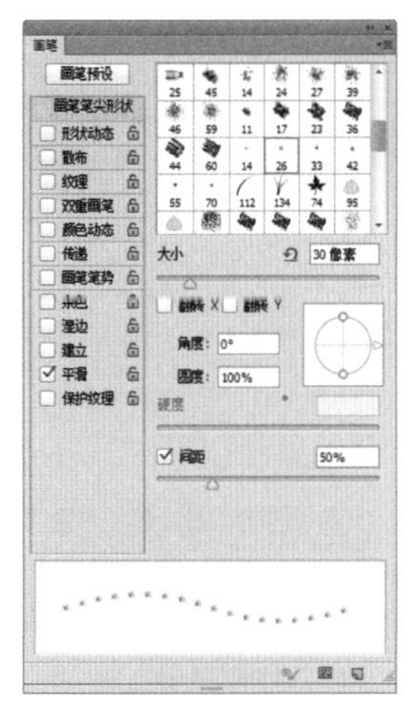


图10-208

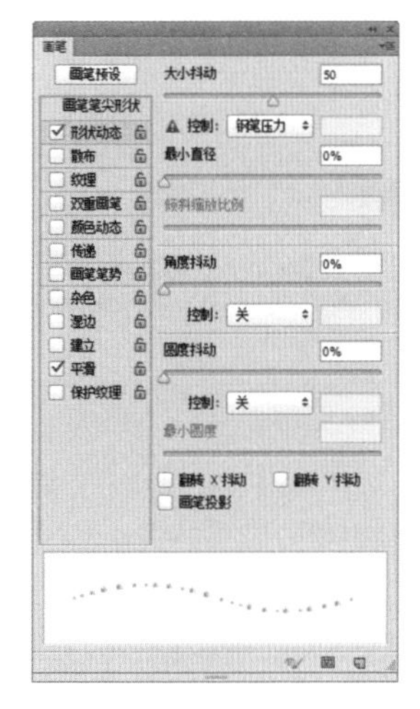


图10-209

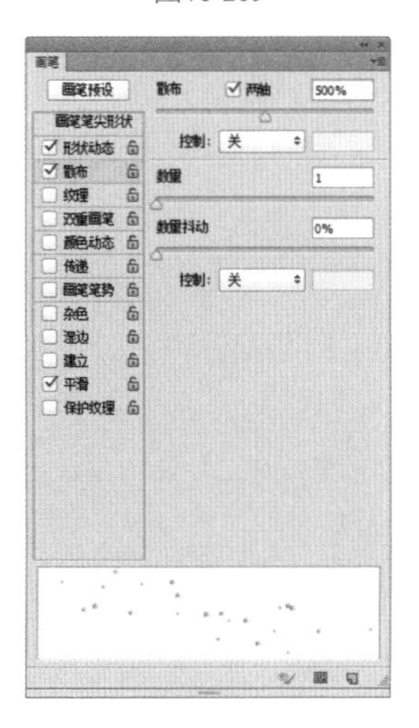


图10-210

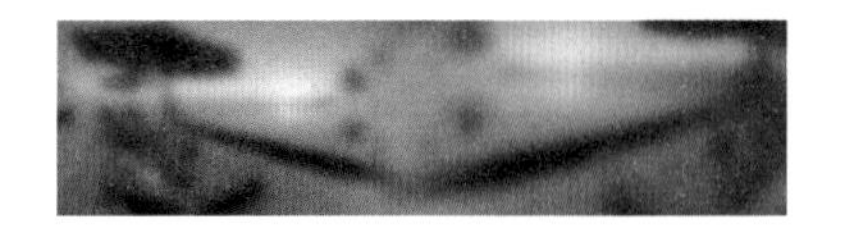

图10-211

（12）在“图层”控制面板上方，将“星星”图层的混合模式选项设为“滤色”，“不透明度”选项设为89%，如图10-212所示，按Enter键确认操作，图像效果如图10-213所示。

图10-212

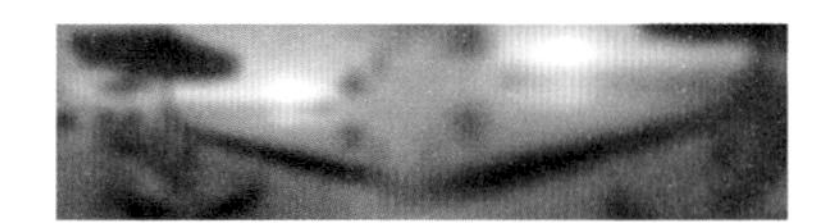

图10-213

（13）新建图层并将其命名为“圆形”。选择“椭圆选框”工具，按住Shift键的同时，在图像窗口中拖曳鼠标绘制圆形选区，效果如图10-214所示。

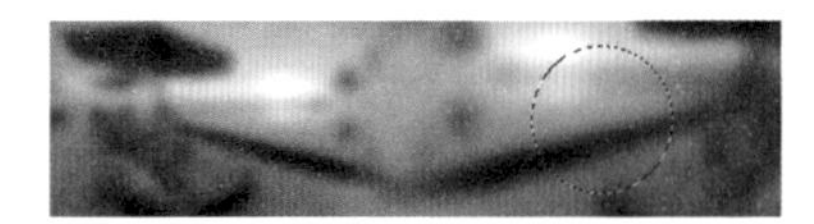

图10-214

（14）将前景色设为白色。选择“编辑 > 描边”命令，弹出“描边”对话框，选项的设置如图10-215所示，单击“确定”按钮。按Ctrl+D组合键，取消选区，效果如图10-216所示。

图10-215

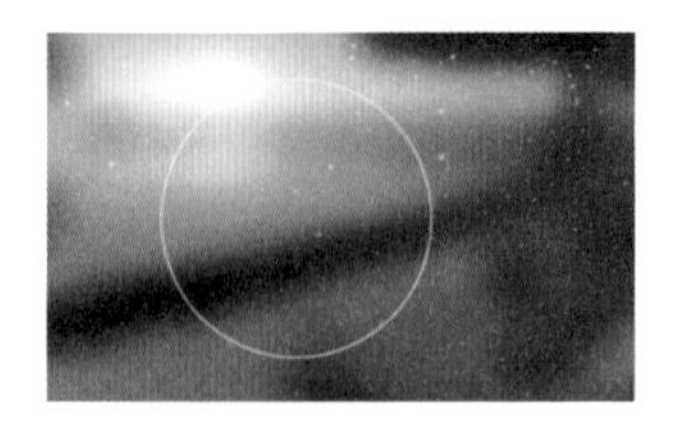

图10-216

（15）单击“图层”控制面板下方的“添加图层样式”按钮，在弹出的菜单中选择“外发光”命令，弹出对话框，将发光颜色设为蓝色（其R、G、B的值分别为83、115、255），其他选项的设置如图10-217所示，单击“确定”按钮，效果如图10-218所示。

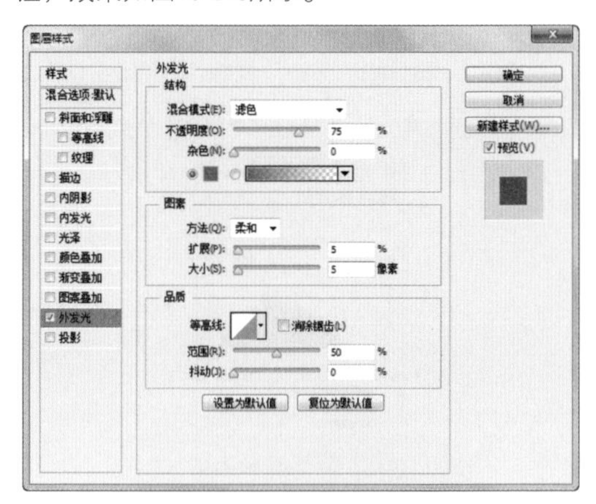


图10-217

图10-218

（16）按Ctrl+O组合键，打开本书学习资源中的“Ch10 > 效果 > APP旅游界面”文件，将除“背景”图层外的所有图层同时选取，按Ctrl+E组合键，合并图层。选择“移动”工具，将合并后的图像拖曳到适当的位置，效果如图10-219所示，在“图层”控制面板中生成新的图层并将其命名为“APP旅游界面”。

（17）按Ctrl+J组合键，复制图层。按Ctrl+T

组合键，在图像周围出现变换框，将鼠标指针放在变换框的控制手柄外边，鼠标指针变为旋转图标↰，拖曳鼠标将图像旋转到适当的角度，按Enter键确认操作，效果如图10-220所示。

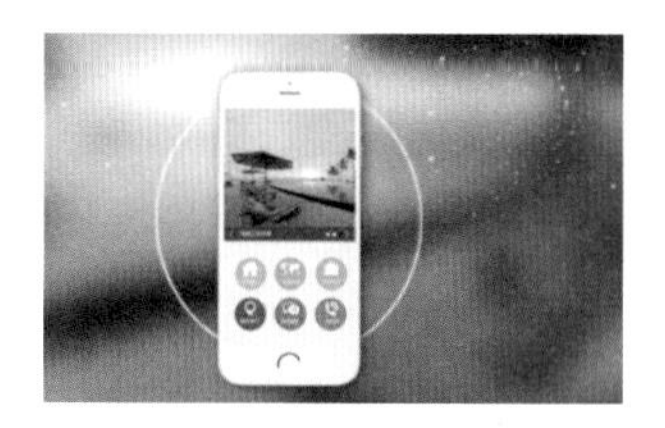

图10-219

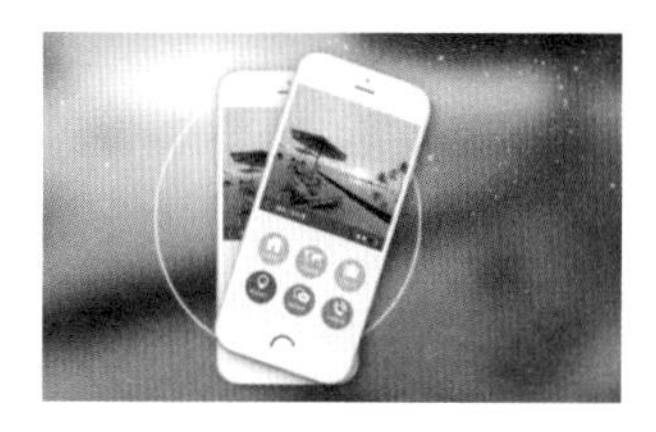

图10-220

（18）在“图层”控制面板上方，将“APP旅游界面 副本”图层的“填充”选项设为45%，如图10-221所示，按Enter键确认操作，图像效果如图10-222所示。

图10-221

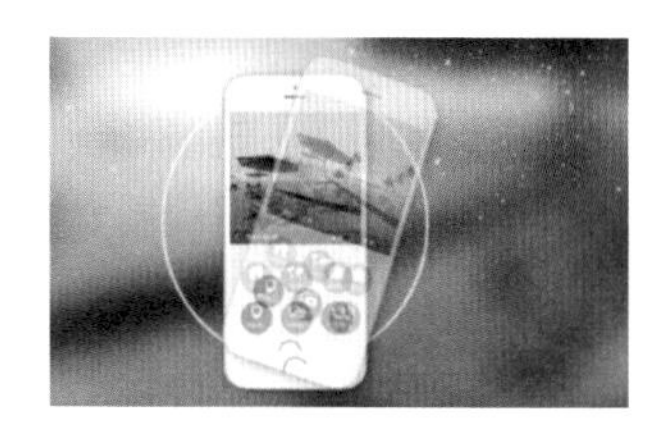

图10-222

（19）用相同的方法复制并旋转图像，效果如图10-223所示。将两个副本图层同时选取，拖曳到“APP旅游界面”图层的下方，如图10-224所示，图像效果如图10-225所示。

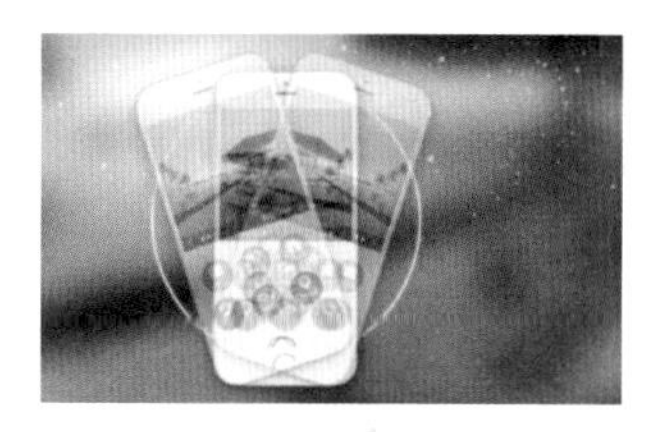

图10-223

图10-224

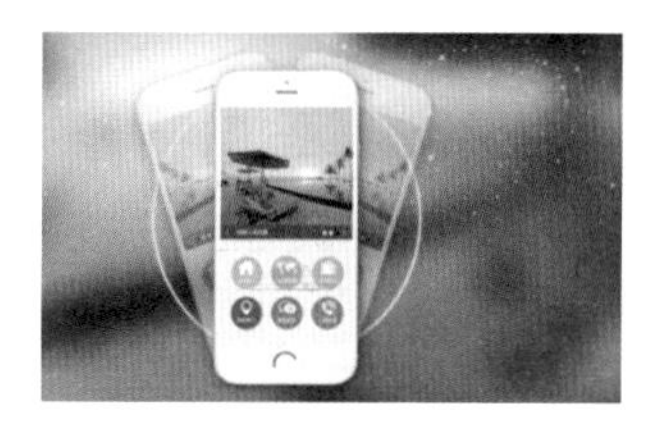

图10-225

（20）选择“APP旅游界面”图层。将前景色设为白色。选择“横排文字”工具T，在适当的位置分别输入需要的文字并选取文字，在属性栏中分别选择合适的字体并设置文字大小，按Alt+→组合键，分别调整文字到适当间距，效果如图10-226所示，在“图层”控制面板中生成新的文字图层。

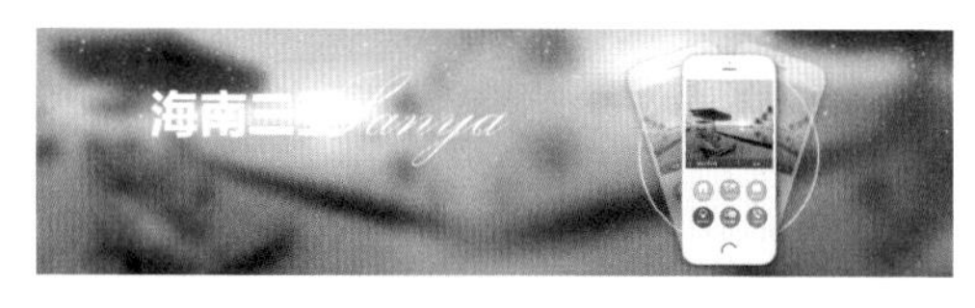

图10-226

（21）选取“海南三亚”图层。单击“图层”控制面板下方的“添加图层样式”按钮fx，在弹出的菜单中选择“投影”命令，在弹出的对话框中进行设置，如图10-227所示，单击“确定”按钮，效果如图10-228所示。

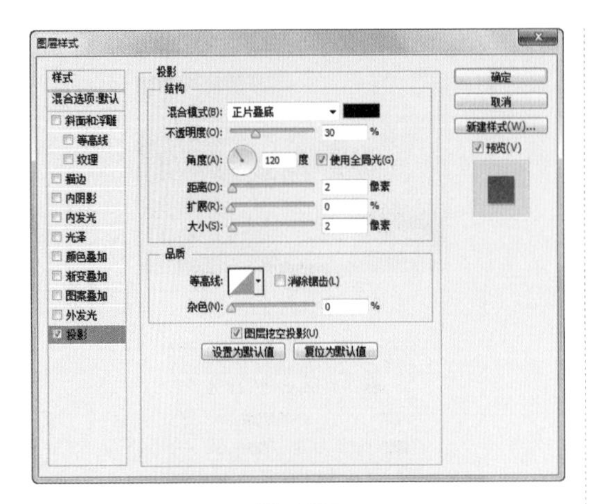


图10-227

图10-228

（22）选择“横排文字”工具，在适当的位置输入需要的文字并选取文字，在属性栏中选择合适的字体并设置文字大小，按Alt+↑组合键，调整文字到适当的行距，效果如图10-229所示，在“图层”控制面板中生成新的文字图层。

图10-229

（23）在“海南三亚”文字图层上单击鼠标右键，在弹出的菜单中选择“拷贝图层样式”命令，拷贝图层样式。在“公司简介……一键拨号”图层上单击鼠标右键，在弹出的菜单中选择“粘贴图层样式”命令，粘贴图层样式，效果如图10-230所示。

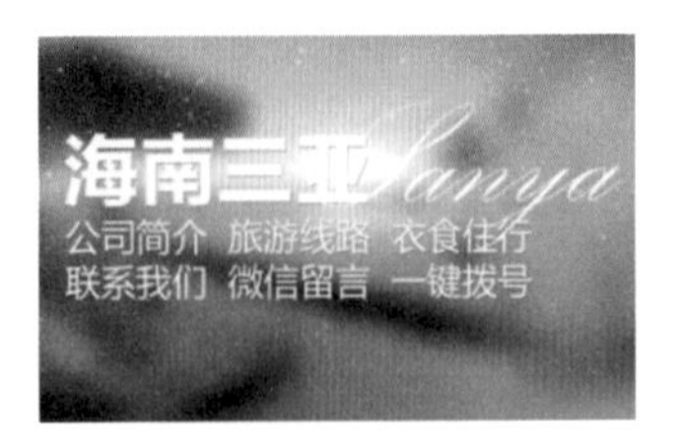


图10-230

（24）将前景色设为粉红色（其R、G、B的值分别为233、86、110）。选择“圆角矩形”工具，在属性栏的“选择工具模式”选项中选择“形状”，将“半径”选项设为5像素，在图像窗口中拖曳鼠标绘制圆角矩形，效果如图10-231所示。

图10-231

（25）选择“横排文字”工具，在适当的位置输入需要的文字并选取文字，在属性栏中选择合适的字体并设置文字大小，按Alt+→组合键，适当调整文字间距，效果如图10-232所示，在“图层”控制面板中生成新的文字图层。

图10-232

（26）在“免费开通”图层上单击鼠标右键，在弹出的菜单中选择“粘贴图层样式”命令，粘贴图层样式，效果如图10-233所示。旅游APP制作完成。

图10-233

# 课堂练习1——制作星空手机界面

## 练习1.1　项目背景及要求

### 1. 客户名称

微迪设计公司。

### 2. 客户需求

微迪设计公司是一家专门从事手机设计及研发的科技公司，现阶段有一款新品手机即将发布，公司需要设计一款以星空为主题的手机锁屏界面，一方面用于手机新品发布展示，另一方面向公司手机的忠实用户表达公司对这款手机的未来发展寄予无限憧憬。

### 3. 设计要求

（1）使用一张淡蓝色的星空图作为界面背景，给人无限的遐想和憧憬。

（2）合理的图文搭配，让画面显得既紧凑又美观，充分利用空间。

（3）图标位置符合多数人的习惯。

（4）整体设计美观大方，能够彰显科技的魅力。

（5）设计规格为480mm（宽）×336mm（高），分辨率为150像素/英寸。

## 练习1.2　项目创意及制作

### 1. 设计素材

**图片素材所在位置：**本书学习资源中的“Ch10/素材/制作星空手机界面/01～09”。

### 2. 设计作品

**设计作品效果所在位置：**本书学习资源中的“Ch10/效果/制作星空手机界面.psd”，如图10-234所示。

### 3. 制作要点

使用移动工具和图层样式添加并编辑素材图片，使用椭圆工具和圆角矩形工具制作手机外形和状态栏，使用横排文字工具添加文字信息，使用椭圆工具和圆角矩形工具制作解锁图标，使用横排文字工具添加文字信息，使用移动工具和图层样式添加并编辑素材图片，使用椭圆工具和渐变叠加命令制作播放图标和其他部件。

图10-234

# 课堂练习2——制作个性手机界面

## 练习2.1 项目背景及要求

### 1. 客户名称

申科迪设计公司。

### 2. 客户需求

申科迪设计公司是一家集UI设计、LOGO设计、VI设计和界面设计于一体的设计公司。本例是为公司设计制作个性手机界面，要求界面制作效果精美、功能全面。

### 3. 设计要求

（1）使用蓝色和黑色的搭配，给人刚硬、阳光感。

（2）利用虚实变化的景物，增强画面的空间感。

（3）图文搭配充分地利用了空间，让画面显得精致美观。

（4）运用不同的模式，充分展现界面的美观性和功能性。

（5）设计规格为216mm（宽）×136mm（高），分辨率为150像素/英寸。

## 练习2.2 项目创意及制作

### 1. 设计素材

**图片素材所在位置：**本书学习资源中的“Ch10/素材/制作个性手机界面/ 01～17”。

### 2. 设计作品

**设计作品效果所在位置：**本书学习资源中的“Ch10/效果/制作个性手机界面.psd”，如图10-235所示。

### 3. 制作要点

使用图案叠加命令制作背景，使用钢笔工具、矩形工具和自定形状工具绘制图形，使用文字工具添加手机界面文字，使用创建剪贴蒙版命令制作图片剪切效果。

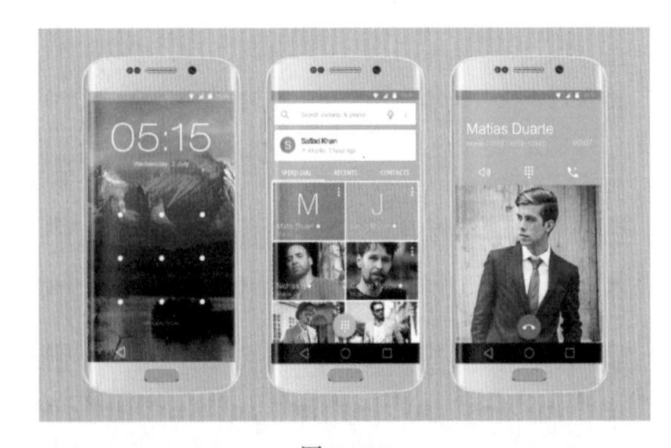


图10-235

# 课后习题1——制作音乐播放器界面

## 习题1.1　项目背景及要求

### 1. 客户名称

时限设计公司。

### 2. 客户需求

时限设计公司是一家以APP制作、平面设计、网页设计等为主的设计工作室，深受广大用户的喜爱。公司最近需要为新研发的音乐软件设计一款客户端APP界面，要求界面整体简洁美观，板块分类清晰明了。

### 3. 设计要求

（1）使用淡蓝色背景，在视觉上给人一种舒适、欢乐、放松的感觉。

（2）界面整体设计能够凸显音乐的魅力。

（3）界面简洁明了，图文合理搭配。

（4）添加一些板块分类元素，起到丰富界面的作用。

（5）设计规格为119mm（宽）×85mm（高），分辨率为150像素/英寸。

## 习题1.2　项目创意及制作

### 1. 设计素材

**图片素材所在位置：**本书学习资源中的“Ch10/素材/制作音乐播放器界面/01～06”。

### 2. 设计作品

**设计作品效果所在位置：**本书学习资源中的“Ch10/效果/制作音乐播放器界面.psd”，如图10-236所示。

### 3. 制作要点

使用圆角矩形、图层样式、剪贴蒙版、图层蒙版和渐变工具制作歌手名片，使用置入命令添加装饰元素，使用文字工具添加歌曲信息。

图10-236

## 课后习题2——制作美食APP

### 习题2.1　项目背景及要求

#### 1. 客户名称

达林诺餐厅。

#### 2. 客户需求

达林诺餐厅是一家经营年代久远且专门烹饪传统中国菜的餐饮公司，现需要设计一个关于美食APP的登录、注册界面，要求能够吸引顾客的眼球，体现餐厅的特色，操作简单，内容简洁。

#### 3. 设计要求

（1）使用深蓝色的背景能够给人沉稳和踏实的感觉，衬托食物的色彩，增强顾客的食欲。

（2）界面要求干净整洁，分类简单易懂。

（3）设计要符合大多数人的使用习惯。

（4）整体设计美观大方，能够彰显餐厅的特色。

（5）设计规格为508mm（宽）×322mm（高），分辨率为150像素/英寸。

### 习题2.2　项目创意及制作

#### 1. 设计素材

**图片素材所在位置：**本书学习资源中的“Ch10/素材/制作美食APP/ 01～16”。

#### 2. 设计作品

**设计作品效果所在位置：**本书学习资源中的“Ch10/效果/制作美食APP.psd”，如图10-237所示。

#### 3. 制作要点

使用移动工具、渐变工具和图层蒙版添加并编辑素材图片，使用圆角矩形工具和横排文字工具制作登录、注册按钮和文字说明信息，使用置入命令、矩形工具和剪贴蒙版制作美食展示图片，使用矩形工具、渐变工具和剪贴蒙版制作美食展示图片和厨师名片。

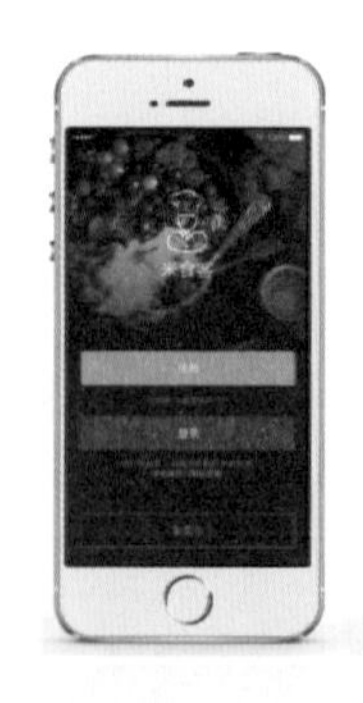

图10-237

# 10.5 制作数码产品网页

## 10.5.1 项目背景及要求

### 1. 客户名称

凌酷数码产品有限公司。

### 2. 客户需求

凌酷数码产品有限公司是一家新成立的数码产品有限公司，主要经营各种数码产品的开发、出版以及销售业务。目前需要制作公司网站，为前期的宣传做准备。该网页主要内容为公司研发的手机产品，要求能够表现公司的特点，达到宣传效果。

### 3. 设计要求

（1）网页背景要求制作出雅致、现代的视觉效果。

（2）多使用浅色给人清新感，画面要求干净清爽。

（3）要求使用产品和装饰图形进行点缀搭配，丰富画面效果。

（4）设计能够吸引消费者的注意力，突出对公司及促销产品的介绍。

（5）设计规格为1100像素（宽）×830像素（高），分辨率为72像素/英寸。

## 10.5.2 项目创意及要点

### 1. 素材资源

**图片素材所在位置：**本书学习资源中的“Ch10/素材/制作数码产品网页/01~04”。

### 2. 作品参考

**设计作品参考效果所在位置：**本书学习资源中的“Ch10/效果/制作数码产品网页.psd”，如图10-238所示。

### 3. 制作要点

使用渐变工具和橡皮擦工具制作背景效果，使用图层样式、横排文字工具、椭圆工具和动感模糊命令制作导航栏，使用横排文字工具和图层样式制作信息文字。

图10-238

## 10.5.3 案例制作及步骤

### 1. 制作导航条和标志

（1）按Ctrl+N组合键，新建一个文件，宽度为1100像素，高度为830像素，分辨率为72像素/英寸，颜色模式为RGB，背景内容为白色。将前景色设为浅灰色（其R、G、B的值分别为233、233、233）。按Alt+Delete组合键，用前景色填充图层，效果如图10-239所示。

（2）新建图层并将其命名为“导航条”。将前景色设为白色。选择“圆角矩形”工具，在属性栏的“选择工具模式”选项中选择“像素”，将“半径”选项设为80像素，在图像窗口中绘制圆角矩形，如图10-240所示。

图10-239　　图10-240

（3）单击“图层”控制面板下方的“添加图层样式”按钮fx，在弹出的菜单中选择“斜面和浮雕”命令，在弹出的对话框中进行设置，如图10-241所示。选择“投影”选项，切换到相应的对话框，设置如图10-242所示。单击“确定”按钮，效果如图10-243所示。

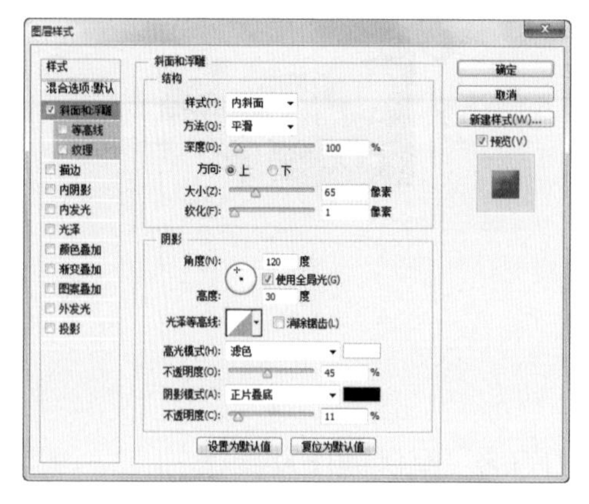


图10-241

图10-242

图10-243

（4）将前景色设为深灰色（其R、G、B的值分别为68、68、68）。选择“横排文字”工具T，在适当的位置输入需要的文字并选取文字，在属性栏中选择合适的字体并设置文字大小，按Alt+←组合键，调整文字间距，效果如图10-244所示，在“图层”控制面板中生成新的文字图层。选取文字“首页”，填充为蓝色（其R、G、B的值分别为92、144、223），效果如图10-245所示。

图10-244

图10-245

（5）将前景色设为黑色。选择“横排文字”工具T，在适当的位置输入需要的文字并选取文字，在属性栏中选择合适的字体并设置文字大小，按Alt+←组合键，调整文字间距，效果如图10-246所示，在“图层”控制面板中生成新的文字图层。选取字母“LING”，填充为蓝色（其R、G、B的值分别为92、144、223），效果如图10-247所示。

图10-246　　图10-247

（6）将前景色设为灰色（其R、G、B的值分别为117、117、117）。选择“横排文字”工具T，在适当的位置输入需要的文字并选取文字，在属性栏中选择合适的字体并设置大小，按Alt+→组合键，调整文字间距，效果如图10-248所示，在“图层”控制面板中生成新的文字图层。

（7）选取文字，按Ctrl+T组合键，弹出“字符”面板，单击“全部大写字母”按钮TT，将文字全部大写，其他选项的设置如图10-249所示，按Enter键确认操作，效果如图10-250所示。

图10-248

图10-249

图10-250

（8）按Ctrl＋O组合键，打开本书学习资源中的“Ch10 > 素材 > 制作数码产品网页 > 01”文件。选择“移动”工具，将图片拖曳到图像窗口中的适当位置，效果如图10-251所示，在“图层”控制面板中生成新的图层并将其命名为“灯”。

图10-251

（9）新建图层并将其命名为“光”。将前景色设为蓝色（其R、G、B的值分别为27、97、204）。选择“椭圆选框”工具，在图像窗口中绘制椭圆选区，如图10-252所示。按Alt+Delete组合键，用前景色填充选区。按Ctrl+D组合键，取消选区，效果如图10-253所示。

图10-252

图10-253

（10）选择“滤镜 > 模糊 > 动感模糊”命令，在弹出的对话框中进行设置，如图10-254所示，单击“确定”按钮，效果如图10-255所示。

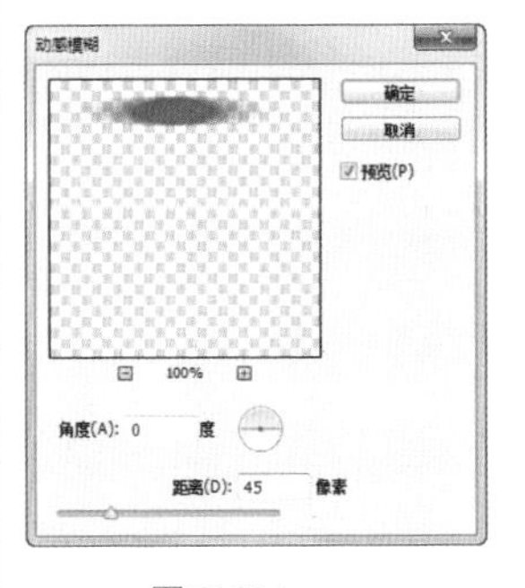


图10-254

图10-255

（11）在“图层”控制面板上方，将“光”图层的混合模式选项设为“滤色”，如图10-256所示，图像效果如图10-257所示。

图10-256

图10-257

## 2. 添加内容并制作页脚

（1）按Ctrl+J组合键，复制“光”图层，如图10-258所示。按Ctrl＋O组合键，打开本书学习资源中的“Ch10 > 素材 > 制作数码产品网页 > 02”文件。选择“移动”工具，将图片拖曳到图像窗口中的适当位置，效果如图10-259所示，在“图层”控制面板中生成新的图层并将其命名为“蓝天”。

图10-258

图10-259

（2）在“图层”控制面板上方，将“蓝天”图层的混合模式选项设为“变暗”，“填充”选项设为75%，如图10-260所示，按Enter键确认操作，图像效果如图10-261所示。

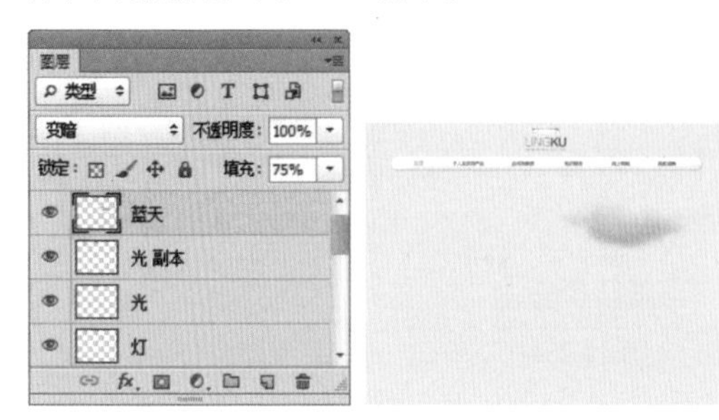

图10-260　　图10-261

（3）按Ctrl+O组合键，打开本书学习资源中的“Ch10 > 素材 > 制作数码产品网页 > 03、04”文件。选择“移动”工具，将图片分别拖曳到图像窗口中的适当位置，效果如图10-262所示，在“图层”控制面板中分别生成新的图层并将其命名为“云”和“图片”。

图10-262

（4）将前景色设为淡黑色（其R、G、B的值分别为12、11、11）。选择“横排文字”工具，在适当的位置输入需要的文字并选取文字，在属性栏中选择合适的字体并设置大小，按Alt+←组合键，调整文字间距，效果如图10-263所示，在“图层”控制面板中生成新的文字图层。

图10-263

（5）新建图层并将其命名为“矩形1”。将前景色设为灰色（其R、G、B的值分别为150、150、150）。选择“矩形”工具，在属性栏的“选择工具模式”选项中选择“像素”，在图像窗口中绘制矩形，如图10-264所示。单击“图层”控制面板下方的“添加图层蒙版”按钮，为“矩形1”图层添加蒙版，如图10-265所示。

图10-264

图10-265

（6）选择“渐变”工具▣，将渐变色设为从黑色到白色，在图像窗口中由上向下拖曳渐变色，图像效果如图10-266所示。

图10-266

（7）新建图层并将其命名为“矩形2”。将前景色设为浅灰色（其R、G、B的值分别为228、228、228）。选择“矩形”工具▣，在图像窗口中绘制矩形，如图10-267所示。新建图层并将其命名为“矩形3”。将前景色设为白色。选择“矩形”工具▣，在图像窗口中绘制矩形，如图10-268所示。

图10-267

图10-268

（8）将前景色设为灰色（其R、G、B的值分别为144、143、143）。选择“横排文字”工具T，在适当的位置输入需要的文字并选取文字，在属性栏中选择合适的字体并设置大小，按Alt+→组合键，调整文字间距，效果如图10-269所示，在“图层”控制面板中生成新的文字图层。数码产品网页制作完成，效果如图10-270所示。

图10-269

图10-270

## 课堂练习1——制作家具网页

### 练习1.1 项目背景及要求

#### 1. 客户名称

京北家爱装饰有限公司。

#### 2. 客户需求

京北家爱装饰有限公司是一家集设计、服务、研发、销售于一体的现代化家具公司，致力为广大家具消费者提供优质、个性的家具产品。目前需要制作公司网站，为前期宣传做准备。该网页主要内容为公司研发的家具，要求能够表现公司的特点，达到宣传效果。

#### 3. 设计要求

（1）整体色彩使用不同深浅的棕色，营造出自然、简朴的氛围。

（2）画面醒目直观，给人可靠、健康之感。

（3）设计要求简洁，图文搭配合理。

（4）以真实的产品图片展示，向观众传达真实的信息内容。

（5）设计规格为842像素（宽）×652像素（高），分辨率为72像素/英寸。

### 练习1.2 项目创意及制作

#### 1. 设计素材

**图片素材所在位置：**本书学习资源中的“Ch10/素材/制作家具网页/ 01～06”。

#### 2. 设计作品

**设计作品效果所在位置：**本书学习资源中的“Ch10/效果/制作家具网页.psd”，如图10-271所示。

#### 3. 制作要点

使用横排文字工具、栅格化文字命令和多边形套索工具制作标志，使用矩形工具、直线工具和填充工具制作导航条，使用移动工具、不透明度选项和横排文字工具制作主题图片，使用横排文字工具和自定形状工具添加其他相关信息。

图10-271

# 课堂练习2——制作休闲度假网页

## 练习2.1　项目背景及要求

### 1. 客户名称

51休闲度假村。

### 2. 客户需求

51休闲度假村是一家亲近大自然，具有一系列贴身服务和现代化休闲、运动设施的度假村。本案例是为度假村制作宣传网页，要求网页设计能表现出度假村良好的服务设施，将度假村的特色充分展现出来，吸引消费者。

### 3. 设计要求

（1）网页背景要求制作出动感、活力的视觉效果。

（2）使用纯度稍高的黄色，突出画面对比。

（3）要求使用度假村照片点缀文字，丰富画面。

（4）设计能够吸引消费者的注意力，突出度假村的特色。

（5）设计规格为1000像素（宽）×768像素（高），分辨率为72像素/英寸。

## 练习2.2　项目创意及制作

### 1. 设计素材

**图片素材所在位置：**本书学习资源中的“Ch10/素材/制作休闲度假网页/ 01～08”。

### 2. 设计作品

**设计作品效果所在位置：**本书学习资源中的“Ch10/效果/制作休闲度假网页.psd”，如图10-272所示。

### 3. 制作要点

使用图层蒙版、渐变工具和画笔工具制作背景底图，使用圆角矩形工具、图层样式、直线工具和横排文字工具制作导航条，使用矩形工具、图层蒙版、渐变工具和剪贴蒙版制作广告条，使用横排文字工具、直线工具、圆角矩形工具、图层样式和自定形状工具添加内容简介。

图10-272

## 课后习题1——制作绿色粮仓网页

### 习题1.1 项目背景及要求

#### 1. 客户名称

绿色粮仓有限公司。

#### 2. 客户需求

绿色粮仓有限公司是以品牌打造和市场开拓为动力，持续做大做强绿色有机食品产业的绿色食品企业。本案例是为公司设计制作网站，在设计上要求结构简洁，主题明确，能突出公司的整体经营内容和经营特色。

#### 3. 设计要求

（1）网页背景以黄色为主色调，体现了粮食作物的成熟和优质。

（2）画面图文结合，醒目了然，主题突出。

（3）设计更具人性化，增强互动性，给人温馨感。

（4）设计简洁工整，体现了公司认真、积极的工作态度。

（5）设计规格为1000像素（宽）×768像素（高），分辨率为72像素/英寸。

### 习题1.2 项目创意及制作

#### 1. 设计素材

**图片素材所在位置：**本书学习资源中的“Ch10/素材/制作绿色粮仓网页/01～06”。

#### 2. 设计作品

**设计作品效果所在位置：**本书学习资源中的“Ch10/效果/制作绿色粮仓网页.psd”，如图10-273所示。

#### 3. 制作要点

使用文字工具和矩形工具制作导航条，使用钢笔工具、椭圆工具和剪贴蒙版制作广告区域和小图标，使用圆角矩形和文字工具制作广告信息区域。

图10-273

# 课后习题2——制作婚纱摄影网页

## 习题2.1　项目背景及要求

### 1. 客户名称

爱惜婚纱摄影工作室。

### 2. 客户需求

爱惜婚纱摄影工作室是一家主营婚纱照、全家福、写真、商业摄影、婚礼跟妆跟拍等为顾客提供高品质拍摄的工作室。本案例是为工作室设计制作网页，希望设计上能表现出浪漫温馨的气氛，创造出具有时代魅力的婚纱艺术效果。

### 3. 设计要求

（1）网页使用金色和现代装饰，以体现出高贵典雅的氛围。

（2）图文结合充分展现出婚纱摄影带给新人的浪漫和温馨。

（3）画面简洁大方，有利于新人浏览。

（4）整体设计灵活清新，展示出宣传主题。

（5）设计规格为1000像素（宽）×800像素（高），分辨率为72像素/英寸。

## 习题2.2　项目创意及制作

### 1. 设计素材

**图片素材所在位置：**本书学习资源中的“Ch10/素材/制作婚纱摄影网页/01～08”。

**文字素材所在位置：**本书学习资源中的“Ch10/素材/制作婚纱摄影网页/文字文档”。

### 2. 设计作品

**设计作品效果所在位置：**本书学习资源中的“Ch10/效果/制作婚纱摄影网页.psd”，如图10-274所示。

### 3. 制作要点

使用自定形状工具和描边命令制作标志图形，使用移动工具添加素材图片，使用横排文字工具添加导航条及其他相关信息，使用图层样式为文字制作文字叠加效果，使用旋转命令旋转文字和图片，使用矩形工具和剪切蒙版制作图片融合效果，使用去色命令和不透明度选项调整图片色调。

图10-274